高等职业教育精品工程系列教材

电气控制线路安装与调试

主　编　白春涛

副主编　贾玉峰

参　编　解宇鹏　王金荣　赵平平

電子工業出版社

Publishing House of Electronics Industry

北京 • BEIJING

内 容 简 介

《电气控制线路安装与调试》是机电类及其相关专业的基础课，本书主要研究继电接触电气控制系统的启动、运行、制动等基本电气控制线路的理论基础和技能要求，同时本书涉及的车床、铣床等生产机械设备的电气线路分析本身也是应用广泛、实践性强的专业知识。掌握了本书知识，可以从事机床及其他用电设备的电气控制系统的运行、维护、技术改造、安装调试等工作，从事电气控制系统及设备的销售和服务工作、小型企业供配电设计工作。本书教学的重点是：使学生掌握“使电气设备用上电、安全用电、经济合理用电”的电气控制理论知识，会安装基本的电气控制线路，能够进行常用电气控制线路的分析、安装、调试与维修，为学习电气控制技术打下坚固的理论基础。本书教学内容围绕工作任务单展开，任务考核标准与国家维修电工职业技能鉴定全面接轨，可作为高职高专院校电气自动化、机电一体化及机电设备维修、应用电子等电类专业的教学用书。其教学内容也可作为电工上岗证、高级维修电工考证的培训教材及相关专业工程技术人员的岗位培训教材和参考用书。

图书在版编目（CIP）数据

电气控制线路安装与调试 / 白春涛主编. —北京：电子工业出版社，2017.8

ISBN 978-7-121-31890-0

Ⅰ. ①电　Ⅱ. ①白　Ⅲ. ①电气控制—控制电路—安装—高等学校—教材②电气控制—控制电路—调试方法—高等学校－教材　Ⅳ. ①TM571.2

中国版本图书馆 CIP 数据核字（2017）第 130997 号

策划编辑：郭乃明
责任编辑：胡辛征
印　　刷：北京虎彩文化传播有限公司
装　　订：北京虎彩文化传播有限公司
出版发行：电子工业出版社
　　　　　北京市海淀区万寿路 173 信箱　邮编　100036
开　　本：787×1 092　1/16　印张：15　字数：384 千字
版　　次：2017 年 8 月第 1 版
印　　次：2021 年 7 月第 4 次印刷
定　　价：36.00 元

凡所购买电子工业出版社图书有缺损问题，请向购买书店调换。若书店售缺，请与本社发行部联系，联系及邮购电话：（010）88254888，88258888。

质量投诉请发邮件至 zlts@phei.com.cn，盗版侵权举报请发邮件至 dbqq@phei.com.cn。

本书咨询联系方式：（010）88254561，34825072@qq.com。

前　　言

本书采用以职业能力培养为中心、以工作任务为驱动、以项目教学为载体的方式进行编写，将教学知识点融合在每一个具体的电气控制电路的安装与调试过程中，通过本书内容的学习使学生逐步建立电气控制系统最基本的应用知识，学会常用元器件的选用、电气图纸的识读与绘制、电气控制系统的规划、安装和故障检修等项目开发的基本知识和内容，使其能够在以后的工作和生活中，灵活运用相关知识解决继电接触控制系统的实际问题并能安全用电，为行业企业培养具有良好职业道德、掌握继电接触器控制技术专业核心项目能力，能胜任继电接触电气系统施工、调试、维护运行的技术应用型和高技能型人才。在具体教学任务的设计上，会充分考虑学生的认知特点，遵循从简单到复杂，从单一到综合的教学规律。在编写过程中，融理论教学、实际操作等教学环节为一体，并通过实际操作技能的训练，加强学生实际工作能力的培养。努力实现教学过程的实践性、开放性和职业性，促进学生学习能力、创造能力、沟通能力、社会适应性等综合能力全面提高。本书整体编写框架如下。

《电气控制线路安装与调试》情景教学设计

知识范畴	电机与继电接触器控制系统
情境设计	以典型控制电路为载体，以完成任务为学习目标
教学过程	咨询、计划、决策、实施、检查、评估、循环升级学生能力

课程学习情境框架

（简单 → 复杂）

学习情境1　CA6140车床电气控制电路的安装、调试与检修

- 学习情境 1.1　刀架电动机的快速移动点动控制线路
- 学习情境 1.2　主轴电动机单方向旋转控制线路
- 学习情境 1.3　冷却泵电动机与主轴电动机顺序控制线路
- 学习情境 1.4　CA6140车床电气控制电路的安装、调试与检修

学习情境2　X62W型万能铣床电气控制电路的安装、调试与检修

- 学习情境 2.1　进给电动机的正反转控制线路时
- 学习情境 2.2　进给电动机的多地及自动往返控制线路
- 学习情境 2.3　电动机的Y-△ 降压启动控线路
- 学习情境 2.4　主轴电动机反接制动控制线路
- 学习情境 2.5　X62W型万能铣床电气控制电路的安装、调试与检修

- **通过综合性学习任务设计学习情境**

精心设计教学内容，使内容能完全适应现代高职学生的需要。将内容有机地与技能认证的需要相结合。以实际的控制线路设计作为工作任务，将元器件、控制电路设计、电路制作与故障排除相结合，使工作任务能够尽可能多地载有学习目标要求的理论知识，并可以按照任务工作流程分解成若干个单元工作任务，按照从简单到复杂的认识规律进行排序，最后把单元工作任务组合形成综合性学习任务，当整体工作任务完成以后，学生的知识和能力也随着工作成果的形成而形成。本书选取“CA6140 车床电气控制电路的安装、调试与检修”和“X62W 型万能铣床电气控制电路的安装、调试与检修”两个典型电气控制线路作为学习情境的载体进行教学设计。

- **学习情境的实施以学生为学习的主体**

教学方法上，采用教师指导下的“自主学习+仿真教学+工学结合实训”相融合的一体化教学方法。随着教学过程的进行，任务由简到难，教师在教学过程中的主导作用越来越弱，学生越来越成为学习过程的主体。学习情境的实施体现了学生学习的自主性。

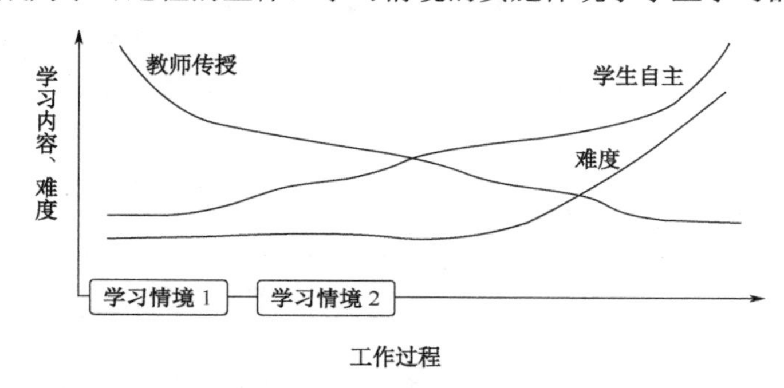

每个学习情境的具体工作过程不同，但完成工作的 5 个步骤是相同的，即通过实施“资讯、计划、决策、实施、考核”的循环工作过程让学生的职业能力逐步得到提升。

本书由烟台职业学院白春涛老师主编并负责本书的修改、审定工作。特邀烟台龙源电力有限公司的高级工程师贾玉峰参与本书的编写、审定工作。解宇鹏、王金荣、赵平平老师参与了本书的编写工作。在此对以上教师表示衷心的感谢！

本书在编写过程中，参考了大量的资料请参见参考文献，如有遗漏，恳请谅解。同时，向这些资料的作者表示衷心的感谢！

最后，衷心感谢烟台职业学院电子工程系的各位领导、同事在本书编写过程中的大力支持与帮助！

由于编写时间仓促，经验不足，错误、缺点在所难免，恳请批评指正。

作　者
2017 年 1 月 20 日

目　　录

绪　　论

学习目标

主要任务：通过实际继电接触控制系统的感性认识，了解继电接触控制系统及其应用。
1．能够认识继电接触控制系统。
2．能够识读电动机铭牌。

工作任务单（NO.1）

一、工作任务

某机械厂需建造一电气控制柜，如图 0-1 所示。

图 0-1　电气控制柜

控制柜的具体要求如下。

（1）380V/50kW 电机 M1：Y-△控制，要求有热过载保护且过载保护时报警和监测其中一相电流。

（2）380V/4kW 电机 M2：直接启动，正反转控制，要求有热过载保护且过载保护时报警和监测其中一相电流。

（3）各相电流：装有三相四线用电电路约 10kW，要求用接触器作为负荷开关控制和监测。

（4）装有两路 380V/10kW 发热棒控制，要求用接触器作为负荷开关控制。

对电气控制柜，完成以下任务。

（1）了解电气控制柜的作用；了解继电接触控制系统的实际应用，并填写表 0-1。

表 0-1　电气控制柜中主要元器件

序号	元件名称	元件作用	备注

（2）该电气控制柜的控制对象中有一台三相异步电动机 M2，其铭牌如图 0-2 所示。识读电动机铭牌参数。

<table>
<tr><td colspan="6">三相异步电动机</td></tr>
<tr><td colspan="4">型号：Y112M-4</td><td colspan="2">编号</td></tr>
<tr><td colspan="3">4.0　　kW</td><td colspan="3">8.8　　A</td></tr>
<tr><td>380 V</td><td colspan="2">1440　　r/min</td><td colspan="3">LW　　82dB</td></tr>
<tr><td>接法　△</td><td>防护等级　IP44</td><td colspan="2">50Hz</td><td colspan="2">45kg</td></tr>
<tr><td>标准编号</td><td>工作制　SI</td><td colspan="2">B级绝缘</td><td colspan="2">2000年8月</td></tr>
<tr><td colspan="6">中原电机厂</td></tr>
</table>

图 0-2　电动机铭牌

二、引导文

需要学生查阅相关网站、产品手册、设计手册、电工手册、电工图集等参考资料完成引导文提出的问题。

（1）什么是电气控制柜？电气控制柜在设备用电过程中起到什么作用？

（2）什么是控制系统？常见控制系统有哪些？

（3）什么是继电接触控制系统？

（4）什么是电器？什么是低压电器？图 0-1 所示电气控制柜有哪些主要的低压电器？

（5）电气控制柜、控制屏、控制箱、控制盘各有什么异同？

（6）图 0-1 所示电气控制柜的主要控制对象是什么？

（7）在生产实践中，如何构成一个用电系统？电气控制柜在整个用电系统中起到什么作用？

（8）如何识读电动机的铭牌？铭牌参数在控制用电过程中有什么作用？

（9）什么是主回路，控制回路，辅助回路？

（10）如何理解在用电过程中，使用电设备“用上电”“安全用电”“经济合理用电”？

（11）主回路完成什么功能？特点是什么？

（12）控制回路完成什么功能？特点是什么？

知识链接 1　电气控制柜

一、用电系统

人们在生产生活中，会使用大量的用电设备，如电灯、机床上的三相异步电动机等，用电设备要做到“用上电、安全用电、经济合理用电”。“用上电”是指能够按照电气设备技术参数的要求，让电气设备通电运行。“安全用电”是指在用电过程中，一旦出现异常的用电状态，如短路、过载等故障状态，用电系统的保护装置应可靠动作，保证不出现操作人员的触电伤亡事故和设备损毁等经济损失。“经济合理用电”是指在构成用电系统的过程中，人们用到的导线、开关等设备的选型，既要满足用电过程的电压、电流要求，又要考虑用电系统整体的成本，即用电系统用电过程中要在最大限度地满足设备功能要求的基础上，达到结构简单、运行可靠、造价经济及操作安全等要求。

从用电系统的结构来讲，任何一个用电设备的用电过程都是由电路来完成的，电路的基本组成包括电源、负载、连接导线、控制和保护器件。

用电系统的电源需要考虑电源的种类和电压等级。电源种类即用电设备是直流电还是交流电，若是交流电，电源频率是多少，一般情况下，使用交流工频（50Hz）交流电源。电源还要考虑电压等级，若用电设备额定电压与供电电源电压等级相同，则用电设备可以直接通过连接导线或者插头与电源相连接；否则，用电设备需要通过合适的变压器与电源相连接。

用电设备用电时需要考虑用电设备的特性：是照明用电还是动力用电，是单相设备还是三相设备，额定电压和额定功率各是多少等。

电路连接用到的导线需要考虑导线的材质和截面。材质上低压配电一般选择绝缘铜导线，导线截面的选择是通过理论估算用电回路在工作时的电流，以此为依据，通过导线的安全载流量选择导线截面，再依据电路的线路电压损失、机械强度要求的最小截面进行导线截面的校核，以最终确定导线的截面。

用电系统中电气控制和保护回路是用电设备在正常用电过程中对用电过程进行控制，在使用中发生诸如短路、过载等异常用电情况时，能够通过相应的保护装置动作，切断电源，使用电设备能够安全用电。在保证用电设备“用上电、安全用电”的同时，希望在构建用电系统时，能够做到经济合理用电。为了实现用电设备能够“用上电、安全用电、经济合理”用电，可以根据实际情况采取不同的控制系统，完成相应的控制和保护功能。但是，在实际用电过程中，由于不同的用电设备的特性和用电需求不同，决定了生产和生活中存在不同的控制回路，这些控制回路中用到的元器件不同，元器件之间的连接关系不同，控制过程、保护过程都会有所不同，但控制系统最核心的控制思想是在用电过程中，通过小电流回路控制大电流回路，通常由各种开关元件来完成其控制功能。保护元件用以完成用电过程中短路、过载、失欠压等故障保护功能。

二、继电接触器控制系统

应用电动机拖动生产机械，称为电力拖动。在电力拖动过程中，要对电动机的用电过程进行控制和保护。在此过程中，会用到各种电器，常用的低压电器是指用在交流 50 Hz、额定电压 1200 V 以下及直流额定电压 1500 V 以下的电路中，能根据外界的信号和要求，手动或自动地接通、断开电路，以实现对电路或电气设备的切换、控制、保护、检测和调节的工业电器。低压电器作为基本控制电器，广泛应用于输、配电系统和自动控制系统，在工农业生产、交通运输和国防工业中起着重要的作用。利用低压电器实现对电动机和生产设备的控制和保护，这样的电气控制系统称为继电接触控制系统，如图 0-3、图 0-4 所示。

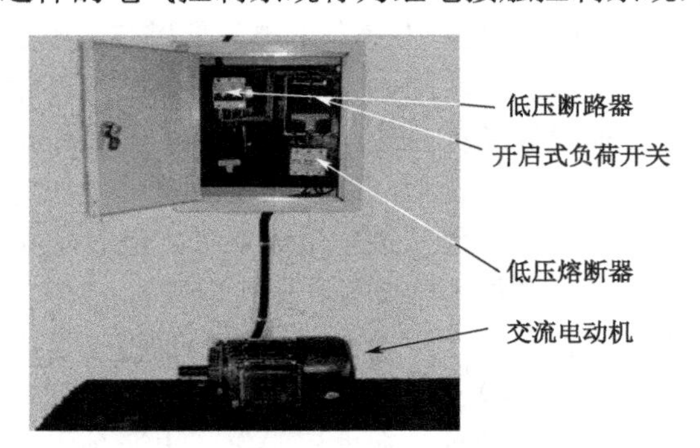

图 0-3　一个简单的继电接触控制系统

图 0-3 所示的是一个最基本、最简单的电动机手动控制系统，用电设备是一台三相异步电动机，用电过程中，用到的控制和保护元件如下。

（1）1 个低压断路器：整个用电系统的电源控制和短路保护元件。

（2）2 个刀开关：分别用作各用电设备的控制开关。

（3）1 组低压熔断器：用作用电系统的短路保护。

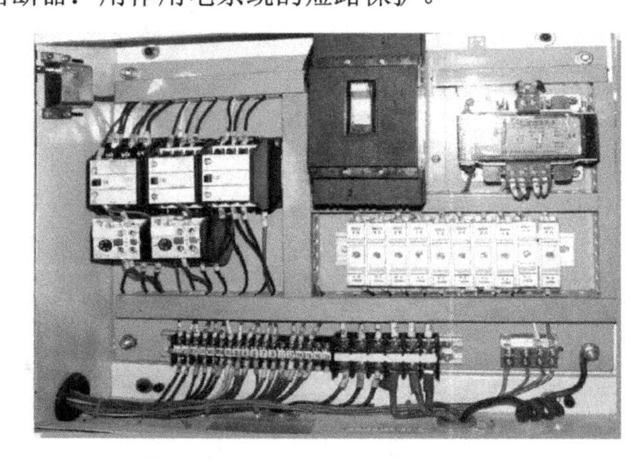

图 0-4　车床的继电接触控制系统

图 0-4 所示的控制电路中，控制和保护系统中的元件如下。

（1）1 个低压断路器：整个用电系统的电源控制和短路保护元件。

（2）3 个接触器：分别用作各用电设备的控制开关。

（3）两个热继电器：分别用作各用电设备的过载保护。

（4）1 组低压熔断器：分别用作各用电设备的短路保护。

（5）1 个变压器：给控制回路和照明、信号回路提供所需电压。

（6）若干接线端子排：固定、连接导线，可以根据信号数量配置。

通过以上两个实例可以看出，在实际用电过程中，用电设备特性不同、数量不同、控制过程需求不同，因此整个继电接触控制系统用到的元件，元件之间的接线也会不同，构成整体用电系统也是千差万别的。

按照各回路功能的不同，将继电接触电气控制的回路分为主回路和辅助回路。

1．主电路

（1）定义：从电源到用电设备的电路称为主电路。

（2）主电路特点：主电路中流过的电流是电动机的工作电流，正常工作情况下最大电流是电动机的额定电流。

2．辅助回路

辅助回路又包括控制电路和照明、信号电路。

（1）控制电路。控制主电路接通、断开的电路称为控制电路。控制电路特点：控制回路中流过的电流比较小，一般在 5A 以下。用电中通过操作控制回路的小电流回路控制主电路的用电过程。

（2）照明、信号电路。用作工作过程中照明、信号指示。照明、信号电路特点：照明电压一般为 36V，信号指示电压一般为 6.3V，通常采用控制变压器供电。

三、电气控制柜

电气控制柜是按电气原理图接线要求将开关设备、测量仪表、保护电器和辅助设备等组装在封闭或半封闭金属柜中，其布置应满足电气系统正常运行的要求，便于检修，不危及人身及周围设备的安全。正常运行时可手动或自动开关接通或切断电路。故障或不正常运行时保护电器切断电路或报警。测量仪表可显示运行中的各种参数，还可对某些电气参数进行调整，对偏离正常工作状态进行提示或发出信号。常用于各发电、配电、变电、用电过程中。

按照电气控制柜的功能来讲，可以完成的功能包括计量、监控、控制和保护。计量主要通过电度表对电能进行计量；监控主要针对生产过程中的主要参数进行监视，如电压、电流等；控制主要指对电能的分配及使用的控制；保护主要是针对用电过程中的各种故障进行保护。根据用电设备的不同用电特性，控制系统有不同的构成方式，按照在控制过程中核心控制元器件的不同，电气控制柜分为传统的继电器控制柜和 PLC（可编程序控制器）综合控制柜。

（1）继电器控制柜采用硬件接线实现其控制和保护功能，利用继电器机械触点的串联或并联及延时继电器的滞后动作等组合形成控制逻辑，来实现电气控制。适用于电气控制需求简单的用电设备。具有构造简单，价格低廉，但接线复杂，系统维护、维修及改造困难的特点。

（2）PLC 综合控制柜是以微处理器为核心的工业控制器，具有编程方便、抗干扰能力强，安装维护方便等特点。可以根据实际控制规模大小进行组合，既可以实现单柜自动控制，也可以实现多柜通过工业以太网或工业现场总线网络组成集散（DSC）控制系统。广泛应用于对电气自动化控制要求较高的各个行业。

目前，用电系统中比较简单的控制用继电接触系统来控制，复杂的控制一般采用 PLC 系统控制。

电气控制柜根据不同的需要，采用不同的控制结构与控制方式。根据被控制设备的特性、多少，控制要求等选择不同的电气元件组合成一个整体系统，分别以柜、屏、盘、箱等具体形式出现在用电系统中。电气控制柜常见的形式包括以下几种。

（1）电气控制柜。控制和保护过程中用到的所有接线端子和配电元器件都安装在封闭的柜子中，柜子有可开启的门，配电柜尺寸较大，四面封闭，安全性能好，散热较差，一般用于低压配电系统，如图 0-5 所示。

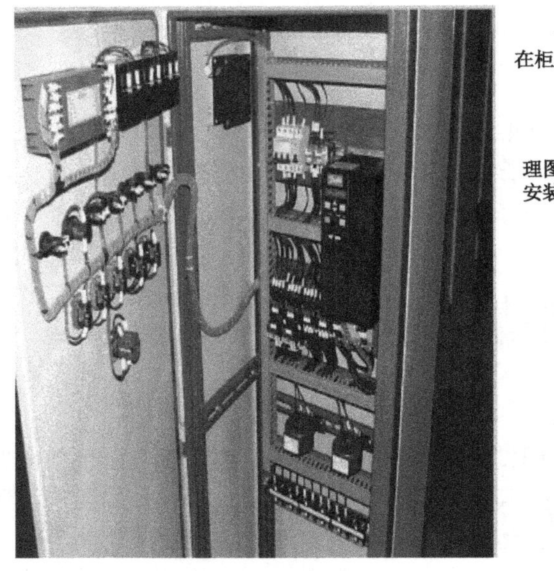

图 0-5　继电接触电气控制柜

（2）电气控制盘。无外壳体、开放式的配电设备，一般为一平面板，上面安装元件，固定在墙上、支架上或设备上，一般用于低压配电系统，如图 0-6 所示。

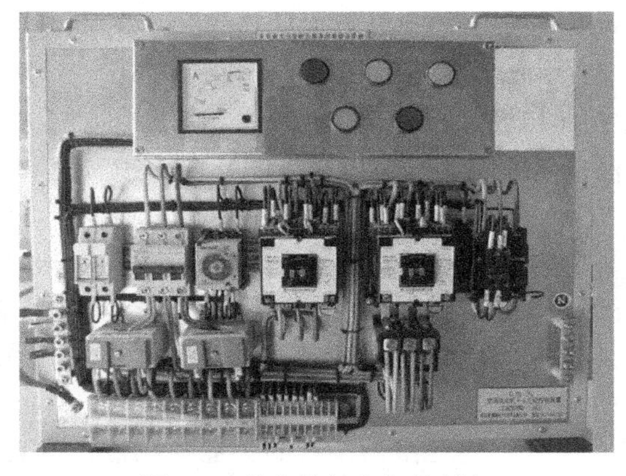

图 0-6　继电接触电气控制盘

（3）电气控制屏。尺寸小于配电柜，正面安装设备，背面敞开，这样不利于防尘和防小动物，同时也容易发生误碰现象，一般用于低压及直流配电系统。

（4）电气控制箱。一般体积比较小，结构简单，四面封闭，用途单一，易于维护，常采用挂装的形式，如常见的开关箱、照明箱、插座箱等。

四、电气控制柜的功能

电气控制柜是实现电气自动控制的主要部分，根据被控制设备的多少和功率大小及不同的控制需求，电气控制柜实现功能是不一样的。

（1）按照系统用电控制的需求，完成控制的功能。例如，某高楼供水系统共有 3 台水泵，需按照不同的用水需求，分别启动各台水泵。系统启动后，第一台水泵运行，当用水量较大时，第一台水泵的运行满足不了实际需要时，需要第二台水泵投入运行，如果仍然不能满足时，需要第三台水泵投入运行，当实际用水量减少时，则需要按照各台水泵投入的先后顺序，依次退出运行。在用电过程中，按照用电设备的需求，需要控制系统实现自动控制，若没有电气控制柜就无法实现系统的自动控制。

（2）满足安全操作要求。用电过程中，如果用电设备是工作在高电压和大电流下，则对操作人员的安全操作要求及线路中的元器件、仪表等设备的绝缘要求比较高。若采用电气控制柜，用小电流的控制回路去控制大电流的用电设备回路，即可以降低操作人员发生触电危险的概率，又可以降低对仪器仪表等设备绝缘的要求。同时接触器的快速动作，三相电源的通断一致性好，符合电机的电气特性要求。

（3）控制柜具有完善的保护功能。可以在水泵电机出现缺相、短路、接地、欠压、过流、过压、过热、过载等故障时均能准确报警并自动切断电路。这些保护功能都由电气控制柜来完成。

（4）控制柜具有监视功能。能及时反映或显示设备和线路正常与非正常工作状态信息的回路，如不同颜色的信号灯，不同声响的音响设备等。

（5）控制柜具有测量功能。灯光和音响信号只能定性地表明设备的工作状态(有电或断电)，如果想定量地知道电气设备的工作情况，还需要有各种仪表测量设备，测量线路的各种参数，如电压、电流、频率和功率的大小等。

知识链接 2　电气控制系统的主要用电设备及使用

现代社会中，电能是使用最为广泛的一种能源，在电能的生产输送和使用方面，电机发挥着重要作用。电机主要包括发电机、变压器和电动机。发电机把机械能转化为电能，发出的电压为 10.5～20kV，为了减少远距离输电中的能量损失，应采用高压输电。变压器将电压变到 110kV、220kV、330kV、500kV 或更高，当电能输送到用电区后，由于用电设备需要的电压等级不同，再由变压器变换到所需的等级，如 380V、220V 等。这里主要讨论生产过程中主要的动力用电设备——三相异步电动机。

一、三相异步电动机

三相异步电动机将三相电能转化成机械能，用来驱动各种用途的生产机械，如各种机床、水泵、风机等都要用它来驱动，是工农业生产中使用量最多、使用面最广的动力驱动机械，其中鼠笼式异步电动机具有结构简单、使用维修方便、价格低廉等特点，它的用量最大。鼠笼式异步电动机的总装机容量约占机械总动力的一半以上，其用电量约占电力总容量的 70%以上。因此，正确使用和维护电动机，在生产上具有重要意义。

三相异步电动机的输入信号为三相电能，即三相用电设备，当电动机的三相定子绕组通入三相对称交流电后，将产生一个旋转磁场，该旋转磁场切割转子绕组，从而在转子绕组中产生感应电流，载流的转子导体在定子旋转磁场作用下将产生电磁力，从而在电机转轴上形成电磁转矩，驱动电动机旋转，并且电机旋转方向与旋转磁场方向相同。按转子结构的不同，三相异步电动机可分为笼式和绕线式两种：笼式异步电动机结构简单、运行可靠、重量轻、价格便宜，得到了广泛的应用，其主要缺点是调速困难；绕线式三相异步电动机的转子和定子一样，也设置了三相绕组并通过滑环、电刷与外部变阻器连接。调节变阻器电阻可以改善电动机的启动性能和调节电动机的转速。因此，从用电角度来讲，电动机包括启动控制、制动控制、调速控制等。

绕组是电动机的组成部分，老化、受潮、受热、受侵蚀、异物侵入、外力的冲击都会造成对绕组的伤害，电机过载、欠电压、过电压，缺相运行也能引起绕组故障。电动机一般应配有故障保护装置，如热保护装置、失欠压保护、过载保护等。

二、三相异步电动机铭牌的识读

三相异步电动机的铭牌一般形式如图 0-7 所示。现将铭牌的含义简单描述如下。

（1）型号：Y112M-4 中“Y”表示 Y 系列鼠笼式异步电动机（YR 表示绕线式异步电动机），“112”表示电动机的中心高为 112mm，“M”表示中机座（L 表示长机座，S 表示短机座），“4”表示 4 极电动机。有些电动机型号在机座代号后面还有一位数字，代表铁芯号，如 Y132S2-2 型号中 S 后面的“2”表示 2 号铁芯长（1 为 1 号铁芯长）。

（2）额定功率：电动机在额定状态下运行时轴上所能输出的机械功率。

（3）额定速度：在额定状态下运行时的转速称为额定速度。

（4）额定电压：为保证电动机发挥正常的电气性能及绝缘安全所需要给电动机提供的电压。一般指电动机在额定运行状态下，电动机定子绕组上应加的线电压值。Y 系列电动机的额定电压为 380V。凡功率小于 3kW 的电动机，其定子绕组均为星形连接，4kW 以上均为三角形连接。

（5）额定电流：电动机加以额定电压，在其轴上输出额定功率时，定子从电源取用的线电流值称为额定电流。

（6）防护等级：IP+两位数字构成，两位数字含义如表 0-2 所示。

表 0-2 防护等级两位数字含义

第一位		第二位	
等级	含义	等级	含义
0	无防护	0	无防护
1	防直径＞50mm 的固体	1	防滴，垂直滴水无影响
2	防直径＞12mm 的固体	2	与水平偏垂直 15° 滴水无影响
3	防直径＞2.5mm 的固体	3	对偏垂直 60° 的喷溅水无影响
4	防直径＞1mm 的固体	4	防任何方向的溅水
5	防尘	5	防任何方向的低压喷射水
6	尘密	6	对高压喷射水的防护
		7	防浸入水 15cm 到 1m 之间的防护
		8	对承压时长期水浸入的防护

（7）工作制：指电动机的运行方式。一般分为“连续”（代号为 S1）、“短时”（代号为 S2）、“断续”（代号为 S3）。

（8）绝缘等级：反映电动机绝缘材料的耐热特性，电动机绝缘选择不同的绝缘，耐热特性也不一样。各种绝缘材料的绝缘等级及极限工作温度如表 0-3 所示。

表 0-3 各种绝缘材料的绝缘等级及极限工作温度

级别	绝缘材料	极限工作温度（℃）
Y	木材、棉花、纤维等	90
A	漆包线、沥青漆等	105
E	玻璃布、油性树脂漆等	120
B	玻璃纤维、石棉等	130
F	聚酯和醇酸类材料	155
H	有机硅云母、硅有机漆等	180
C	石英、石棉、电瓷材料等	180 以上

（9）LW 值：指电动机的总噪声等级。LW 值越小表示运行的噪声越低。噪声单位为 dB。

（10）额定频率：电动机在额定运行状态下，定子绕组所接电源的频率，称为额定频率。我国规定的额定频率为 50Hz。

（11）接法：表示电动机在额定电压下，定子绕组的连接方式（星形连接和三角形连接）。当电压不变时，如将星形连接接为三角形连接，线圈的电压为原线圈的 $\sqrt{3}$ 倍，这样电动机线圈会因电流过大而发热。如果把三角形连接的电动机接为星形连接，电动机线圈的电压为原线圈的 $1/\sqrt{3}$，电动机的输出功率就会降低。电动机会出现转速过低或堵转现象。所以电动机使用时，应按铭牌要求正确连接。

三、三相异步电动机的启动

电动机接通电源后，从转速为零瞬间开始直到转速稳定为止的过程，称为启动过程，简称启动。启动过程中，一般中小型鼠笼式电机启动电流为额定电流的 5～7 倍，电动机的启动转矩为额定转矩的 1.0～2.2 倍，启动电流大，启动转矩小。频繁启动时将造成热量积累，使电动机过热，同时，大电流使电网电压降低，影响邻近负载的工作。

1．直接启动

直接启动就是利用刀开关、接触器或电磁启动器等低压元器件将电动机直接接到额定电压的电源上。这种方法启动简单经济，但启动电流大，当电源容量足够大时，启动时不会造成对电网电压的显著波动，可以采用直接启动。

当电源采用公用低压网络供电时，可采用如下公式确定三相异步电动机能否直接启动。

$$\frac{I_{st}}{I_N} \leqslant \frac{3}{4} + \frac{\text{电源总容量}}{4 \times \text{电动机功率}}$$

式中 I_{st}——电动机的启动电流（A）；

I_N——电动机的额定电流（A）。

一般情况下，在变压器供电容量较大，电动机容量较小时，电动机可以直接启动，经验上 7.5kW 以下的小容量电动机可以直接启动。

2．降压启动

（1）笼式异步电动机的降压启动。

利用某些设备（如自耦变压器）或变换电动机定子绕组的连接法，使电动机的端电压低于额定值，通过降低电压来减小启动电流，这种启动电动机的方法称为降压启动。降压启动一般适用于直接启动时电流超过了允许值，且启动转矩又不需要很大的异步电动机。降压启动的方法有定子回路串电阻降压启动、Y-△降压启动、自耦变压器降压启动、延边三角形降压启动，常用的方法是 Y-△降压启动。启动过程控制可以通过继电接触控制系统完成。

（2）三相绕线式异步电动机的启动控制。

在绕线式异步电动机的转子绕组回路中串接附加电阻，既能限制启动电流，又能增加启动转矩，使电动机有良好的启动特性。常用于要求启动转矩较大的生产机械上，如卷扬机、锻压机和起重机等生产机械上，如图 0-7 所示。

启动时，先将启动变阻器（附加电阻）转到接入的电阻最大处，对定子绕组施加电源电压，在转速逐渐增加的同时，逐渐减小启动电阻，最后将转子电路短路。

由于启动电阻器是按短时工作设计的，启动电阻器仅供启动使用，不可将电阻器长期接入转子电路。

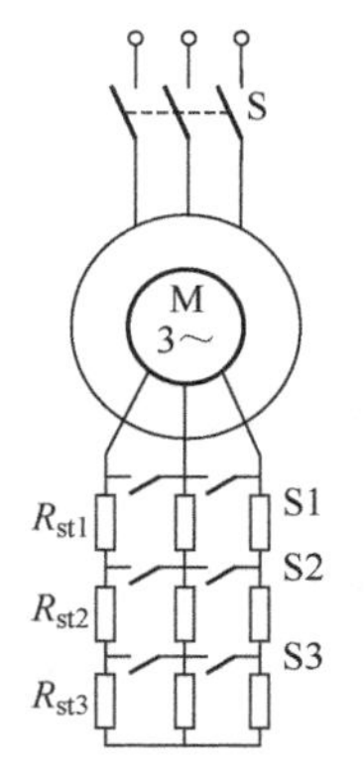

图 0-7 转子回路串电阻启动

四、三相异步电动机的反转

三相异步电动机的转子旋转方向与旋转磁场的旋转方向一致，而旋转磁场的旋转方向完全取决于三相电源的相序。要想改变电动机的旋转方向，只需将三相电源的相序改变即可。即任意将三相中的两相对调接于电动机的定子绕组，则其旋转磁场旋转方向会反向，也就是转子改变旋转方向，如图 0-8 所示。

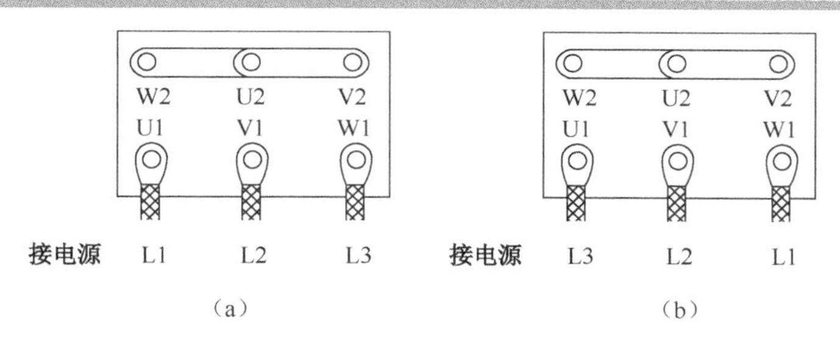

图 0-8　电动机的反转

开关 Q 闭合时，电源 L1 接 U1 相，L2 接 V1 相，L3 接 W1 相，此时电动机正转。反之，若将电源 L1 接 W1 相，L2 接 V1 相，L3 接 U1 相，U1、W1 相实现对调，则旋转磁场反转，电动机也反转。

五、三相异步电动机的制动

由于电动机的转动部分存在惯性，当切断电源后，电动机不会立即停转，而是需要一定时间才能停止。为提高工作效率尽量缩短辅助时间，有些生产机械从安全上考虑，往往需要电动机断电后迅速停止，这就需要对电动机进行制动，也就是加上与转子转动方向相反的转矩，称为制动转矩。对异步电动机进行制动的常用方法有机械制动和电气制动。机械制动可采用电磁离合器或电磁抱闸。电气制动常用能耗制动、反接制动等。

六、三相异步电动机的调速

由异步电动机的转速公式：

$$n = n_1(1-S) = \frac{60f}{P}(1-S)$$

式中　n——电动机的异步转速（r/min）；

n_1——电动机的同步转速（r/min）；

S——电动机的转差率，无量纲；

f——电动机的频率（Hz）；

P——电动机的定子磁极对数。

可知电动机有下列 3 种基本调速方法。

（1）改变电动机的定子磁极对数 P 调速。

（2）改变电动机的频率 f 调速。

（3）改变电动机的转差率 S 调速。

学习情境 1 CA6140 车床电气控制电路的安装、调试与检修

工作任务单（NO.2）

图 1-1 所示为 CA6140 车床的电气原理图。

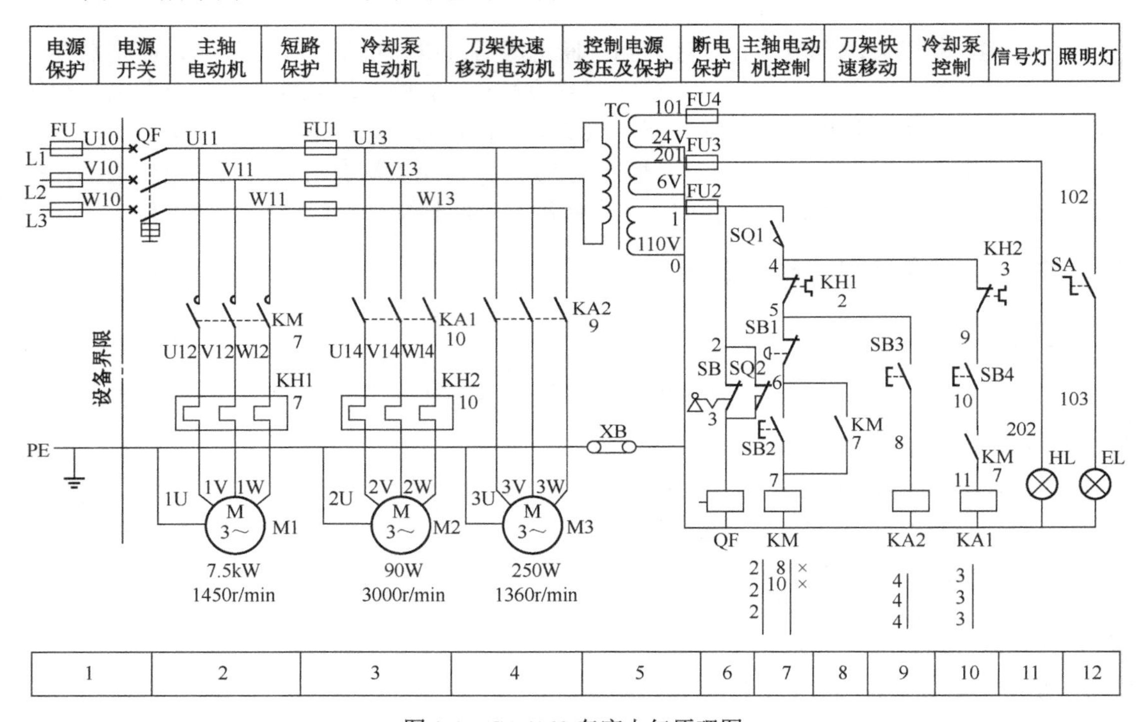

图 1-1 CA6140 车床电气原理图

CA6140 车床电力拖动控制要求如下。

（1）主轴的转动及刀架的移动由主拖动电动机带动，主拖动电动机一般选用三相鼠笼式异步电动机，并采用机械变速。

（2）主拖动电动机采用直接启动，启动、停止采用按钮操作，停止采用机械制动。

（3）为车削螺纹，主轴要求正/反转。CA6140 型车床主轴正反转靠摩擦离合器来实现，电动机只作单向旋转。

（4）车削加工时，需用切削液对刀具和工件进行冷却。为此，设有一台冷却泵电动机，拖动冷却泵输出冷却液。

（5）冷却泵电动机与主轴电动机有着联锁关系，即冷却泵电动机应在主轴电动机启动后才可选择启动与否；而当主轴电动机停止时，冷却泵电动机立即停止。

（6）为实现溜板箱的快速移动，由单独的拖动，且采用点动控制。

根据 CA6140 车床的继电接触控制系统，完成控制系统的分析、安装和调试检修工作。

按照 CA6140 车床电气控制的具体内容，有针对性的将学习过程划分为以下 4 个教学子情境，根据教学情境的不同，应用不同的教学方法实施教学过程。

情境	学习情境 1.1	学习情境 1.2	学习情境 1.3	学习情境 1.4
情境名称	刀架电动机的快速移动点动控制线路	主轴电动机单方向旋转控制线路	冷却泵电动机与主轴电动机顺序控制线路	CA6140 车床电气控制电路的安装、调试与检修

学习情境 1.1　刀架电动机的快速移动点动控制

学习目标

主要任务：通过对低压断路器、接触器、按钮等元器件及电气控制系统图的识读，掌握构建电气控制系统的基本知识，会实现对三相异步电动机的点动控制。

1．掌握选择、使用低压断路器、熔断器、接触器、按钮。

2．能够常用元器件的性能检测及常见故障判断。

3．能够初步识读电气系统图，能安装、调试点动控制电路。

4．熟悉基本的配盘技巧。

工作任务单（NO.2-1）

一、工作任务

CA6140 车床的刀架快速移动电动机是一台三相异步电动机。

K_{st}=7，要求用继电接触控制系统实现电动机的点动控制。

试：

（1）确定继电接触电气控制方案。

（2）识读电气控制原理图、安装接线图。

（3）选择电气元件，制定元器件明细表。

（4）编写电气原理说明书和使用操作说明书。

二、引导文

需要学生查阅相关网站、产品手册、设计手册、电工手册、电工图集等参考资料完成引导文提出的问题。

（1）如何让一台三相异步电动机转动起来？

（2）在用电过程中，如何对用电过程实施控制？

（3）按动作方式不同，低压电器可分为哪几类？

（4）刀开关的主要结构是什么，特点是什么？

（5）组合开关的用途有哪些，如何选用？

（6）组合开关能否用来切断故障电流？

（7）电动机额定电流为 60A，启动电流是额定电流的 6 倍，计算启动电流是多少？这样大电流的情况下用刀开关启停控制会怎样，其解决办法是什么？

（8）相比于刀开关，低压断路器具有哪些优点？

（9）DZ5-20 型低压断路器主要由哪几部分组成？

（10）低压断路器有哪些脱扣装置，各起什么作用？

（11）低压断路器有哪些保护功能，分别由低压断路器的哪些部件完成？

（12）如何根据具体的控制对象选择合适的低压断路器？

（13）如果低压断路器不能合闸，可能的故障原因有哪些？

（14）接触器起什么作用？它和刀开关、低压断路器相比较有什么不同？

（15）交流接触器主要由哪几部分组成？

（16）交流接触器在动作时，常开和常闭触点的动作顺序是怎样的？

（17）从接触器的结构上，如何区分接触器是交流还是直流的？

（18）线圈电压为 220V 的交流接触器，误接入 220V 直流电源上，或线圈电压为 220V 直流接触器，误接入 220V 交流电源上，会产生什么后果？为什么？

（19）交流接触器铁芯上的短路环起什么作用？若此短路环断裂或脱落后，在工作中会出现什么现象？为什么？

（20）交流接触器为什么不允许操作频率过高？

（21）带有交流电磁铁的电器如果衔铁吸合不好（或出现卡阻）会产生什么问题？为什么？

（22）交流接触器为什么设置灭弧装置？

（23）交流接触器触点的常见故障有哪几种？原因分别是什么？

（24）如何选择、使用接触器？

（25）按钮的作用是什么？为什么称它为主令电器？

（26）如何正确选用按钮？

（27）熔断器主要由哪几部分组成？各部分的作用是什么？

（28）什么是熔体的额定电流？它与熔断器的额定电流是否相同？

（29）为什么熔断器一般不能作过载保护？

（30）RL1 系列螺旋式熔断器有什么特点？适用于哪些场合？

（31）RM10 系列无填料封闭管式熔断器的结构有什么特点？

（32）生产车间的电源开关和机床电气设备应分别选择哪种熔断器作短路保护？

（33）在安装和使用熔断器时，应注意哪些问题？

（34）如何将电源、低压断路器、三相异步电动机构成一个用电系统？这个系统存在的问题是什么？

（35）什么是点动控制？特点是什么？有哪些实际应用？

（36）判断图 1-2 所示的各控制电路能否实现点动控制？若不能，试分析其原因，并加以改正。

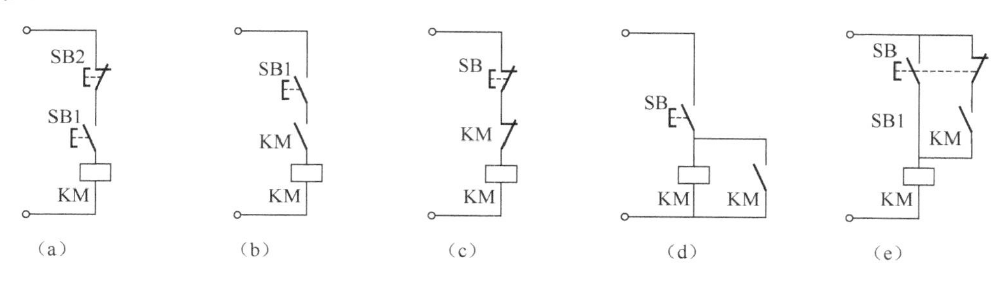

图1-2　点动控制判断

（37）在点动控制过程中应如何考虑安全用电？

（38）什么是电气原理图？如何识读电气原理图？

（39）什么是安装接线图？

（40）什么是电气元件布置图？

（41）如何识读点动控制线路电气原理图、电气元件布置图、安装接线图？

（42）如何按图安装点动控制线路？简述电动机基本控制线路的安装步骤。

（43）如何对安装好的电路进行调试？

三、本次工作任务的准备工作

1．工作环境及设施配备

工作环境：特种作业基地。

设施配备：配齐所需设备。

（1）根据所需工具及仪表完成表1-1。

表1-1　所需工具、仪表

工具	
仪表	

（2）根据所需元器件完成表1-2。

表1-2　元器件明细表

代号	名称	型号	规　格	数量

（3）多媒体教学设施。

（4）产品手册、设计手册、电工手册、电工图集等参考资料。

2. 制订工作计划

各组填写表 1-3。

表 1-3　工作任务计划表

学习内容					
组号			组员		
工序	工序名称	任务分解	完成所需时间	主要过程记录	责任人

知识链接 1　三相异步电动机的启动

一、启动过程

启动过程是指电动机从静止到达到稳定工作转速（额定转速）的过程。生产机械对异步电动机启动的要求如下。

（1）足够大的启动转矩：$T_{st} \geq T_f$

（2）对电网最小的冲击电流。

（3）启动过程平滑、快速、无冲击、损耗小。

（4）启动设备简单，操作方便。

二、全压启动

（1）如图 1-3 所示，全压启动是利用手动开关把电动机直接接到其额定电压的电源上。这种启动方法简单、直接，但手动开关启、闭过程中，触点处易拉电弧，危及操作人员和设备的安全，仅适用于小容量的用电设备的通电。

（2）全压启动还可以用接触器把电动机直接接到具有额定电压的电源上。接触器属于自动电器，需要通过控制电路控制接触器，用接触器控制用电设备的方法来用电，设备简单，操作方便、安全。全压启动时，T_{st}=（1.0～2.0）T_N，I_{st}=（5～7）I_N，T_{st}较小，I_{st}很大。

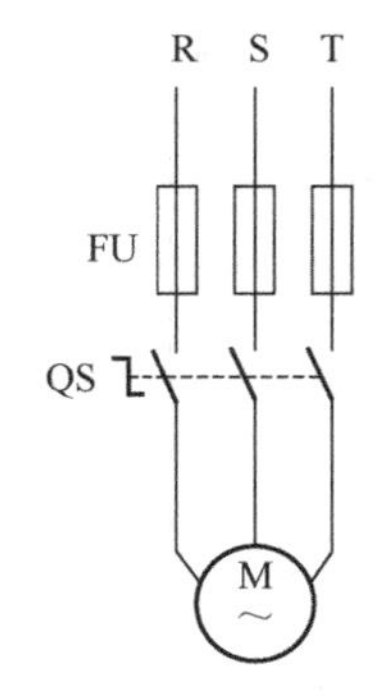

图 1-3　全压启动

知识链接 2　开关电器的基本知识

一、低压电器及其分类

对电能的生产、输送、分配和使用起控制、调节、检测、转换及保护作用的电工器械均可称为电器。用于交流为 1200V 以下、直流为 1500V 以下的电路，起通断、控制、保护与调节等作用的电器称为低压电器。

1．低压电器的分类

（1）低压电器按操作方式可分为自动电器和手动电器。

① 自动电器。不需人工直接操作，按照电或非电的信号（如电流、电压、温度、压力、速度、热量等）自动完成接通、分断或使电动机启动、反向及停止等动作，如接触器、继电器等。

② 手动电器。用手动操作来进行切换的电器，如组合开关、转换开关、按钮等。

（2）低压电器按性能、用途可分为配电电器和控制电器。

① 配电电器。用于电能的输送和分配的电器，主要用于低压配电系统对系统的控制与保护，如系统中出现短路电流时，其热效应不会损坏电器。常用的配电电器有刀开关、转换开关、断路器、熔断器等。

② 控制电器。用于各种控制电路和控制系统的电器。要求寿命长、体积小、重量轻且动作迅速、准确、可靠。常用的控制电器有接触器、继电器、主令电器等。

（3）低压电器按工作原理可分为电磁式电器、电子式电器和非电量控制电器。

① 电磁式电器。根据电磁感应原理动作的电器，如接触器、继电器、电磁铁等。

② 电子式电器。利用电子元件的开关效应，即导通和截止来实现电路的通、断控制，如接近开关、霍尔开关、电子式时间继电器、固态继电器等。

③ 非电量控制电器。依靠外力或非电量信号（如速度、压力、温度等）的变化而动作的电器，如转换开关、行程开关、速度继电器、压力继电器、温度继电器等。

2．低压电器的基本组成

低压电器一般由两个基本部分组成：感受部件和执行部件。

（1）感受部件：能感受外界的信号，做出有规律的反应。在手动电器中，感受部件通常为操作手柄、按钮等。在自动切换电器中，电磁机构是电气元件的感受部件，通常采用电磁铁的形式。靠电磁力带动触点闭合或断开。其一般结构示意图如图 1-4 所示，电磁线圈通电时产生磁场，使得动、静铁芯磁化并互相吸引，当动铁芯被吸引向静铁芯时，与动铁芯相连的动触点也被拉向静触点，令其闭合，接通电路。电磁线圈断电后，磁场消失，动铁芯在复位弹簧作用下，回到原位，并牵动动、静触点，分断电路。

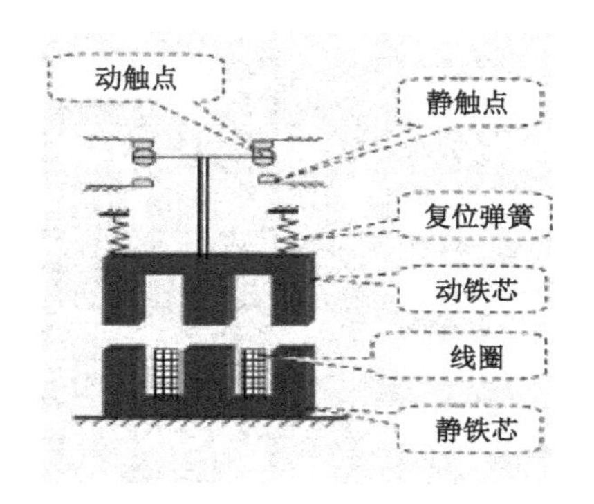

图 1-4　电磁机构示意图

（2）执行部件：是根据指令，执行电路的接通、切断等任务，如触点和灭弧系统。

二、开关电器

1．开关的基本概念

所有用来接通和断开电路的设备统称为开关。开关最基本的结构是触点系统。触点系统由金属材料（铜或银）制成触点（接触点），其中，在结构上固定不动的触点称为静触点，可以活动的触点称为动触点。动、静触点接触时使电流形成回路，称为开关的合闸状态，动、静触点不接触时使电流开路，称为开关的分闸状态，开关就是通过触点系统的合闸、分闸来控制电路的通断的。在使用时把接通一条回路的动静触点称为一极。

开关的动触点和静触点的组合方式有三种：动合（常开）触点、动断（常闭）触点、动换（转换）触点。最简单的开关只有一组触点，复杂的开关可以有好几组触点。

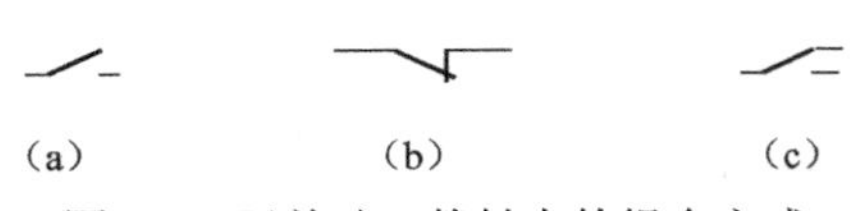

图 1-5　开关动、静触点的组合方式

（1）动合（常开）触点。平常动触点与静触点是断开的，开关动作时合上，如图 1-5（a）所示。

（2）动断（常闭）触点。平常动触点与静触点是闭合的，开关动作时断开，如图 1-5（b）所示。

（3）动换（转换）触点。平常动触点与一个静触点闭合、与另一个静触点断开。开关动作时，动触点转换为与原来闭合的静触点断开、与原来断开的静触点闭合，如图 1-5（c）所示。

触点系统按功能可分为主触点和辅助触点。主触点用于接通和分断主电路（大电流回路）；辅助触点用于接通和分断控制回路（小电流回路）。

触点按接触形式可分为点接触、线接触、面接触三类，如图 1-6 所示。

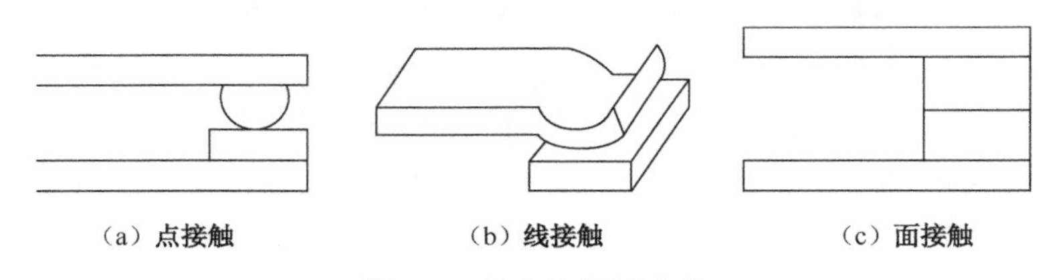

图 1-6　触点的接触形式

触点按形状可分为桥式触点和指形触点，如图 1-7 所示。桥式触点又分为点接触桥式触点和面接触桥式触点。

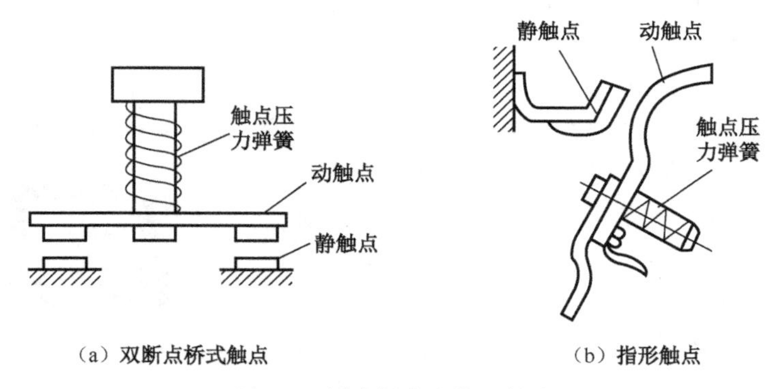

图 1-7　桥式触点和指形触点

开关按用途可以分为电源开关、控制开关、行程开关等；按结构可以分为按钮开关、拨动开关等；按极数可以分为单极、双极、三极等。

根据开关电器在电路中担负的任务可以分为以下几类。

（1）仅用来在正常工作情况下，断开或闭合正常工作电流的开关电器，如低压闸刀开关、接触器、磁力启动器等。

（2）仅用来在故障情况下的过负荷电流或短路电流的开关电器，如熔断器等。

（3）既用来断开或闭合正常工作电流，也用来断开或闭合过负荷电流或短路电流的开关电器，如低压断路器等。

（4）不要求断开或闭合电流，只用来在检修时隔离电源的开关电器，如隔离开关等。

2．开关电器的常用名词术语

（1）通断时间：从电流开始在开关电器的一个极流过的瞬间起，到所有极的电弧最终熄灭瞬间为止的时间间隔。

（2）燃弧时间：电器分断过程中，从触点断开（或熔体熔断）出现电弧的瞬间开始，至电弧完全熄灭为止的时间间隔。

（3）分断能力：开关电器在规定的条件下，能在给定的电压下分断的预期分断电流值。

（4）接通能力：开关电器在规定的条件下，能在给定的电压下接通的预期接通电流值。

（5）通断能力：开关电器在规定的条件下，能在给定的电压下接通和分断的预期电流值。

（6）短路接通能力：在规定的条件下，包括开关电器的出线端短路在内的接通能力。

（7）短路分断能力：在规定的条件下，包括开关电器的出线端短路在内的分断能力。

（8）操作频率：开关电器在每小时内可能实现的最高循环操作次数。

（9）通电持续率：电器的有载时间和工作周期之比，常以百分数表示。

（10）电寿命：在规定的正常工作条件下，机械开关电器不需要修理或更换零件的负载操作循环次数。

知识链接 3 刀开关

刀开关作为低压电器的一类重要产品，是最基本的手动配电电器，在电路中主要用作电源开关，其主要作用是隔离电源与负载，保证线路检修时工作的安全，也可以分断不频繁通断的小容量电路等。低压电器作电源开关时，基本要求如下。

（1）手动开关，在电源和负载之间存在明显、可见的断开点。

（2）不带电操作，结构上可以不用考虑灭弧性能，结构简单，动作可靠。

一、常见的刀开关类型

1．闸刀开关

闸刀开关又称胶盖开关，如图 1-8 所示。

闸刀开关的结构包括操作手柄、胶木盖、进线座、出线座、闸刀、保险丝、瓷座等。其中，进线座标注 1L1、3L2、5L3，3 个接线点称为进线端，接三相电源；出线座标注 2T1、4T2、6T3，3 个接线点称为出线端，接三相用电设备。闸刀开关的文字符号为 QS，图形符号如图 1-9 所示。

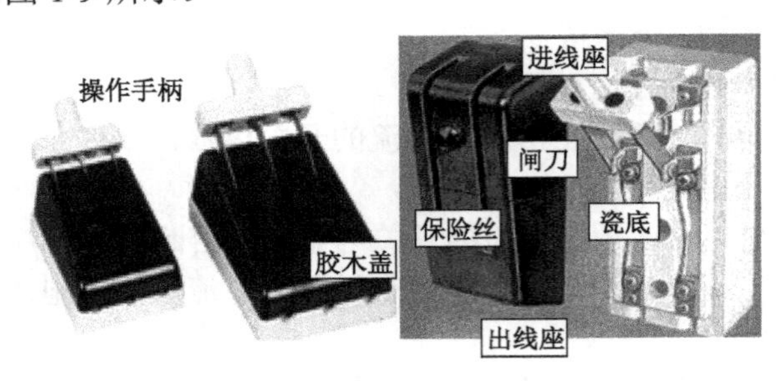

图 1-8　闸刀开关

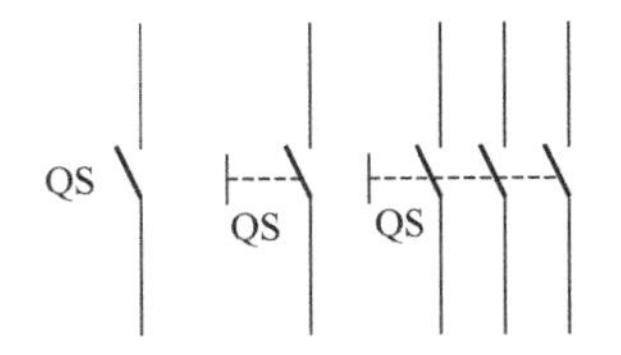

图 1-9　闸刀开关的图形符号

刀开关的触点系统是刀开关的核心结构，也是所有开关应具备的结构部分，触点系统利用金属接触点可以使电路断开或者接通，触点系统又分为动触点、静触点。动触点是可以活动的电路接触点，由导电材料制作。刀开关的动触点形式为刀形，在控制电路通断过程中，将开关能接通和分断的相线和零线的导线根数称为开关的极数，一般用 P 表示，单极为 1P，以此类推。

1P 开关：只能接入和分断一相线。

2P 开关：能接入和分断一相线一零线。

3P 开关：能接入和分断三相线。

4P 开关：能接入和分断三相线一零线。

1P、2P 开关用于控制单相用电设备，3P、4P 用于控制三相用电设备或单、三相混合用电设备，闸刀开关分 1P（单刀）、2P（双刀）、3P（三刀）。

静触点是固定不动的电路接触点，由导电材料和弹性材料制成。

操作手柄用于带动动触点插入静触点中，由绝缘材料制成。

绝缘瓷座及胶木盖：与操作瓷柄相连的动触刀、静触点刀座、熔丝、进线及出线接线座等导电部分都固定在瓷底板上，且用胶木盖盖好。因此，当闸刀合上时，操作人员不会触及带电部分。胶木盖还具有下列保护作用。

（1）将各极隔开，防止因极间飞弧导致电源短路。

（2）防止电弧飞出盖外，灼伤操作人员。

（3）防止金属零件掉落在闸刀上形成极间短路。

闸刀开关在负载侧装设有熔丝，熔丝提供了短路保护功能。

2．组合开关

组合开关又称转换开关，是刀开关比较典型的应用形式，常用来作电源的引入开关，起到设备和电源间的隔离作用，多用在机床电气控制线路中，也可以用作不频繁地接通和断开电路、换接电源和负载，以及控制 5kW 以下的小容量电动机的正反转和星三角启动等。

组合开关的典型结构由 3 个分别装在三层绝缘件内的双断点桥式动触片、与盒外接线柱相连的静触点、绝缘方轴、手柄等组成。动触片装在附有手柄的绝缘方轴上，方轴随手柄而转动，于是动触片随方轴转动并变更与静触片分、合的位置。组合开关的刀片是转动式的，操作比较轻巧，它的动触点（刀片）和静触点装在封装的绝缘件内，采用叠装式结构，其层数由动触点数量决定，动触点装在操作手柄的转轴上，随转轴旋转而改变各对触点的通断状态，如图 1-10 所示，其图形符号如图 1-11 所示。

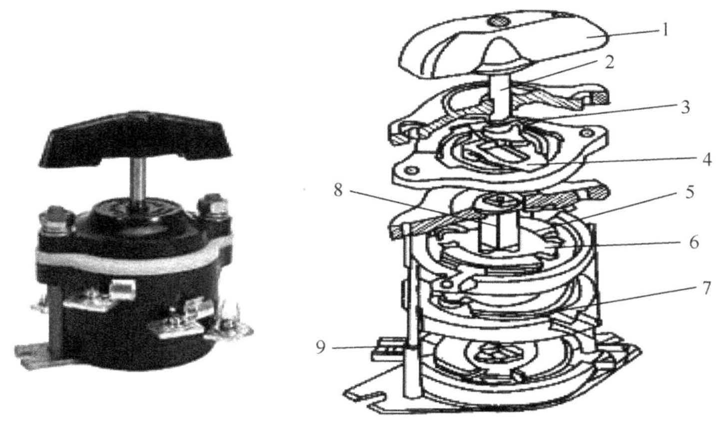

1—手柄；2—转轴；3—弹簧；4—凸轮；5—绝缘垫板；
6—静触点；7—动触点；8—绝缘方轴；9—接线柱

图 1-10　组合开关

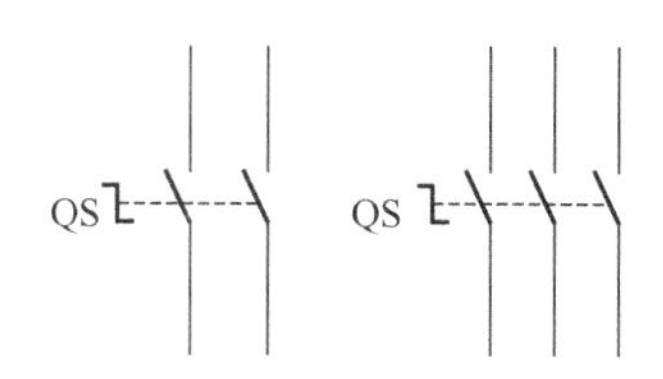

图 1-11　组合开关符号

二、刀开关的主要参数及技术性能

常用的刀开关有 HD 单投刀开关、HS 双投刀开关、HR 熔断器式刀开关（也称为刀熔开关）、HK 型闸刀开关等。刀开关型号不同，应用场合也不同。下面以常用的 HZ10 系列组合开关为例，来说明刀开关的技术参数及选用。

HZ10 系列组合开关的适用范围为：组合开关适用于交流 50Hz 或 60Hz，电压 380V 及以下；直流 220V 及以下，额定电流至 100A 的电器线路中，供手动不频繁的接通、分断与转换交流电阻电感混合负载电路和直流电阻负载电路，10A、25A 开关可直接启动、运转中分断交流 1.1kW、2.2kW 鼠笼型感应电动机。产品符合 JB/T2179-1999 标准。HZ10 系列组合开关的主要参数及技术性能如表 1-4 所示。

表 1-4　HZ10 系列组合开关的主要参数及技术性能

型号	I_{th}（A）	U_i（V）	AC-22A		DC-21A		AC-3	
			U_e（V）	I_e（A）	U_e（V）	I_e（A）	U_e（V）	I_e（A）
HZ10-10	10			10		10	380	3
HZ10-25	25			25	220	25	380	6.3
HZ10-40	40			40		40		
HZ10-60	60	380	380	60		60		
HZ10-60/E119	60			60		60		
HZ10-100	100			100		100		
HZ10-100/E119	100			100		100		

注：单极开关在交流电压为 380V 时，其 I_e 降低至上述数据的 60%。

1. 型号及其含义

HZ10 系列组合开关型号及其含义，如图 1-12 所示。

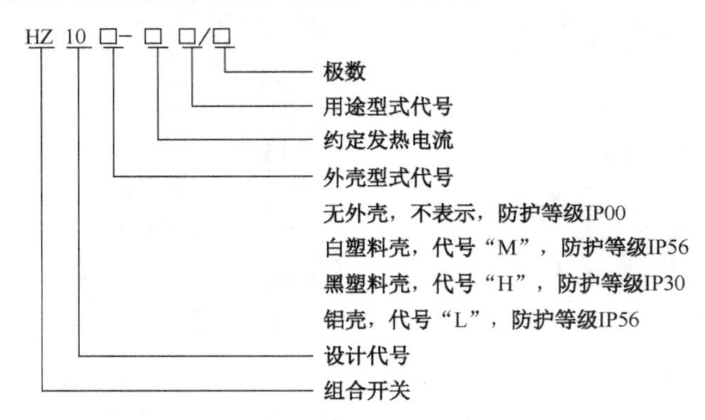

图 1-12 HZ10 系列组合开关型号及其含义

2. 使用类别代号

HZ10 系列组合开关的使用类别代号及其用途，如表 1-5 所示。

表 1-5 HZ10 系列组合开关的使用类别代号及其用途

电流种类	使用类别代号	典型用途
交流	AC-20A	空载条件下闭合或断开电路
	AC-21A	通断电阻性负载，包括适当的过载
	AC-22A	能断电阻和电感混合负载，包括适当的过载
	AC-3	鼠笼式感应电动机启动，在运转中分断电动机
直流	DC-20A	空载条件下闭合和断开电路
	DC-21A	通断电阻性负载，包括适当的过载

3. 额定绝缘电压 U_i

额定绝缘电压，即在规定条件下，用来度量电器及其部件的不同电位部分的绝缘强度，电气间隙和爬电距离的标准电压值。除另有规定外，其值为电器的最大额定工作电压。电器的额定绝缘电压应大于或等于电源系统的额定电压。

4. 额定工作电压 U_e

额定工作电压，即在规定条件下，保证电器正常工作的工作电压值。一般指刀开关动、静触点之间的额定电压。选择刀开关时要求刀开关的额定电压等于或大于电路额定电压。

5. 约定发热电流

约定发热电流是指在规定的试验条件下试验时，开关电器在 8 小时工作制下，各部件的温度升高不超过规定极限值所能承载的最大电流。

6．额定工作电流

额定工作电流是刀开关闭合时允许通过的最大电流。由于闸刀开关种类很多，额定电流为10～100A。

三、刀开关的选择

为了保证控制系统良好、可靠的工作，必须根据控制线路的技术要求正确选择和使用低压电器，若选择和使用不当，将导致各种故障，严重时还会损坏电气设备。选择刀开关时，主要考虑以下三方面问题。

1．刀开关结构形式的选择

应根据刀开关的作用和装置的安装形式来选择，如是否带灭弧装置，只是用于隔离电源时，则只需选用不带灭弧罩的产品；如用来分断负载时，就应选用带灭弧罩的。此外，还应根据是正面操作还是侧面操作，是直接操作还是杠杆传动，是板前接线还是板后接线来选择结构形式。

2．刀开关的额定电流的选择

正常情况下，闸刀开关一般能接通和分断用电回路的额定电流，因此，对于照明等普通负载可根据负载的额定电流来选择闸刀开关的额定电流。在封闭的开关柜内或散热条件较差的工作场合，一般选刀开关的额定电流等于线路工作电流的1.15倍，对于电动机等具有冲击性电流的负载，考虑其启动电流可达5～7倍的额定电流，为躲过电动机启动电流的影响，选择刀开关的额定电流要大于电动机额定电流的3倍。

3．刀开关额定电压的选择

刀开关额定电压应大于或等于被控制设备或线路的额定电压。

实际应用中，用于照明电路时可选用额定电压为250V，额定电流大于或等于电路最大工作电流的二极开关；用于小功率电动机的直接启动时，可选用额定电压为380V或500V，额定电流大于或等于电动机额定电流3倍的三极开关。

下面以一个实际应用为例，说明刀开关的选择。

一台三相异步电动机，其铭牌参数请参见图0-2，若使用刀开关作为电动机的电源引入开关，试选择刀开关并确定其型号。

（1）明确电气控制的需求。由被控对象的铭牌及理论分析可以得到相关参数。

由电动机的铭牌参数可知，被控制电动机额定工作电压为380V，要求刀开关的额定电压等于或大于电路额定电压380V。

被控制电动机额定工作电流为8.8A：对于电动机等具有冲击性电流的负载，选择刀开关的额定电流要大于电动机额定电流的3倍，即8.8×3=26.4A。

（2）根据需求，确定低压电器的品牌、系列、结构形式。可以查阅产品说明书及相关资料获得。应遵循的基本原则是保证所选电气元件能够使用电设备“用上电、安全用电、经济合理用电”。

（3）选择刀开关时，可以根据刀开关在线路中起到的作用或在成套配电装置中的安装位置来确定它的结构形式。刀开关作为电源引入开关时，通常会选择组合开关。HZ10 系列是应用广泛的组合开关系列。查阅其说明书可得到满足要求的组合开关，如表 1-6 所示。其中所列组合开关型号均可满足本台电动机电源引入开关的使用要求。

表 1-6　满足要求的组合开关

<table>
<tr><th rowspan="2">型号</th><th rowspan="2">I_{th}（A）</th><th rowspan="2">U_i（V）</th><th colspan="2">AC-22A</th></tr>
<tr><th>U_e（V）</th><th>I_e（A）</th></tr>
<tr><td>HZ10-40</td><td>40</td><td rowspan="5">380</td><td rowspan="5">380</td><td>40</td></tr>
<tr><td>HZ10-60</td><td>60</td><td>60</td></tr>
<tr><td>HZ10-60/E119</td><td>60</td><td>60</td></tr>
<tr><td>HZ10-100</td><td>100</td><td>100</td></tr>
<tr><td>HZ10-100/E119</td><td>100</td><td>100</td></tr>
</table>

（4）选择刀开关并确定其型号。

结合被控对象要求和组合开关的参数，按照用上电、安全用电、经济合理用电的基本原则，由表 1-6 可知，HZ10-40/3 开关的额定电压为 380V，额定电流为 40A，满足电动机控制要求，因此，选择 HZ10-40/3 作为此台电动机的电源开关。

四、刀开关的安装和使用

1．安装前的检查

刀开关在安装前，应对元器件的性能进行检查，性能完好，才可以安装使用。刀开关检查包括以下内容。

（1）安装前应先检查产品的铭牌（如额定电压、额定电流等）是否符合实际使用要求。刀开关外观应无明显损坏、磕碰。若胶盖和瓷底座损坏或胶盖失落，闸刀开关就不可再使用，以防止安全事故。

（2）刀开关的触点应定期清理，若触点表面有电弧灼伤时，应及时修复。

（3）使用万用表的电阻挡，分别对刀开关三对触点依次检查，在分闸状态下，三对触点的阻值都为无穷大，在合闸状态下，三对触点的阻值都为零，则其电气性能良好。

2．刀开关的安装

刀开关只能垂直安装，即在合闸状态下刀开关手柄应该向上，不能倒装和平装，以防止闸刀松动落下时误合闸。电源进线应接在静触点一边的进线端（进线座应在上方），用电设备应接在动触点一边的出线端。这样，当开关断开时，闸刀和熔体均不带电，以保证更换熔体时的安全，即上进下出。

3．刀开关使用时的注意事项

（1）更换熔丝必须先断开闸刀，并换上与原用熔丝规格相同的新熔丝，同时还要防止新熔丝受到机械损伤。

（2）在分闸、合闸操作时，应动作迅速，使电弧尽快熄灭。

（3）一般不用刀开关控制大容量的电动机。

（4）检修刀开关，电源线一定要断开。

知识链接 4　低压断路器

图 1-13 所示的低压断路器是一种既有手动开关作用，又能自动进行失压、欠压、过载和短路保护的开关电器。低压断路器在用电设备正常工作情况下，作电源开关，可以用于不频繁合、分电路或启动、停止电动机并可用来分配电能；在线路或电动机发生过载、短路或失、欠电压（电压不足）等故障时，能自动切断电源，保护电路。低压断路器允许切断短路电流，但允许操作的次数较低，在分断故障电流后一般不需要变更零部件，已获得了广泛的应用。

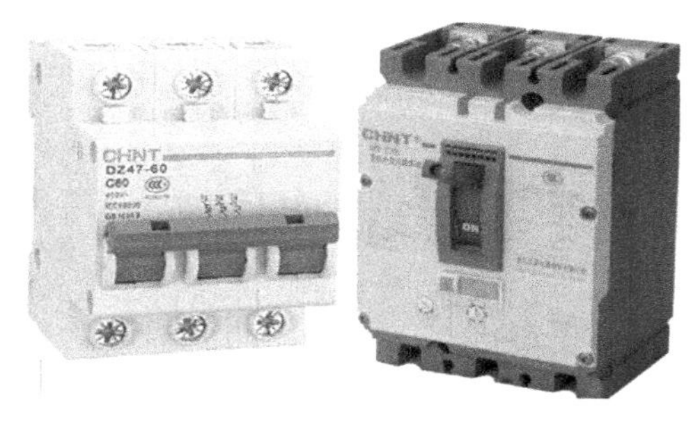

图 1-13　低压断路器

一、低压断路器的分类

低压断路器的种类繁多，按照结构特点可以分为框架断路器（ACB）、塑料外壳式断路器（MCCB）、小型断路器（MCB）、漏电断路器（RCD）、智能型低压断路器等。

（1）塑料外壳式断路器（MCCB）外壳是绝缘的，内装触点系统、灭弧室及脱扣器等，可手动或电动操作。有较高的分断能力和动稳定性，有较完善的选择性保护功能，用作配电线路的保护开关，还可用作电动机、照明电路及电热电路的控制。一般额定电流为 63A 以上，1250A 以下，额定绝缘电压为 800V，额定工作电压为 690V。采用热固性塑料作为外壳（一般为酚醛树脂或 DMC），具有短路及过载保护功能的断路器。遵循 GB 14048.2 标准。

（2）小型断路器（MCB）一般额定电流为 1～63A，额定电压为 230/400V，采用热塑性塑料（一般为尼龙料）为外壳，一般为家用或者类似场合使用的断路器。在 63A 及其以下额定电流下，遵循 GB10963.1 标准；在 63A 以上到 125A 额定电流的产品则需同 MCCB，遵循 GB14048.2 标准。

（3）漏电保护型低压断路器是在一般的低压断路器的基础上增加了零序电流互感器和漏电脱扣器来检测漏电情况，可以在有人身触电或设备漏电时能够迅速切断故障电路，避免人身和设备受到危害。常用的漏电保护型低压断路器有电磁式和电子式两大类。目前使用的大多数漏电保护型低压断路器为电流型。

漏电断路器在 MCCB 中一般分为两种形式，一种是一体式的，即漏电和断路器装于一个整体的外壳中，这种形式的漏电保护器的漏电部分是不可拆卸的。特点是价格便宜，但体积偏大。另一种则是拼装式的，这种形式的漏电保护器的漏电部分以附件形式分离于断路器主体，特点是可拆卸，方便，但价格偏贵，按极数可分为 1P+N，2P，3P，3P+N，4P。

其中 1P+N，2P，3P+N，4P 的漏电附件在外观上基本一样，只有接线端上有所不同。

（4）智能型低压断路器的特征是采用了以微处理器或单片机为核心的智能控制器（智能脱扣器），它不仅具备普通断路器的各种保护功能，同时还具有实时显示电路中的各种电气参数（电流、电压、功率、功率因数等），对电路进行在线监视、自行调节、测量、试验、自诊断、通信等功能，能够对各种保护功能的动作参数进行显示、设定和修改，保护电路动作时的故障参数能够存储在非易失存储器中以便查询，国内 DW45、DW40、DW914（AH）、DW18（AE-S）、DW48、DW19（3WE）、DW17（ME）等智能化框架断路器和智能化塑壳断路器，都配有 ST 系列智能控制器及配套附件，它采用积木式配套方案，可直接安装于断路器本体中，无须重复接线，并可多种方案任意组合。

按照电弧熄灭介质的不同，低压断路器又可以分为空气断路器、惰性气体断路器、油断路器。

二、断路器的结构

低压断路器由触点、灭弧装置、操作机构和保护装置等组成，如图 1-14 所示。

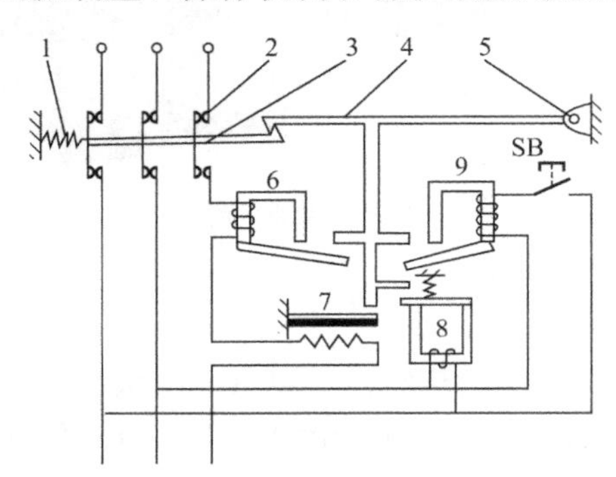

1—分闸弹簧；2—主触点；3—传动杆；4—锁扣；5—轴；6—过电流脱扣器；

7—热脱扣器；8—欠压失压脱扣器；9—分励脱扣器

图 1-14　低压断路器的结构

1．触点系统

触点（静触点和动触点）在断路器中用来实现电路接通或分断。断路器中触点的基本要求如下。

（1）能安全可靠地接通和分断极限短路电流及以下的电路电流。

（2）能长期通过工作时的工作电流。

（3）在规定的电寿命次数内，接通和分断后不会严重磨损。

对于小型断路器，通常采用银—氧化镉、银—氧化锌，对较大电流规格，采用银—氧化锡、银—镍、银—石墨、银—碳化钨等。

大型断路器每相除主触点外，还有副触点和弧触点。主触点承载负荷电流，副触点的作用是保护主触点，弧触点是用来承担切断电流时的电弧烧灼，电弧只在弧触点上形成，从而保证了主触点不被电弧烧蚀，长期稳定的工作。断路器触点的动作顺序是，断路器闭合时，弧触点先闭合，然后是副触点闭合，最后才是主触点闭合。断路器分断时相反。

低压断路器一般采用桥式触点，控制电动机常用三极低压断路器，6 个接线端子用来作进出线的连接，使用时，1L1、3L2、5L3 三个接线点称为进线端，接三相电源；2T1、4T2、6T3 三个接线点称为出线端，接三相用电设备。触点通常是用铜或黄铜材料制成，为了防腐蚀和提高导电率，降低温升，会镀银或镀锡。

2．灭弧系统

低压断路器的灭弧系统用来熄灭触点间在断开电路时产生的电弧。灭弧系统包括两个部分：一部分为强力弹簧机构，使断路器触点快速分开；另一部分为在触点上方设有灭弧室。

3．操动机构

断路器操动机构包括传动机构和脱扣机构两大部分。

（1）传动机构：按断路器操作方式不同可分为手动传动、杠杆传动、电磁铁传动、电动机传动；按闭合方式可分为：储能闭合和非储能闭合。

（2）自由脱扣机构：自由脱扣机构的功能是实现传动机构和触点系统之间的联系。

断路器合闸或分断操作是靠操动机构手动或电动进行的，合闸后自由脱扣机构将触点锁在合闸位置上，使触点闭合。

4．保护装置

断路器的保护装置由各种脱扣器来实现。断路器的脱扣器形式有欠压脱扣器、过电流脱扣器、分励脱扣器等。当电路发生故障时，通过各自的脱扣器使自由脱扣机构动作，以实现保护作用的自动分断。断路器因其脱扣器的组装不同，其保护方式、保护作用也不同。

（1）短路脱扣器。过电流脱扣器又分为过载脱扣器和短路脱扣器。短路脱扣器用于防止负载侧严重过载和短路。短路脱扣器是一个电磁铁机构。在正常情况下，短路脱扣器的衔铁是释放的，电路一旦发生严重过载或短路故障时，电流达到其动作设定值，与主电路相串联的线圈将产生较强的电磁吸力吸引衔铁，短路脱扣器会瞬时动作，推动杠杆顶开锁钩，使主触点断开。一般断路器还具有短路锁定功能，用来防止断路器因短路故障分断后，故障未排除前再合闸。在短路条件下，断路器分断，锁定机构动作，使断路器机构保持在分断位置，锁定机构未复位前，断路器合闸机构不能动作，无法接通电路。

（2）过载脱扣器。过载脱扣器是利用双金属片结构，当温度变化时双金属片产生弯曲变形，推动脱扣器动作。在电路发生轻微过载时，过载电流不立即使脱扣器动作，但能使热元件产生一定的热量，促使双金属片受热向上弯曲，在持续过载时双金属片推动杠杆使搭钩与锁钩脱开，将主触点分开。热脱扣器由于过载而分断后，应等待 2～3min 热脱扣器复位才能重新操作接通。由于热脱扣器是利用电流的热效应来动作的，双金属片的受热需要一定时间，因此热脱扣器在检测到过载信号后，其保护动作会有一定的延时，延时时间的长短和过载电流的大小成反比，即过载较轻时，热脱扣器动作时间长；严重过载时，热脱扣器动作时间短。

（3）失欠压脱扣器。失欠压脱扣器在电压大于 85%额定电压时应能保证产品闭合，下降到 35%～75%额定电压应动作，低于 35%额定电压时应能防止产品闭合。带延时动作的欠压脱扣器，可防止因负荷陡升引起的电压波动，而造成断路器不适当地分断。延时时间可为 1s、3s 或 5s。

（4）分励脱扣器。分励脱扣器可作为远距离控制断路器分断使用。当电源电压等于额定控制电源电压的 70%～110%的任一电压时，就能可靠分断断路器。分励脱扣器是短时工作制，线圈通电时间一般不能超过 1s，否则线圈会被烧毁。

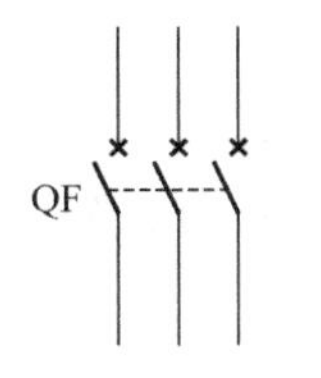

图 1-15　低压断路器的图形符号

触点系统、带自由脱扣的操作机构、短路脱扣器、外壳 4 部分结构是每一款低压断路器都具有的结构，过载脱扣器、失压、欠压脱扣器只在部分型号的断路器中有此结构，具体应视品牌、型号而定，使用中，应根据使用场合选定断路器的具体结构。

低压断路器文字符号为 QF，为其图形符号如图 1-15 所示。

三、低压断路器的主要参数及技术性能

下面以常用的正泰 DZ108 系列塑料外壳式断路器为例，来说明低压断路器的主要参数和技术性能。

DZ108 系列适用于交流频率为 50Hz，电压为 380V 及以下，额定电流为 0.1～63A 的电路中，作为电动机的过载、短路保护用。也可在配电网络中作线路和电源设备的过载和短路保护用。在正常情况下，也可作线路的不频繁转换及电动机的不频繁启动和转换用，本产品符合 GB14048.2 标准，其主要参数如表 1-7 所示。

表 1-7　DZ108 系列断路器的主要参数

型号	DZ108-20		DZ108-32		DZ108-63	
额定绝缘电压 U_i(v)	660		660		660	
极数	3		3		3	
额定短路分析能力 I_{cu}(kA)						
有效值						
380V　kA/cos ϕ	1.5/0.95		10/0.5		22/0.25	
额定短路接通能力 I_{cm}(kA)						
380V　I_{cm}/cos ϕ	2.2/0.95		17/0.5		46/0.25	
控制电动机最大功率 AC-3(kW)						
220V	5.5		9		18	
380V	10		16		32	
辅助触点						
额定发热电流(A)	6		6		6	
AC-15 额定工作电压(V)	220	380	220	380	220	380
AC-15 额定工作电压(A)	1.4	0.8	1.4	0.8	1.4	0.8
AC-15 额定工作电压(A)	14	8	14	8	14	8
AC-15 额定工作电压(A)	14	8	14	8	14	8

1．型号及含义

DZ108 系列塑料外壳式断路器型号及含义如图 1-16 所示。

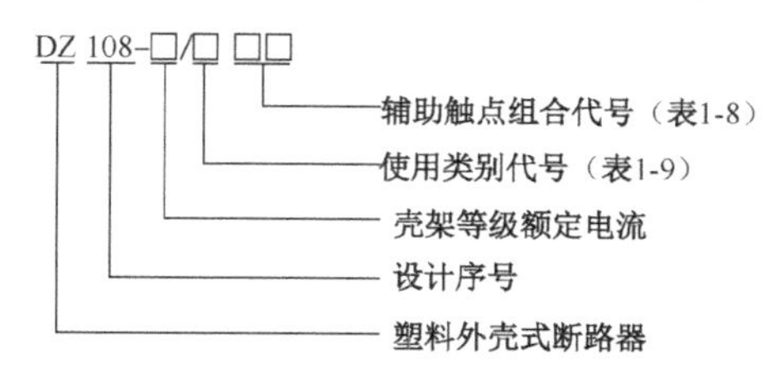

图 1-16　DZ108 系列塑料外壳式断路器型号及含义

辅助触点组合代码如表 1-8 所示。

表 1-8　辅助触点组合代码

辅助触点组合代号	代表辅助触点的种类
11	一常开和一常闭

注：辅助触点组合代号由两位数字表示，第一位数字为常开触点（NO）数量，第二位数字为常闭触点（NC）数量。

DZ108 系列断路器使用类别代码如表 1-9 所示。

表 1-9　DZ108 系列断路器使用类别代码

使用类别代号	代表的使用类型
1	配电保护型断路器
2	电动机保护型断路器

2．额定绝缘电压（U_i）

断路器的额定绝缘电压是指设计断路器的电压值，电气间隙和爬电距离应参照此电压值而定。除型号产品技术文件另有规定外，额定绝缘电压是断路器的最大额定工作电压。在任何情况下，最大额定工作电压不超过绝缘电压。

3．额定工作电压（U_e）

额定工作电压是与通断能力及使用类别相关的电压值。交流多相电路则指电路的线电压。

4．断路器壳架等级额定电流（I_{nm}）

断路器壳架等级额定电流，用尺寸和结构相同的框架或塑料外壳中能装入的最大脱扣器额定电流表示，是指断路器允许通过的最大工作电流。

5．脱扣器额定电流（I_n）

脱扣器额定电流是脱扣器能长期通过的电流。

6. 脱扣器整定电流 I_r（短路）

脱扣器整定电流是指低压断路器在线路发生短路时，短路脱扣器使低压断路器自动跳闸的动作值，一般情况下低压断路器在出厂时，将短路脱扣器的动作值整定为：配电用——$10I_n$，保护电动机用——$12I_n$。

7. 额定短路分断能力（I_{cn}）

额定短路分断能力是断路器的短路特性电流参数，指低压断路器能接通或断开的最大短路电流值，额定短路分断能力分为额定极限短路分断能力（I_{cu}）和额定运行短路分断能力（I_{cs}）。

（1）额定极限短路分断能力（I_{cu}）是断路器规定的试验电压及其他规定条件下的极限短路分断电流值，动作之后，不考虑断路器继续承载的额定电流的能力。

（2）额定运行短路分断能力（I_{cs}）是断路器在规定的试验电压及其他规定条件下的一种比额定极限短路分断电流小的分断电流值，在按规定的试验程序动作之后，断路器应有继续承载它的额定电流的能力。

对于额定短路分断能力大于1500A的小型断路器，国家标准《家用及类似场所用断路器》GB10963（等效采用IECB98）规定应进行额定极限短路分断能力（I_{cu}）和额定运行短路分断能力I_{cs}试验。当$I_{cu}\leqslant 6000\text{A}$时，$I_{cu}=I_{cs}$，因此只需作$I_{cs}$试验，其$I_{cu}=I_{cs}=I_{cn}$，因此一般只需要其额定短路分断能力的值。

实际应用中，低压断路器的额定短路分断能力和额定短路接通能力应不低于其安装位置上的预期短路电流。当动作时间大于0.02s时，可以不考虑短路电流的非周期分量，即把短路电流周期分量有效值作为最大短路电流；当动作时间小于0.02s时，应考虑非周期分量，即把短路电流第一周期内的全电流作为最大短路电流。如果校验结果说明断路器通断能力不够，应采取如下措施。

① 在断路器的电源侧增设其他保护电器（如熔断器）作为后备保护。

② 采用限流型断路器，可按制造厂提供的允通电流特性或限流系数（即实际分断电流峰值和预期短路电流峰值之比）选择相应的产品。

③ 可改选较大容量的断路器。各种短路保护断路器必须能在闭合位置上承载未受限制的短路电流瞬态值，还须能在规定的延时范围内承载短路电流。这种短时承载的短路电流值应不超过断路器的额定短时耐受能力，否则也应采取措施或改变断路器规格。

8. 额定短时耐受电流（I_{cw}）

额定短时耐受电流指在约定时间内允许通过的电流值，该电流值在相应的时间内通过导体，不会应过热而引起导体的损坏。

一般情况下，当$I_n\leqslant 2500\text{A}$，$I_{cw}$取$12I_n$与5kA中较大者；$I_n>2500\text{A}$，$I_{cw}\geqslant 30\text{kA}$。

断路器产品样本中一般都给出产品的额定峰值耐受电流和额定短时耐受电流（1s 电流）。当为交流电流时，短时耐受电流应以未受限制的短路电流周期分量的有效值为准。

9. 寿命

寿命包括电寿命和机械寿命，电气寿命约是机械寿命的15%。DZ5系列断路器机械寿命为 10000 次，电寿命为 1500 次。

10．操作频率（每小时操作次数）

断路器为手动开关，如果操作频率过高，将影响其正常使用。为此，规定了断路器的允许操作频率。

11．保护特性

断路器是带有保护的开关电器。所有的低压断路器都带有短路保护功能，不同型号的断路器其保护性质和保护特性是不相同的。

（1）热脱扣器的整定电流。热脱扣器的整定电流是指低压断路器在线路过载时，热脱扣器使低压断路器自动跳闸的动作值，从理论来讲，所选断路器的热脱扣器整定电流应大于或等于线路的计算负载电流，一般可按计算负载电流的 1～1.1 倍确定；同时应不大于线路导体长期允许电流的 0.8～1 倍。低压断路器热脱扣器的整定电流在一定范围内是可以调整的，调节范围一般为（65%～100%）I_n。DZ108 系列断路器额定电流与脱扣器整定电流之间的对应关系如表 1-10 所示。

表 1-10　DZ108 系列断路器额定电流与脱扣器整定电流之间的对应关系

产品型号	额定电流（A）	脱扣器电流整定范围（I_{ra}）	产品型号	额定电流（A）	脱扣器电流整定范围（I_{ra}）
DZ108-20	0.16	0～0.16	DZ108-32	1.6	1～1.6
	0.25	0.16～0.25		2.5	2.6～2.5
	0.4	0.25～0.4		4	2.5～4
	0.63	0.4～0.63		6.3	4～6.3
	1	0.63～1		10	6.3～10
	1.6	1～1.6		12.5	8～12.5
	2.5	1.6～2.5		16	10～16
	3.2	2～3.2		20	12.5～20
	4	2.5～4		25	16～25
	5	3.2～5		32	22～32
	6.3	4～6.3	DZI08-63	10	6.3～10
	8	5～8		16	10～16
	10	6.3～10		25	16～25
	12.5	8～12.5		32	22～32
	16	10～16		40	28～40
	20	14～20		50	36～50
				63	45～63

实际应用中，通常按照下式进行过载电流的整定。

$$I \geqslant KI_n$$

式中　I——过载脱扣器的整定电流（A）；

K——可靠系数，一般取 1.1；

I_n——线路的计算电流，单台电动机是指电动机额定电流（A）。

电路采取分级保护时，各断路器的过电流脱扣器整定值应匹配。

DZ108 系列断路器热脱扣器保护的特性如表 1-11 所示。表 1-11 反映 DZ108 系列断路器在过载时过载电流与动作时间的对应关系。例如，对 DZ108—20 断路器作电动机保护时，在额定电流的 1.05 倍时，2 小时不会脱扣跳闸；在额定电流的 1.2 倍时；跳闸时间小于 2 小时，在额定电流的 1.5 倍时，跳闸时间小于 2min。在额定电流的 12 倍时，即达到断路器出厂时设定的保护电动机用断路器的短路动作电流值，跳闸时间小于 0.2s。

表 1-11　DZ108 系列断路器热脱扣器的保护特性

类型	试验电流	试验时间	起始状态	周围空气温度
配电保护型	$1.05I_n$	1h 内不脱扣	冷态	30±2℃
	$1.31I_n$	1h 内脱扣	热态	
	$10I_n$	<0.2s 脱扣	冷态	任何合适温度
电动机保护型	$1.05I_n$	2h 内不脱扣	冷态	20±2℃
	$1.21I_n$	2h 内脱扣	热态	
	$1.5I_n$	<2min 脱扣	在整定电流下达到热平衡	
	$7.2I_n$	2s<Tp≤10S	冷态	任何合适温度
	$12I_n$	<0.2s 脱扣	冷态	

（2）欠电压脱扣器的额定电压。若断路器带有欠电压脱扣器时，应对其额定电压进行选择。欠低压脱扣器的额定电压是指低压断路器在线路电压不正常时，自动跳闸的动作值，一般选择其额定电压等于主电路额定电压。

四、低压断路器的选择

低压断路器是电气控制系统中重要的控制、保护器件，低压断路器的选型与应用是否合适，直接关系到用电设备运行的可靠性。若低压断路器保护设定值过大，则起不到保护作用；反之，若低压断路器保护设定值过小，将会引起频繁跳闸现象。

低压断路器的选用，应根据具体使用条件选择使用类别，额定工作电压、额定电流、脱扣器整定电流和分励、欠压脱扣器的电压电流等参数，参照产品样本提供的保护特性曲线选用保护特性，并需对短路特性进行校验。

1．影响低压断路器选择的因素

选择低压断路器，一般应考虑以下因素。

（1）在选择低压断路器时，其额定电压应等于或大于线路额定电压。

（2）在选择低压断路器时，要根据被控对象选择脱扣器的额定电流，选择基本原则为：脱扣器的额定电流 I_n 应等于或稍大于线路计算电流 I_{js}。一般情况下，在通风良好的场合，脱扣器的额定电流等于线路工作电流。在封闭的开关柜内或散热条件较差的工作场合，一般选择脱扣器的额定电流等于线路工作电流的 1.15 倍，当用低压断路器控制电动机时，为避免电动机启动电流的影响，选择脱扣器的额定电流要大于电动机额定电流的 3 倍。

在选择断路器时，其额定电流即不可偏小，也不可过大。若偏小了，将引起频繁的误跳闸；若偏大了，负载过载则不跳闸，失去保护作用。

（3）在选择脱扣器额定电流的基础上，确定断路器壳架等级额定电流，选择基本原则为：断路器的壳架等级额定电流 I_{nm} 应等于或大于脱扣器额定电流 I_n。

（4）低压断路器在选择时，所选断路器短路脱扣器整定电流应大于线路尖峰电流。配电断路器可按不低于尖峰电流 1.35 倍的原则确定，电动机保护电路当动作时间大于 0.02s 时可按不低于 1.35 倍启动电流的原则确定，如果动作时间小于 0.02s，则应增加为不低于启动电流的 1.7～2 倍。这些系数是考虑到整定误差和电动机启动电流可能变化等因素增而加的。即当配电线路不考虑电动机的启动电流时，选择 I_r 原则为：

$$I_r \geqslant KI_{jf}$$

式中　K——可靠系数，一般取 1.35；

I_{jf}——配电线路的尖峰电流（A）。

如果负载是单台电动机，选择 I_r 原则为：

$$I_r \geqslant KI_{st}$$

式中　I_r——短路脱扣器的整定电流（A）；

K——可靠系数，对动作时间大于 0.02s 的断路器，K 取 1.35，对动作时间小于 0.02s 的断路器，K 取 1.7～2.0；

I_{st}——电动机启动电流（A）。

当配电线路考虑电动机的启动电流时，选择 I_r 原则为：

$$I_r \geqslant KI_{SM}$$

式中　I_{SM}——正常工作电流和可能出现的启动电流的总和（A）。

短路脱扣器整定电流小于最小短路电流，可以保证在电路中任何地方发生短路，均能引起断路器跳闸。

（5）选择低压断路器要求低压断路器的额定短路通断能力大于或等于电路的最大短路电流。断路器额定极限短路分断能力应大于断路器额定运行短路分断能力，断路器额定运行短路分断能力应大于线路中最大短路电流：

$$I_{cu} > I_{cs} > I_{smax}$$

式中　I_{smax}——线路最大短路电流（线路靠近断路器端短路）（A）；

I_{cu}——额定极限短路分断能力（A）；

I_{cs}——额定运行短路分断能力（A）。

断路器额定运行短路分断能力大于线路最大短路电流，可以保证在电路中任何地方发生短路时，均能可靠地分断电路。

（6）由于断路器是带有保护的开关电器，选择低压断路器应根据使用要求选择保护特性。

例如，DZ108—20 带有热脱扣器，可以进行过载保护。当断路器带有热脱扣器时，应对热脱扣器进行整定电流的调整。

若断路器带有欠电压脱扣器时，应对其额定电压进行选择（一般选择其额定电压等于主电路额定电压）。

由于断路器的保护性质和保护特性是不相同的，因此不同的负载应选用不同类型的断路器，万能式（又称框架式）断路器中的 DW15、DW17（ME）等系列中产品大部分是具有过载长延时、短路短延时和短路瞬时的三段保护特性的 B 类，DZ5、DZ15、DZ20 等系列的产品规格仅有过载长延时、短路瞬时的二段保护，它们是属于非选择型的 A 类断路器。线路中的上、下级断路器的保护特性应协调配合，下级的保护特性应位于上级保护特性的下方且不相交。

（7）所选定的断路器还应按短路电流进行灵敏系数校验。灵敏系数即线路中最小短路电流（一般用电动机接线端或配电线路末端的两相或单相短路电流）与断路器瞬时或延时脱扣器整定电流之比。两相短路时的灵敏系数应不小于 2，单相短路时的灵敏系数对于 DZ 型断路器可取 1.5，对于其他型断路器可取 2。

2．举例说明低压断路器的选择

一台三相异步电动机，其铭牌参数请参考见图 0-2，电动机启动电流是额定电流的 7 倍。若使用低压断路器作为电动机的电源引入开关，并要求低压断路器在电动机运行时，进行短路、过载的保护。

试：

（1）选择低压断路器并确定其型号。

（2）确定热脱扣器电流整定电流。

（3）对短路脱扣器参数进行校验。

提示：

（1）明确电气控制与保护的需求。由被控对象的铭牌及理论分析可以得到相关参数。

由电动机的铭牌参数可知，被控制电动机额定工作电压为 380V，被控制电动机额定工作电流为 8.8A，启动电流为 8.8×7=61.6A。

（2）根据需求，确定低压电器的品牌、系列、结构形式。可以查阅产品说明书及相关资料获得。应遵循的基本原则是保证所选电气元件能够使用电设备“用上电、安全用电、经济合理用电”。低压断路器的选择应考虑：断路器的额定电压 U_n 应分别不低于线路、设备的正常额定工作电压 380V，断路器的额定电流应大于或等于被保护线路的工作电流或计算电流 8.8A，可以初步确定断路器的种类为选用 DZ108-20 型低压断路器并选择 I_n=12.5A

（3）考虑保护特性：保护特性有短路保护、过载保护、欠电压保护。

确定热脱扣器整定电流：热脱扣器的额定电流应大于或等于被保护线路的计算电流。其整定电流应等于被保护线路的计算电流。

本例中，热脱扣器额定电流为 12.5A，整定电流范围为 8～12.5A，由于是单台电动机，将热脱扣器动作电流整定为 8.8×1.1=10A，在实际应用中，可根据运行情况再作调整。

校验短路脱扣器的整定电流：

$$I_r=12I_n=12\times12.5=150\text{A}$$

$$KI_{st}=1.7\times7\times8.8=104.72$$

因此，$I_r \geqslant KI_{st}$ 符合要求。

（4）选择低压电器并确定其型号。

结合被控对象要求和低压断路器的参数，确定低压断路器的型号规格应选用 DZ108-20/200，额定电压为 380V，额定电流为 12.5A，满足电动机控制要求。

五、低压断路器的安装与使用

1．安装前的检查

安装前，检查产品的铭牌数据（如额定电压、额定电流、操作频率、分断能力等）是否符合实际使用要求。断路器外观应无明显损坏、磕碰，检查断路器的活动部分，要求产品动作灵活无卡滞现象。

使用万用表的电阻挡，分别对3对触点依次检查，在分闸状态下，3对触点的阻值都为无穷大，在合闸状态下，3对触点的阻值都为零，则低压断路器的电气性能良好。

2．低压断路器的安装

低压断路器应垂直安装，电源线应接在进线端（L端），负载应接在出线端（T端）。

3．低压断路器的使用

（1）低压断路器用作电源开关或电动机控制开关时，在电源进线端必须加装刀开关或熔断器，以形成明显的断开点。

（2）低压断路器使用前应将脱扣器工作面上的防锈油脂擦净，以免影响其正常工作，在正常情况下，每6个月应对开关进行一次检修，清除灰尘。

（3）低压断路器投入使用时应按照要求先整定热脱扣器的动作电流，以后就不应随意旋动有关的螺钉和弹簧。

（4）发生断路、短路事故的动作后，应立即对触点进行清理，检查有无熔坏，清除金属熔粒、粉尘等，特别要把散落在绝缘体上的金属粉尘清除干净。

（5）断路器常见故障及修理方法如表1-12所示。

表1-12　低压断路器常见故障及修理方法

故障现象	产生原因	修理方法
不能合闸	（1）电源电压太低 （2）热脱扣的双金属片尚未冷却复原 （3）欠电压脱扣器无电压或线圈损坏 （4）储能弹簧变形，导致闭合力减小 （5）反作用弹簧力过大	（1）检查线路并调高电源电压 （2）待双金属片冷却后再合闸 （3）加电压或调换线圈 （4）调换储能弹簧 （5）重新调整弹簧反力
电流达到整定值断路器不动作	（1）热脱扣器双金属片损坏 （2）电磁脱扣器的衔铁与铁芯距离太大或电磁线圈损坏 （3）主触点熔焊	（1）更换双金属片 （2）调整衔铁与铁芯距离或更换断路器 （3）检查原因并更换主触点
电动机启动时断路器立即分断	（1）过电流脱扣器瞬时整定值太小 （2）脱扣器某些零件损坏 （3）脱扣器反力弹簧断裂或落下	（1）调整瞬时整定值 （2）调换脱扣器或更换零部件 （3）调换弹簧或重新装好弹簧
断路器闭合一定时间后自行分断	热脱扣器整定值过小	调高热脱扣器整定值至规定值
断路器温升过高	（1）触点压力过小 （2）触点表面过分磨损或接触不良。 （3）两个导电零件链接螺钉松动	（1）调整触点压力或更换弹簧 （2）更换触点或修整接触面 （3）重新拧紧

知识链接 5　接触器

控制开关主要控制电路的接通或断开。对大电流的主回路，在手动小容量、不频繁动作时，控制开关通常可用刀开关或组合开关，而在大容量或频繁动作的主回路或自动化电路中，控制开关则必须选择接触器。在小电流的控制电路中，电路的通断操作则通过按钮来完成。

接触器是电力拖动自动控制线路中使用最广泛的电气元件，可以用来远距离频繁地接通和断开交、直流主电路和大容量控制电路的电器。具有动作迅速、控制容量大、使用安全方便，能频繁操作和远距离操作等优点。主要用作电动机、小型发电机、电热设备、电焊机和电容器组等各种设备的主控开关，如图 1-17 所示。

（a）CJ10（CJT1）系列　（b）CJ20 系列　（c）CJ40 系列　（d）CJX1 3TB

图 1-17　接触器

接触器的作用是能接通和断开负载电流，但不能切断短路电流。在线路或电动机发生失欠电压（电压不足）等故障时，实现失压、欠压保护。

一、接触器分类

接触器的通断是通过控制线圈有无电压来实现的。接触器按其主触点所控制主电路电流的种类可分为交流接触器和直流接触器。

1．交流接触器

交流接触器线圈通以交流电，主触点接通、分断交流主电路。

当交变磁通穿过铁芯时，将产生涡流和磁滞损耗，使铁芯发热。为减少铁损，铁芯用硅钢片冲压而成。为便于散热，线圈做成短而粗的圆筒状绕在骨架上。为防止交变磁通使衔铁产生强烈振动和噪声，交流接触器铁芯端面上都安装一个铜制的短路环。交流接触器的灭弧装置通常采用灭弧罩和灭弧栅。

2．直流接触器

直流接触器线圈通以直流电流，主触点接通、切断直流主电路。

直流接触器铁芯中不产生涡流和磁滞损耗，所以不发热，铁芯可用整块钢制成。为保证散热良好，通常将线圈绕制成长而薄的圆筒状。直流接触器灭弧较难，一般采用灭弧能力较强的磁吹灭弧装置。

二、接触器的结构

接触器的主要结构有触点系统、电磁系统、灭弧系统等，其结构示意图如图 1-18 所示。

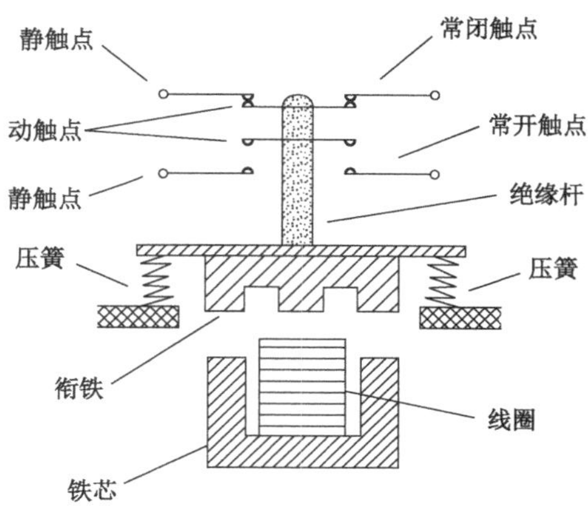

图 1-18　接触器结构示意图

1. 触点系统

触点系统用来接通和分断电路，包括主触点和辅助触点。

主触点用于接通或断开主电路或大电流电路，主触点容量较大，一般为三极，通常为常开触点，即接触器线圈不带电时，由接触器控制的主回路是断开的。接触器使用时，主触点 1L1、3L2、5L3 三个接线点称为进线端，接三相电源；2T1、4T2、6T3 三个接线点称为出线端，接三相用电设备。1L1、2T1 端子控制一条回路，为一极，3L2、4T2 端子为一极，5L3、6T3 为一极，如图 1-19 所示。

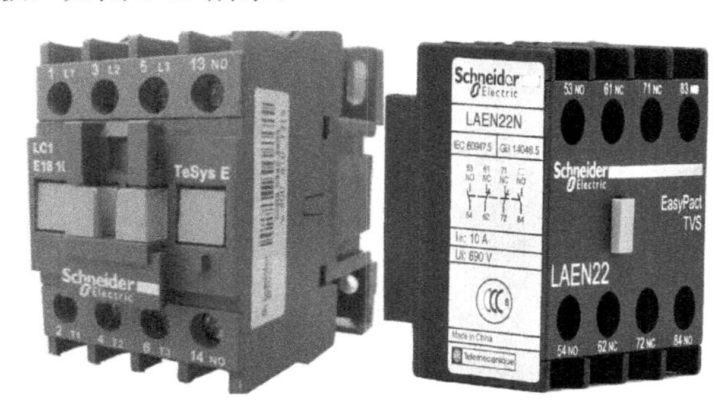

图 1-19　接触器外观结构及辅助触点模块

辅助触点用于通断小电流的控制电路，起控制其他元件接通或断开及电气联锁作用，辅助触点容量较小，根据在控制中的需求，辅助触点的形式有常开触点和常闭触点，一般用 NC 表示常闭辅助触点，NO 表示常开辅助触点。在不同品牌、型号的接触器中，辅助触点数量及形式设置是不同的，比较典型的 CJ10 系列的接触器的辅助触点有 4 个，包括两个常开、两个常闭辅助触点，现在的接触器为了使用灵活，通常将辅助触点做成活动模块，如图 1-19 所示为施耐德品牌的接触器，其辅助触点在接触器本体结构上只有一对，标注为 13NO、14NO，如果在构成控制系统的时候，一对辅助触点不够用，则可以通过选择辅助触点模块来满足需要。不同的辅助触点模块型号，其数量及形式也不同，如图 1-19 所示的辅助模块，包含 4 对辅助触点，53 和 54、83 和 84 是两对常开触点，61 和 62、71 和 72 是两对常闭触点。

接触器中所有触点均采用桥式双断点结构，具有一定的灭弧能力。其动触点和电磁系统的动铁芯是联动的。当线圈得电后，衔铁在电磁吸力的作用下吸向铁芯，同时带动动触点移动，使其与常闭触点的静触点分开，与常开触点的静触点接触，实现常闭触点断开，常开触点闭合。辅助触点不能用来断开主电路。为了保证接触器的良好电气性能，常采取以下措施。

（1）触点材料选用电阻系数小的材料，使触点本身的电阻尽量减小。

（2）增加触点的接触压力，一般在动触点上安装触点弹簧。

（3）改善触点表面状况，尽量避免或减小表面氧化膜形成，在使用过程中尽量保持触点清洁。

2. 电磁系统

接触器的电磁系统用来操作触点闭合与分断。它包括静铁芯、吸引线圈、动铁芯（衔铁）。静铁芯、动铁芯统称为电磁铁芯，电磁铁芯由两个“山”字形的硅钢片叠成，静铁芯上套有吸引线圈，工作电压可多种选择。动铁芯构造和静铁芯构造一样，但其在一定范围内可以活动，接触器的所有动触点通过连杆固定在动铁芯上，当动铁芯动作时，会带动动触点动作，接触器所有触点的状态均会发生变化，如图 1-20 所示。

当电磁线圈通电后，线圈电流产生磁场，动铁芯获得足够的电磁吸力，克服弹簧的反作用力与静铁芯吸合。

交流电磁铁在工作时，吸引线圈上增加的是交流电，为避免因线圈中交流电流过零时，磁通过零，造成衔铁抖动，需在铁芯端部及面上开槽，嵌入一个铜短路环，其作用是消除交流电磁铁在吸合时产生的振动和噪声，确保铁芯的可靠吸合，如图 1-21 所示。

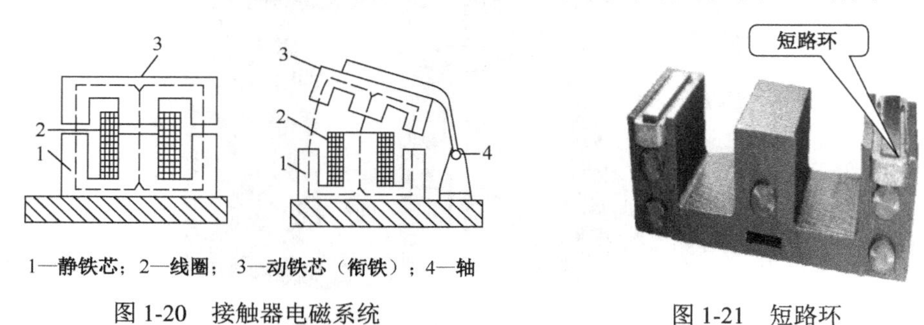

1—静铁芯；2—线圈；3—动铁芯（衔铁）；4—轴

图 1-20　接触器电磁系统

图 1-21　短路环

3. 灭弧系统

开关电器切断电流电路时，触点间电压大于 10V，电流超过 80mA 时，触点间会产生蓝色的光柱，即电弧。电弧是电器使用寿命缩短的主要原因。由于存在电弧，延长了切断故障的时间；电弧的高温能将触点烧损；高温引起电弧附近电气绝缘材料烧坏；形成飞弧造成电源短路事故。因此，在大容量的低压电器中，要考虑灭弧措施。在低压电器中常用的灭弧装置如图 1-22 所示。

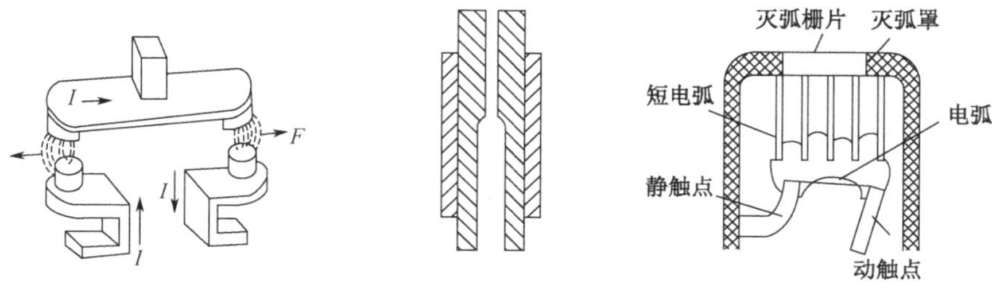

（a）双断口结构电动力灭弧装置　（b）纵缝灭弧装置　（c）栅片灭弧装置

图1-22　常用的灭弧装置

接触器的灭弧系统的作用是熄灭触点分断时产生的电弧，以减轻电弧对触点的灼伤，保证可靠的分断电路。大容量的接触器，常采用窄缝灭弧及栅片灭弧；小容量的接触器，采用电动力吹弧、灭弧罩等。

4．绝缘外壳及附件

绝缘外壳及附件主要包括恢复弹簧、缓冲弹簧、触点压力弹簧、传动机构及外壳等。

接触器的文字符号（KM）和图形符号如图1-23所示。

接触器线圈：用于控制电路，两个接线端子标注为A1、A2，如图1-23（a）所示。

接触器主触点：用于主电路（流过的电流大，需加灭弧装置），有3对常开触点，如图1-23（b）所示。

接触器辅助触点：用于控制电路（流过的电流小，无须加灭弧装置），13、14为常开辅助触点，21、22为常闭辅助触点，如图1-23（c）所示。

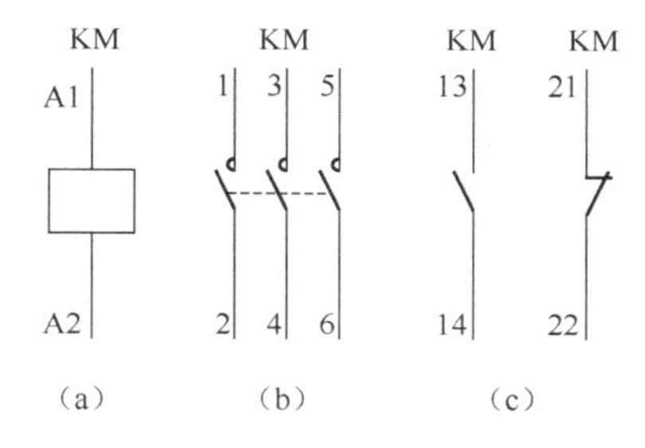

图1-23　接触器符号和图形符号

接触器线圈、主触点、辅助触点在结构上是一个整体，但在电气原理图上可以根据要求分开来画，同一接触器使用同一文字符号表达即可。

三、接触器动作过程

接触器动作过程示意图如图1-24所示。

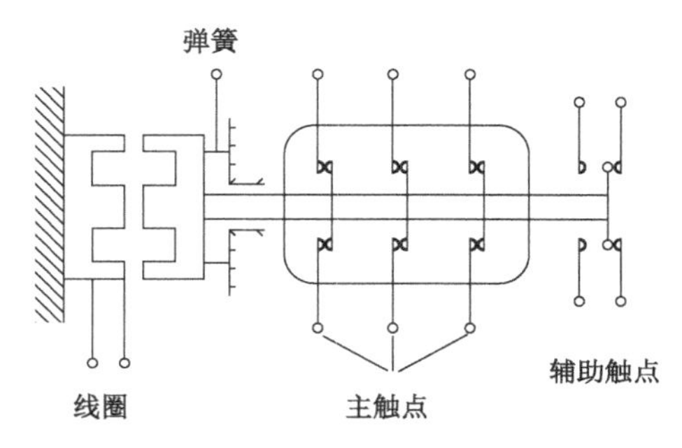

图1-24　接触器动作过程示意图

交流接触器是利用线圈是否带电来控制电路的通断，当接触器线圈通电时接触器为带电状态，此时，线圈电流产生磁场，产生的磁场使静铁芯产生电磁吸力吸引动铁芯，由于接触器的动触点装在与动铁芯相连的绝缘连杆上，因此动铁芯带动所有动触点运动，使常闭触点断开，常开触点闭合，分断或接通相关电路。当接触器线圈断电时接触器为失电状态，电磁吸力消失，动铁芯在反作用弹簧的作用下释放，使触点复原，常开触点断开，常闭触点闭合。接触器整个动作过程可概括为：线圈带电，常闭断开，常开闭合；线圈失电，常闭闭合，常开断开。在此过程中，操作人员接触的线圈电路通常为 5A 以下的小电流，通过线圈小电流去控制用电设备大电流回路的通断，这是现代控制技术实现控制过程的一种手段。

四、接触器主要参数及技术特性

常用的交流接触器有 CJ20、CJX2、CJ12 和 CJ10、CJ0 等系列。下面以 CJ20 系列接触器为例，说明接触器的技术参数及选用。

CJ20 系列交流接触器的适用范围：主要用于交流 50Hz、额定电压为 690V（个别等级为 1140V）、电流为 630A 的电力线路中供远距离接通和分断电路，以及频繁启动和控制交流电动机，并适用于与热继电器或电子保护装置组成电磁启动器，以保护电路或交流电动机可能发生的过负荷及断相。

CJ20 系列交流接触器的主要参数及技术特性，如表 1-13 所示。

表 1-13　CJ20 系列交流接触器的主要参数及技术特性

<table>
<tr><th rowspan="2">接触器型号</th><th rowspan="2">额定绝缘电压 U_i（V）</th><th rowspan="2">约定自由空气发热电流 I_{th}（A）</th><th colspan="3">AC-3 使用类别下可控制的三相鼠笼式电动机的最大功率 kW</th><th rowspan="2">每小时操作循环次数次/h（AC-3）</th><th rowspan="2">AC-3 电寿命（万次）</th><th rowspan="2">线圈功率启动/保持 VA/VA</th><th rowspan="2">选用的熔断器（SCPD）型号</th></tr>
<tr><th>220V</th><th>380V</th><th>660V</th></tr>
<tr><td>GJ20-10</td><td rowspan="5">690</td><td>10</td><td>2.2</td><td>4</td><td>4</td><td rowspan="5">120</td><td rowspan="2">100</td><td rowspan="2">65/8.3
62/8.5
93/14
175/19</td><td rowspan="2">RT16-20
RT16-32
RT16-50
RT16-80</td></tr>
<tr><td>GJ20-16</td><td>16</td><td>4.5</td><td>7.5</td><td>11</td></tr>
<tr><td>GJ20-25</td><td>32</td><td>5.5</td><td>11</td><td>13</td><td rowspan="3">120</td><td>480/57</td><td>RT16-160</td></tr>
<tr><td>GJ20-40</td><td>55</td><td>11</td><td>22</td><td>22</td><td>570/61</td><td>RT16-250</td></tr>
<tr><td>GJ20-63</td><td>80</td><td>18</td><td>30</td><td>35</td><td>855/85.5</td><td>RT16-315</td></tr>
<tr><td>GJ20-250</td><td rowspan="3">690</td><td></td><td>80</td><td>132</td><td>—</td><td rowspan="3">600</td><td rowspan="3">60</td><td>1710/152</td><td>RT16-400</td></tr>
<tr><td>GJ20-400</td><td></td><td>115</td><td>200</td><td>220</td><td>1710/152</td><td>RT16-500</td></tr>
<tr><td>GJ20-630</td><td></td><td>175</td><td>300</td><td>—</td><td>3578/250</td><td>RT16-630</td></tr>
</table>

1．型号及含义

CJ20 系列交流接触器的型号及含义如图 1-25 所示。

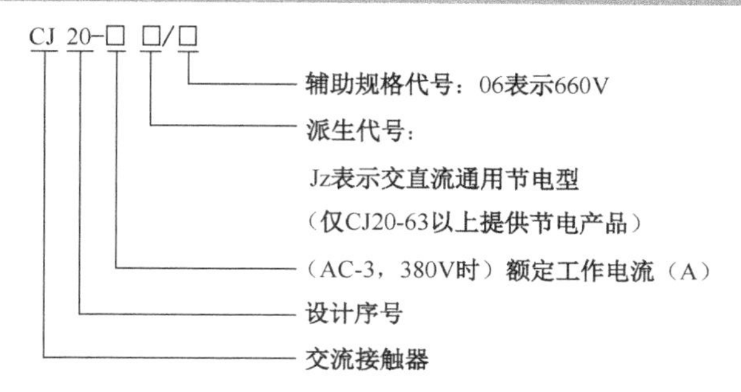

图 1-25　CJ20 系列交流接触器的型号及含义

注 1：以数字代表额定工作电压“03”代表 400V 一般可不写出；“06”代表 690V，如其产品结构无异于 400V 的产品结构时，也可不写出；“11”代表 1140V。

注 2：K 表示矿用型接触器，J 表示节能型交直流操作，S 表示锁扣型。

2．额定绝缘电压（U_i）

在规定条件下，用来度量电器及其部件的不同电位部分的绝缘强度，电气间隙和爬电距离的标准电压值。电器的额定绝缘电压应高于或等于电源系统的额定电压。

3．额定电压（U_e）

接触器铭牌额定电压是指主触点上的额定电压，额定工作电压应大于或等于负载电路的电压。一只接触器常规定几个额定电压，同时列出相应的额定电流或控制功率。常用的额定电压值为 220V、380V、660V 等。接触器的接通与分断能力、工作制种类及使用类别等技术参数都与额定电压有关。

4．约定自由空气发热电流（I_{th}）

约定自由空气发热电流是开关电器在自由空气中进行温升试验时的最大试验电流，实际上也就是接触器额定电流，是指主触点在规定条件下（额定工作电压、使用类别、操作频率等）能够正常工作的电流值。当实际使用条件不同时，此电流值也将随之改变。

380V 三相电动机控制电路中，常用额定电流等级为 5A、10A、20A、40A、60A、100A、150A、250A、400A、600A。

辅助触点额定工作电流是考虑到额定工作电压、额定操作频率、使用类别及电寿命而规定的辅助触点的电流值，一般不大于 5A。

5．使用类别

由于接触器用于不同负载时，对主触点的接通和分断能力的要求不一样，使用接触器时，按负荷种类分为 AC-1、AC-2、AC-3 和 AC-4，称为使用类别。不同类别接触器根据其不同控制对象（负载）的需求，会有不同结构。接触器的使用类别代号通常标注在产品的铭牌或工作手册中。

6．吸引线圈额定电压

接触器正常工作时，吸引线圈上所加的电压值称为吸引线圈的额定电压。通常情况下吸引线圈的额定电压应与控制回路电压相一致，此电压值应低一些，这样对接触器的绝缘要求可以降低，使用时也较安全。一般该电压数值及线圈的匝数、线径等数据均标于线包上，而不是标于接触器外壳铭牌上，使用时应加以注意。

CJ20 线圈额定控制电源电压 U_s 为交流 50Hz，额定电压为 110V、127V、220V、380V；直流额定电压为 110V、220V。

7. 操作频率

接触器在吸合瞬间，吸引线圈需消耗比额定电流大 5～7 倍的电流，如果操作频率过高，则会使线圈严重发热，直接影响接触器的正常使用。为此，规定了接触器的允许操作频率，一般为每小时允许操作次数的最大值。

8. 寿命

寿命包括电寿命和机械寿命。接触器的使用寿命很高，机械寿命通常为数百万次至一千万次，电寿命一般则为数十万次至数百万次。

9. 接触器线圈功率（VA）

接触器线圈功率是指接触器线圈电压和电流的乘积。分为线圈启动功率（吸合功率）和线圈保持功率（维持功率）。例如，交流接触器额定电压为 220V，线圈额定电压为交流 24V，线圈吸合功率为 70VA，维持功率为 7VA，线圈启动电流为 70/24A。

10. 通断能力

通断能力可分为最大接通电流和最大分断电流。最大接通电流是指触点闭合时不会造成触点熔焊时的最大电流值；最大分断电流是指触点断开时能可靠灭弧的最大电流。一般通断能力是额定电流的 5～10 倍。当然，这一数值与开断电路的电压等级有关，电压越高，通断能力越小。

11. 动作值

动作值可分为吸合电压和释放电压。吸合电压是指接触器吸合前，缓慢增加吸合线圈两端的电压，接触器可以吸合时的最小电压。释放电压是指接触器吸合后，缓慢降低吸合线圈的电压，接触器释放时的最大电压。一般规定，吸合电压不低于线圈额定电压的 85%，释放电压不高于线圈额定电压的 70%。

五、接触器的选择

接触器使用广泛，但随使用场合及控制对象不同，接触器的操作条件与工作繁重程度也不同。因此，必须对控制对象的工作情况及接触器性能有较全面的了解，才能作出正确的选择，保证接触器可靠运行并充分发挥其技术经济效果。

1. 接触器额定电压（U_e）的选择

接触器额定电压应大于或等于设备或线路的工作电压。

2．主触点额定电流的选择

选择接触器时，要求接触器额定电流大于等于负载额定电流。当用电设备为电动机时，主触点额定电流，由下面公式来计算：

$$I_{\mathrm{j}}=\frac{P_{\mathrm{N}}\times10^{3}}{KU_{\mathrm{N}}}$$

式中　I_{j}——主触点额定电流（A）；

P_{N}——被控制的电动机额定功率（kW）；

K——常数，一般取1～1.4；

U_{N}——电动机的额定电压（V）。

实际选择时，接触器的主触点额定电流大于上式计算值。一般可依据以下经验值进行选择。

（1）持续运行的设备：接触器按67%～75%计算，即100A的交流接触器，只能控制最大额定电流为67～75A的设备。

（2）间断运行的设备：接触器按80%计算，即100A的交流接触器，只能控制最大额定电流是80A以下的设备。

（3）反复短时工作的设备：接触器按116%～120%计算，即100A的交流接触器，只能控制最大额定电流116～120A的设备。

如果接触器控制的电动机启动、制动或反转频繁，一般将接触器主触点额定电流降一级使用。

如果冷却条件较差，选用接触器时，接触器的额定电流按负荷额定电流的110%～120%选取。对于长时间工作的电动机，由于其氧化膜没有机会得到清除，使接触电阻增大，导致触点发热超过允许温升。因此，实际选用时，可将接触器的额定电流减小30%使用。

3．接触器使用类别的选择

使用接触器时，应根据负载特性选择接触器的使用类别。对电动机控制而言，电动机有鼠笼式和线绕式电动机，其使用类别分别为AC-2、AC-3和AC-4，其中，AC-2交流接触器用于绕线式异步电动机的启动和停止，允许接通和分断4倍的额定电流；AC-3交流接触器的典型用途是鼠笼式异步电动机的运转和运行中分断，允许接通6倍的额定电流和分断额定电流，如水泵、风机、印刷机等；AC-4交流接触器用于鼠笼式异步电动机的启动、反接制动、反转和点动，允许接通和分断6倍的额定电流。

4．接触器操作频率的选择

电动机的操作频率不高，如水泵、风机等，接触器额定电流大于负荷额定电流即可。接触器类型可选用CJ10、CJ20等。

对重任务型电动机，如机床主电动机等，其平均操作频率超过100次/min，运行于启动、点动、正反向制动、反接制动等状态，接触器型号可选用CJ10Z、CJ12。选用时，接触器额定电流大于电动机额定电流。

对特重任务电机，如大型机床的主电机等，操作频率很高，可达600～12000次/小时，经常运行于启动、反接制动、反向等状态，接触器大致可按电寿命及启动电流选用，接触器型号选用 CJ10Z、CJ12 等。

用接触器对变压器进行控制时，应考虑浪涌电流的大小，如交流主轴电动机的变压器等，一般可按变压器额定电流的 2 倍选取接触器，其型号选用 CJ10、CJ12 等。

六、接触器的使用

1．安装前的检查

接触器安装前应先检查产品的铭牌及线圈上的数据（如额定电压、额定电流、操作频率、线圈额定电压等）是否符合实际使用要求。

交流接触器外观应无明显损坏、磕碰，检查接触器的活动部分，要求产品动作灵活无卡滞现象，灭弧罩应完整无损，固定牢固。

使用万用表的电阻挡，分别对主触点、辅助触点依次检查，在常态下，三对主触点、辅助常开触点的阻值都为无穷大，辅助常闭触点的阻值为零；在按下接触器的动铁芯时，三对主触点、辅助常开触点的阻值变为零，辅助常闭触点的阻值为无穷大；对交流接触器的线圈两个端子进行阻值测量，测得结果为零，线圈短路，测得结果为无穷大，线圈断路，测得结果为一定阻值（不同规格型号的接触器阻值不同），则线圈的电气性能良好。测量接触器绝缘电阻。绝缘电阻要大于 0.5MΩ。

2．接触器的安装

接触器的安装多为垂直安装，其倾斜角不得超过 5°，否则会影响接触器的动作特性；安装有散热孔的接触器时，应将散热孔放在垂直方向上，以降低线圈的温升。接线时，进线端在上方，接电源，出线端在下方，接负载。

交流接触器的吸合、断开振动比较大，在安装时尽量不要和振动要求比较严格的电气设备安装在一个柜子里，否则要采用防震措施，一般尽量安装在柜子下部。交流接触器的安装环境要符合产品要求，安装尺寸应该符合电气安全距离、接线规程，而且要检修方便。

安装接线时，应注意勿使螺钉、垫圈、接线头等零件遗漏，以免落入接触器内造成卡滞或短路现象。安装时，应将螺钉拧紧，以防振动松脱。

安装完毕，检查接线正确无误后，在主触点不带电的情况下操作几次，然后测量产品的动作值和释放值，所测数值应符合产品的规定要求。

3．接触器的使用

（1）当接触器铁芯涂有防锈油时，使用前应将防锈油擦净，以免油垢黏滞而造成接触器断电不释放。

（2）检查和调整触点的工作参数（开距、超程、初压力、终压力等），并使各极触点同时接触。

（3）接线器的触点应定期清理，若触点表面有电弧灼伤时，应及时修复。

（4）交流接触器的常见故障及修理方法，如表 1-14 所示。

表 1-14　接触器常见故障及修理方法

常见故障	产生原因	修理方法
接触器不吸合或吸合不牢固	（1）电源电压过低 （2）线圈断路 （3）线圈技术参数与使用条件不符 （4）铁芯机械卡阻	（1）调高电源电压 （2）调换线圈 （3）调换线圈 （4）排除卡阻物
线圈断电，接触器不释放或释放缓慢	（1）触点熔焊 （2）铁芯表面有油污 （3）触点弹簧压力过小或反作用弹簧损坏 （4）机械卡阻	（1）排除熔焊故障，修理或更换触点 （2）清理铁芯表面 （3）调整触点弹簧或更换弹簧 （4）排除卡阻物
触点熔焊	（1）操作频率过高或过负载使用 （2）负载端短路 （3）触点弹簧压力过小 （4）触点表面有电弧灼伤 （5）机械卡阻	（1）调换接触器或减小负载 （2）排除短路故障更换触点 （3）调整触点弹簧压力 （4）清理触点表面 （5）排除卡阻物
铁芯噪声过大	（1）电源电压过低 （2）短路环断裂 （3）铁芯机械卡阻 （4）铁芯极面有油垢或磨损不平 （5）触点弹簧压力过大	（1）检查线路并调高电源电压 （2）调换铁芯或短路环 （3）排除卡阻物 （4）用汽油清洗极面或更换铁芯 （5.调整触点弹簧压力
线圈过热或烧毁	（1）电源电压过高或过低 （2）线圈技术参数与使用条件不符 （3）操作频率过高 （4）线圈制造不良或由于机械损伤、绝缘损坏 （5）运动部分卡滞 （6）交流铁芯极面不平或去磁气隙过大 （7）交流接触器派生直流操作的双线圈，因常闭联锁触点熔焊不释放、而使线圈过热	（1）调整电源电压 （2）调换线圈或接触器 （3）选择其他合适的接触器 （4）更换线圈，排除引起线圈机械损伤的故障 （5）排除卡滞现象 （6）清除极面或调换铁芯 （7）调整联锁触点参数及更换烧坏线圈
不动作或动作不可靠	（1）电源电压过低或波动过大 （2）操作回路电源容量不足或发生断线、接线错误及控制触点接触不良 （3）控制电源电压与线圈电压不符 （4）产品本身受损 （5）触点弹簧压力与超程过大 （6）电源离接触器过远，连接导线过细	（1）调整电源电压 （2）增加电源容量，纠正、修理控制触点 （3）更换线圈 （4）更换线圈，排除卡住故障 （5）按要求调整触点参数 （6）更换较粗的连接导线

知识链接 6　主令电器——按钮

按钮开关是一种用来接通或分断小电流电路的手动控制电器。在控制电路中，通过按钮开关发出“指令”控制接触器和继电器等电器，再由它们去控制主电路的通断。这一类电器统称为主令电器。按钮和按钮盒如图 1-26 所示。

图 1-26　按钮和按钮盒

一、按钮的结构

按钮的结构示意图及图形符号如图 1-27 所示，按钮开关的文字符号为 SB。

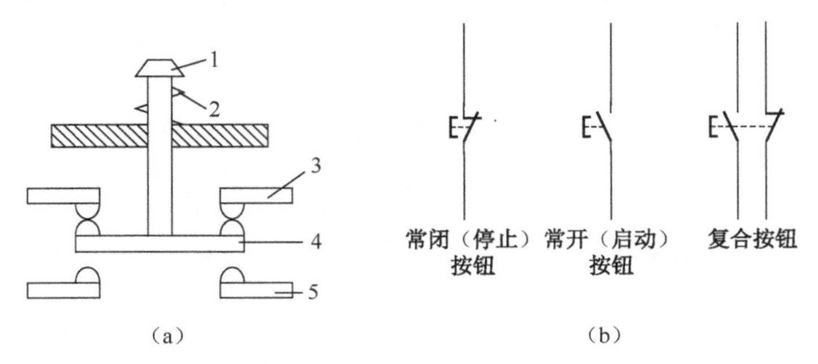

1—按钮帽；2—复位弹簧；3—常闭静触点；4—动触点；5—常开静触点

图 1-27　按钮的结构示意图及图形符号

按钮由按钮帽、动触点、静触点和复位弹簧等构成。由于控制电路工作的需要，按钮通常设计为复合按钮，即一个按钮有两对触点，一对常开触点，一对常闭触点，对于常开触点，在按钮未被按下前，电路是断开的，按下按钮后，常开触点被连通，电路也被接通；对于常闭触点，在按钮未被按下前，触点是闭合的，按下按钮后，触点被断开，电路也被分断。按钮帽释放后，在复位弹簧的作用下，按钮触点自动复位。通常，在无特殊说明的情况下，有触点电器的触点动作顺序均为“先断后合”。

在电气控制线路中，常开按钮常用来启动电动机，也称启动按钮，常闭按钮常用于控制电动机停车，也称停车按钮，复合按钮用于联锁控制电路中。

控制按钮的种类很多，在结构上有嵌压式、紧急式（J）、钥匙式（Y）、旋钮式（X）、带灯式（D）等。例如，带灯式按钮内可装入信号灯显示信号；紧急式按钮装有蘑菇形钮帽，以便于紧急操作等。

为了标明各个按钮的作用，避免误操作，通常将按钮帽做成不同的颜色，以示区别。按钮帽的颜色有红、绿、黑、黄、蓝等，一般红色用作停止按钮，绿色用作启动按钮。按钮主要根据所用的触点数、使用场合及颜色来进行选择。

二、按钮的主要参数及技术特性

以 LA18 系列按钮为例，说明按钮的主要参数及技术特性。

LA18 系列按钮适用于交流 50Hz，电压为 380V 及直流电压为 220V 的电磁启动器、接触器、继电器及其他电气线路中，用作遥远控制。产品符合 GB14048.5 标准。LA18 系列按钮的技术参数如表1-15所示。

表1-15　LA18系列按钮的技术参数

额定绝缘电压 U_i	380V			
约定发热电流 I_{th}		5A		
额定工作电压 U_e(V)		380V	220V	110V
额定工作电流 I_e(A)	AC-15	2.5	4.5	—
	DC-13	—	0.3	0.6

（1）LA18系列按钮的型号及含义如图1-28所示。

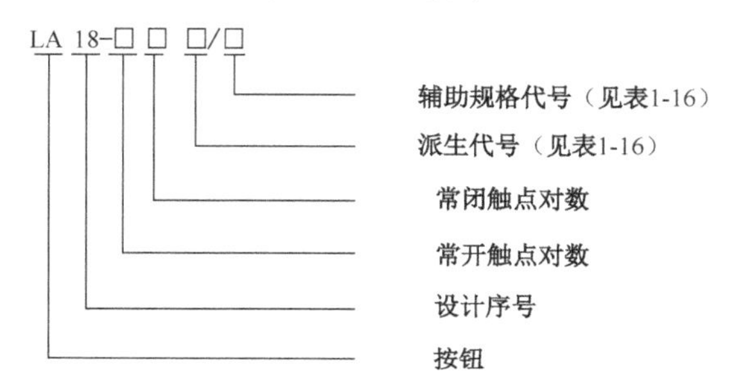

图1-28　LA18系列按钮的型号及含义

LA18系列按钮的派生代号和辅助规格及含义如表1-16所示。

表1-16　LA18系列按钮的派生代号和辅助规格代号及含义

派生代号	含义	辅助规格代号及含义
无字母	一般式	1-白 2-黑 3-绿 4-红 5-黑 6-蓝
J	蘑菇头式	3-绿 4-红 5-黄
x	旋钮式	24-二位置　红 23-二位置　绿 22-二位置　黑 34-三位置　红 33-三位置　绿 32-三位置 黑
Y	钥匙式	

（2）额定绝缘电压 U_i 为380V。
（3）约定发热电流 I_{th} 为5A。
（4）额定工作电压 U_e 为380V、220V、110V。
（5）额定电流 I_e。
AC-15控制交流电磁铁负载：对应380V，2.5A，对应220V，4.5A。
DC-13控制直流电磁铁：对应220V，0.3A，对应110V，0.6A。

三、按钮的选择

1．按钮选择的方式

（1）根据使用的场合和具体的用途选择按钮的类型。例如，控制台柜面板的按钮一般可用开启式；若需显示工作状态，则用带灯式；在重要场所为防止无关人员误操作，一般用钥匙式；在有腐蚀的场所一般用防腐式。

（2）根据工作状态指示和工作情况的要求选择按钮和指示灯的颜色。例如，停止或分断用红色，启动或接通用绿色，应急或干预用黄色。

（3）根据控制回路的需求选择按钮的数量。例如，需要作“正（向前）”“反（向后）”及“停”控制处，可用三只按钮，并安装在同一按钮盒内；只需作“启动”“停止”控制时，则用两只按钮，并安装在同一按钮盒内。

2．举例说明接触器和按钮的选择

一台三相异步电动机，其铭牌参数参见图 0-2，电动机启动电流是额定电流的 7 倍。用电过程中，用接触器作为电动机通断的控制开关，不频繁操作，用按钮来控制接触器的通断，试选择接触器、按钮并确定它们的型号和规格。

（1）明确电气控制与保护的需求。由被控对象的铭牌及理论分析可以得到相关参数。

由电动机的铭牌参数可知，被控制对象是一台三相异步电动机，Y 系列为最普通的鼠笼式电动机。被控制电动机额定功率为 4kW，额定工作电压为 380V，额定工作电流为 8.8A，启动电流为 8.8×7=61.6A。

（2）根据被控制对象的需求，确定低压电器的品牌、系列、结构形式。确定的方法有查表法和选用曲线法，在产品样本中直接列出的在不同额定工作电压下的额定工作电流和可控制电动机的功率，可以按照电动机功率或额定工作电流，选用接触器。

为此，应根据以下原则选用接触器。

① 根据主触点接通或分断电路的电流性质选择直流或者交流接触器。

② 根据接触器所控制负载的工作任务选择相应使用类别的接触器。例如，负载为一般任务则选用 AC-3 使用类别；负载为重任务时则选用 AC-4 使用类别。

③ 根据负载的功率和操作情况确定接触器主触点的电流等级。当接触器的使用类别与所控制负载的工作任务相对应时，一般应使接触器主触点的电流额定值与所控制负载的电流值相当，或稍大一些。若不对应，如用 AC-3 类的接触器控制 AC-3 与 AC-4 混合类负载时，则应降低电流等级使用。

④ 根据被控电路电压等级选择接触器的额定电压。

⑤ 根据控制电路的电压等级选择接触器线圈的额定电压等级。

可以初步确定接触器的型号：选用 CJ20-16 型低压断路器。

结合被控对象要求和接触器的参数，确定接触器的型号规格：应选用 CJ20-16，额定电压为 380V，额定电流为 16A，满足电动机控制要求。

确定按钮：选用 LA18 系列一般式复合按钮，绿色，LA18-11/3。

四、按钮的安装

1．安装前的检查

（1）按钮安装前应先检查产品的铭牌（如额定电压、额定电流等）是否符合实际使用要求。

（2）按钮外观应无明显损坏，用手按动按钮钮帽时，应动作灵活，无卡阻现象。

（3）使用万用表的电阻挡检查按钮，在常态下，常开触点的阻值为无穷大，常闭触点的阻值为零；按下按钮时，常开触点的阻值变为零，常闭触点的阻值为无穷大。

2．按钮的安装

（1）按钮安装在非面板上时，应布置整齐、排列合理，如根据电动机启动的先后顺序，从上到下或从左到右排列。

（2）同一机床的部件有几种不同的工作状态时（如上、下、前、后、松、紧等），应对每一组相反状态的按钮安装在一组。

（3）按钮的安装应牢固，安装按钮的金属板或金属按钮盒必须可靠接地。

（4）由于按钮的触点间距较小，如有油污等极易发生短路故障，因此应注意保持触点间的清洁。

知识链接 7　端子排

一个导电片加一个绝缘片组成一个端子，许多端子组合在一起构成端子排，端子排的两端都有孔和螺丝，孔可以插入导线，螺丝用于紧固或者松开，方便导线连接，如图 1-29 所示。

图 1-29　端子排

端子排的作用就是将配电盘内设备和盘外设备的线路相连接，起到信号传输的作用，端子排使得接线美观，维护方便，在远距离线之间的连接时主要是牢靠，施工和维护方便。在使用中将端子排对应的线号接到对应的地方即可。使用过程中如果出现问题，按照线号查线也很容易。

正泰 TB 系列端子排适用于交流 50Hz，额定电压为 690V（660）、额定电流为 100A 的电路中，作导线间的连接之用。符合 GB14048.7、IEC 60947-7-1 标准。主要技术参数如表 1-17 所示。

表 1-17　TB 系列端子排主要技术参数

序号	产品型号	规格	组数	外形尺寸（mm）						安装方式
				L	L1	D	E	F	G	
1	TB-1503	15A	3	46.5	34	22	17	4.7	7.8	螺钉固定
2	TB-1504	15A	4	54	44	22	17	4.7	7.8	螺钉固定
3	TB-1506	15A	6	72	62	22	17	4.4	7.8	螺钉固定
4	TB-1512	15A	12	126	114	22	17	4.5	7.5	螺钉固定
5	TB-1510	15A	10	108	97	22	17	4.4	7.8	螺钉固定
6	TB-2503	25A	3	55	44.5	30	20	5	8	螺钉固定
7	TB-2504	25A	4	68	56	30	20	5	7.8	螺钉固定
8	TB-2506	25A	6	92	80.5	30	20	4.3	8	螺钉固定
9	TB-2512	25A	12	163	152	30	20	4.4	7.8	螺钉固定
10	TB-4503	45A	3	70	58	38	25	4.7	7.8	螺钉固定
11	TB-4504	45A	4	86	75	38	25	4.7	7.8	螺钉固定

知识链接 8　短路保护

电动机在运行的过程中，除按生产机械的工艺要求完成各种正常运转外，还必须在线路出现短路、过载、欠压、失压等现象时，能自动切断电源停止转动，以防止和避免电气设备和机械设备的损坏事故，保证操作人员的人身安全。常用的电动机的保护有短路保护、过载保护、欠压保护、失压保护等。

一、用电过程中的保护

1．短路保护

（1）保护原因：当电动机绕组和导线的绝缘损坏时，或者控制电器及线路损坏发生故障时，线路将出现短路现象，产生很大的短路电流，使电动机、电器、导线等电器设备严重损坏。因此，在发生短路故障时，保护电器必须立即动作，迅速将电源切断。

（2）保护要求：短路时，迅速、可靠切断电源。切断短路的时间越短，短路保护特性越好。

（3）保护电器：常用的短路保护电器是熔断器和自动空气断路器。熔断器的熔体与被保护的电路串联，当电路正常工作时，熔断器的熔体不起作用，相当于一根导线，其上面的压降很小，可忽略不计。当电路短路时，很大的短路电流流过熔体，使熔体立即熔断，切断电动机电源，电动机停转。同样若电路中接入自动空气断路器，当出现短路时，自动空气断路器会立即动作，切断电源使电动机停转。

2．过载保护

（1）保护原因：当电动机负载过大，启动操作频繁或缺相运行时，会使电动机的工作电流长时间超过其额定电流，电动机绕组过热，温升超过其允许值，导致电动机的绝缘材料变脆，使用寿命缩短，严重时会使电动机损坏。因此，当电动机过载时，保护电器应动作切断电源，使电动机停转，避免电动机在过载下运行。

（2）保护要求：过载时控制回路延时动作，控制主回路断开电源。

（3）保护电器：常用过载保护电器是热继电器。当电动机的工作电流等于额定电流时，热继电器不动作，电动机正常工作；当电动机短时过载或过载电流较小时，热继电器不动作，或经过较长时间才动作；当电动机过载电流较大时，串联在主电路中的热元件会在较短时间内发热弯曲，使串联在控制电路中的常闭触点断开，先后切断控制电路和主电路的电源，使电动机停转。

3．失压、欠压保护

（1）保护原因：生产机械在工作时，由于某种原因发生电网突然停电，这时电源电压下降为零，电动机停转，生产机械的运动部件随之停止转动。一般情况下，操作人员不可能及时拉开电源开关，如果不采取措施，当电源恢复正常时，电动机会自行启动运转，很可能会造成人身伤害和设备损坏事故，并引起电网过电流和瞬间网络电压下降。例如，使用电动机时直接用闸刀开关进行控制，一次在停电时电动机停止运行，操作人员忘记断开电源开关就离开工作岗位，半夜时，电源电压恢复正常，电动机自行启动运行，由此引发事故。因此，必须采取失压保护措施。

欠电压是指由于种种原因（短路、负荷过大）发生的电压低于额定电压的现象（U_V）。当电网电压不足时，将会对电动机、家用电器设备及线路的运行带来极大的危害。例如，使电动机堵转，从而产生数倍于额定电流的过电流，烧坏电动机；当电压恢复时，大量电动机的自启动又会使电动机的电压大幅度下降，造成危害。当电网电压降低，电动机便在欠压下运行。由于电动机负载没有改变，欠压下电动机转速下降，定子绕组中的电流增加。电流增加的幅度尚不足以使熔断器和热继电器动作，因此这两种电器起不到保护作用。如果不采取保护措施，时间一长将会使电动机过热损坏。另外，欠压将引起一些电器释放，使电路不能正常工作，也可能导致人身伤害和设备损坏事故。因此，应避免电动机在欠压下运行。

采用失、欠压保护可以保证异步电动机不在电压过低的情况下运行，防止电动机烧毁，如起重机械、风机水泵等，既可以保证人身安全和设备安全，又可以确保能源的利用效率。在某些特定的场合，失压可能导致设备工作异常。

（2）保护要求：失压、欠压时，电动机断开电源，电源恢复正常后，电动机不能自启动。

（3）保护电器：实现失压、欠压保护的电器是接触器、电磁式电压继电器及断路器的“失压脱扣保护”。对大多数机床电气控制线路，接触器兼有失压、欠压保护功能，一般当电网电压降低到额定电压的 85%以下时，接触器（电压继电器）线圈产生的电磁吸力减小到复位弹簧的拉力，动铁芯被释放，其主触点和自锁触点同时断开，切断主电路和控制电路电源，使电动机停转。

断路器本身具备失压脱扣装置，失压脱扣器的线圈经按钮和联动接点接于相间电压，当网络电压降低到某一规定值时，失压脱扣器的电磁铁的吸力变小，因此杠杆转动作用于脱扣机构，使断路器断开。

二、短路保护的实现

当电路发生短路时，短路电流会引起电气设备绝缘损坏和产生强大的电动动力，从而使电动机和电路中的各种电气设备产生机械性损坏，因此当电路中出现短路时，必须迅速可靠地断开电源。以 CA6140 车床电气线路为例来说明短路保护的实现方式，如图 1-30 所示。

CA6140 车床的电气控制系统共有 3 台电动机，都是三相异步电动机，使用交流 380V 电源供电，在此供电电路中，各用电设备必须采用三相短路保护。但由于实际应用中，各台设备的参数、特性不同，因此，分别采用了不同的元器件完成用电过程的短路保护。

（1）采用低压断路器作为短路保护元件，如 CA6140 车床的电气控制系统中，低压断路器 QF 作电源开关，同时 QF 作主轴电动机的短路保护。当线路出现短路故障时，低压断路器断开电源。待事故处理完毕后，重新合上开关使线路重新工作。

（2）采用熔断器作短路保护的电路。CA6140 车床的电气控制系统中的 3 台电动机容量相差较大，主轴电动机的额定功率为 7.5kW，冷却泵电动机的额定功率只有 90W，因此，设置短路保护时，就必须分别考虑各设备的需求。在 CA6140 车床的电气控制系统中，主轴电动机容量较大，由低压断路器 QF 完成其短路保护的功能。冷却泵电动机、快速移动电动机两台容量较小的设备则采用了 FU1 熔断器作短路保护。另外，在控制中，若主电路容量较小，其控制电路不需要另外设置熔断器；若主电路容量较大，则控制电路一定要单独设置短路保护的熔断器。

利用断路器和熔断器两种方法实现短路保护各有优缺点。断路器是靠触点承受全部过电压或过电流，靠机械脱扣和磁吹熄弧的，可多次使用。而熔断器依靠熔片上的狭颈分担电流和电压，完成同步熔断和灭弧，分断能力高、可靠性高、安装面积小，维护方便、价格低廉，但保护方式少，恢复供电时间长，且只能一次性使用。

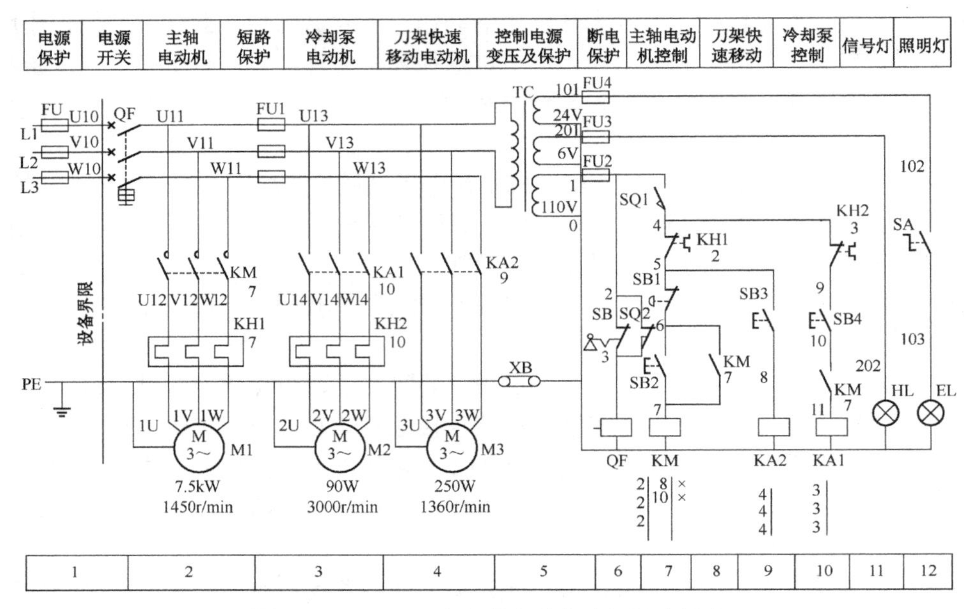

图 1-30　CA6140 车床的主轴电动机短路保护

知识链接 9　熔断器

熔断器是一种结构简单、使用方便、价格低廉的保护电器。熔断器是在电路中串联连接一段低熔点的金属丝或金属片，既是优良导体也是过热熔断的脆弱环节，当电路正常工作时，它只相当于一根导线，导通电路；当电路中出现较大的过载电流（故障或短路）时，熔断器动作，通过热熔效应使熔体熔化而自动分断电路，实现用电过程的自动保护，如图 1-31 所示。

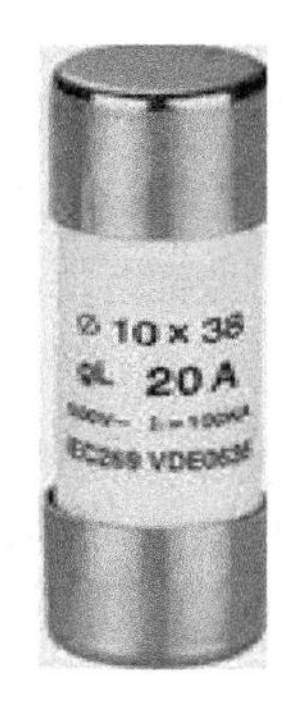

图 1-31　熔断器

在熔断器分断电路的过程中，由于电路电压的存在，且熔断器切断的是故障大电流，在熔体断开的间隙会发生电弧，高质量的熔断器应尽可能地避免这种电弧；在熔断器分断电路后，又应能耐受加在两端的电路电压。

一、熔断器的种类

熔断器的种类很多，按用途分为一般工业用熔断器、半导体器件保护用快速熔断器和特殊熔断器（如具有两段保护特性的快慢动作熔断器、自复式熔断器）。按结构可分瓷插式、螺旋式、无填料密封管式和有填料密封管式等，数控机床常用有螺旋式和有填料密封管式等熔断器，如图1-32所示。

（a）瓷插式

（b）螺旋式

（c）无填料密封管式

（d）有填料密封管式

图1-32　熔断器的种类

1．瓷插式熔断器

瓷插式熔断器具有结构简单、价格低廉、外形小、更换熔丝方便等优点，主要用于AC380V（或220V）50Hz的低压电路中，一般连接在电路的末端，作为电气设备的短路保护。瓷插式熔断器的型号为RC1A系列。

2．螺旋式熔断器

螺旋式熔断器在熔断管内装有熔丝，并填充有石英砂，作熄灭电弧用。型号有RL1、RL7等系列。主要用于AC50Hz或60Hz、额定电压为500V以下，额定电流为200A以下的电路中，作为短路或过载保护。

3．管式熔断器

管式熔断器分为有填料密封管式和无填料密封管式两类。无填料密封管式熔断器主要有RM10和RM0两种。RM10是新型的无填料密封管式熔断器，用作短路保护和连续过载保护，主要用于额定电压AC500V或DC400V的电力网和成套配电设备上。RT14系列为有填料密封管式熔断器，适用于交流50Hz、额定电压为550V、额定电流为63A以下的工业电气装置的配电设备中，作线路短路保护和过载保护用。有填料密封管式熔断器利用石英砂冷却电弧，达到降低热游离而熄灭电弧的目的，如图1-33所示。

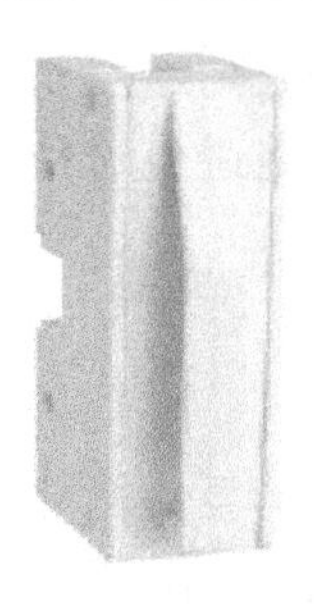
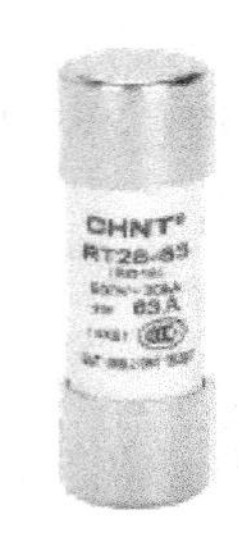

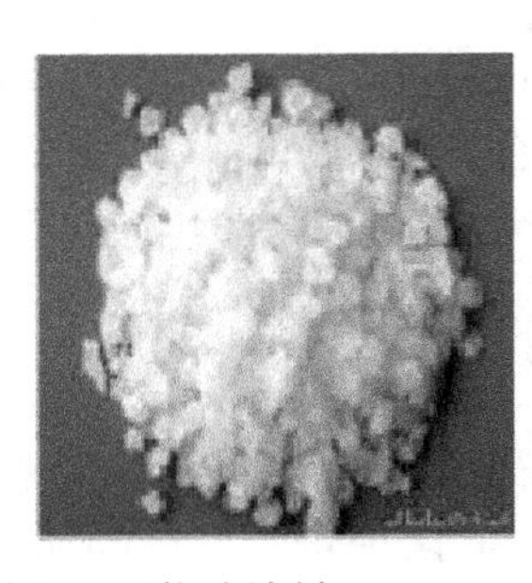

图 1-33 RT14 系列熔断器及石英砂填料

4．快速熔断器

快速熔断器主要用于半导体整流元件或整流装置的短路保护。由于半导体元件的过载能力很低，只能在极短时间内承受较大的过载电流，因此要求短路保护具有快速熔断的能力。快速熔断器的结构和有填料密封管式熔断器基本相同，但熔体材料和形状不同，它是以银片冲制的有 V 形深槽的变截面熔体。

5．自复式熔断器

自复式熔断器采用金属钠作为熔体，在常温下具有高电导率。当电路发生短路故障时，短路电流产生高温使钠迅速汽化，气态钠呈现高阻态，从而限制了短路电流。当短路电流消失后，温度下降，金属钠恢复原来的良好导电性能。自复式熔断器只能限制短路电流，不能真正分断电路。其优点是不必更换熔体，能重复使用。

二、熔断器的结构

熔断器由熔断体和安装熔断体的底座两部分组成。熔断体由熔体和熔管组成，其中熔体是熔断器的核心部分，它既是感测元件又是执行元件，熔体串联在被保护电路中，当电路正常工作时，熔体中通过的电流不会使其熔断；当电路发生短路或严重过载时，熔体中通过的电流很大，使其发热，当温度达到熔点时熔体瞬间熔断，切断电路，起到保护作用。熔体是由低熔点的金属材料(如铅、锡、锌、铜、银及其合金等)制成，其形状有丝状、带状、片状等；在大电流下熔体融化形成断点，从而起到切断电流的作用。在实际应用中，当熔体采用低熔点的金属材料（如铅、锡、铅锡合金及锌等）时，熔断时所需热量少，有利于过载保护；但它们的电阻率较大，熔体截面积较大，熔断时产生的金属蒸气较多，不利于电弧熄灭，因此分断能力较低。当熔体采用高熔点的金属材料(如铝、铜和银)时，熔断时所需热量大，不利于过载保护，而且可能使熔断器过热；但它们的电阻率低，熔体截面积较小，有利于电弧熄灭，因此分断能力较高。由此来看，不同熔体材料的熔断器在电路中起保护作用的侧重点是不同的。

熔管的作用是安装熔体及在熔体熔断时熄灭电弧，多由陶瓷、绝缘钢纸或玻璃纤维材料制成。熔管中会根据熔断器不同的型号规格采取不同的灭弧措施。当熔断器工作电流较大时，熔断时其两端的电压也很高，往往会出现熔体已熔化（熔断）甚至已汽化，但是电流并没有切断，其原因就是在熔断的一瞬间在电压及电流的作用下，熔断器的两电极之间发生拉弧现象。灭弧装置必须有很强的绝缘性与很好的导热性，石英砂就是常用的灭弧材料。

底座一般为陶瓷等绝缘材料制成，是将熔体固定并使熔断器各部分结成为一个整体。它必须有良好的机械强度、绝缘性、耐热性和阻燃性，在使用中不应产生断裂、变形、燃烧等现象；在底座上安装有熔断器的两个接线端子，这两个接线端子与熔管内的熔体相连，是熔断器与电路连接的重要部件，它必须有良好的导电性。

熔断器的文字符号为FU，图形符号如图1-34所示。

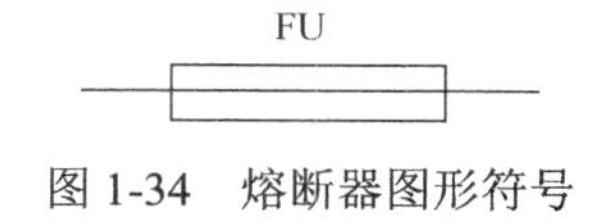

图1-34　熔断器图形符号

三、熔断器的保护特性

熔断器的保护特性又称为安秒特性，是指其动作电流和熔断器熔断时间之间的对应关系，如图1-35所示。由图1-35可知，当流过熔断器电流较大时，熔体熔断所需的时间就较短，而电流较小时，熔体熔断所需用的时间就较长，甚至不会熔断，熔断器的这一特性称为反时限特性，熔断器的反时限保护特性能满足短路保护的具体要求。

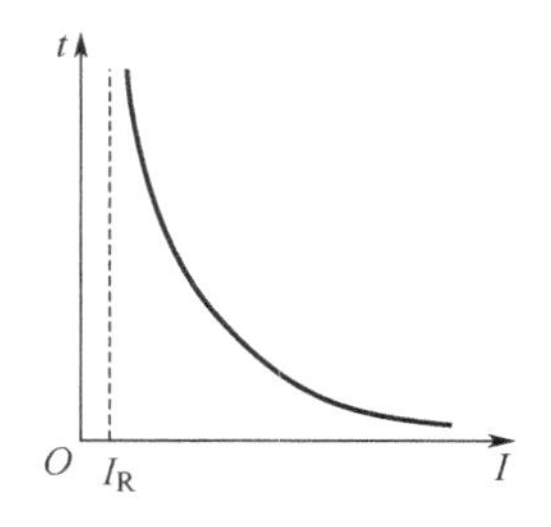

图1-35　熔断器的安秒特性

在图1-35中，有一熔断电流与不熔断电流的分界线，与此相应的电流就是最小熔断电流I_R，当熔体通过电流小于I_R时，熔体不应熔断。此电流与熔体的额定电流之比，称为最小熔化系数，不同的熔断器，其最小熔化系数不同，常用熔体的熔化系数大于1.25。

根据对熔断器的要求，熔体在额定电流（I_e）时绝对不应熔断。因此，最小熔断电流必须大于额定电流，I_R/I_e称为熔断器的熔断系数，用K_R来表示熔断系数。从过载保护来看，K_R值较小时对小倍数过载保护有利，但K_R也不宜接近于1，当K_R为1时，不仅熔体在额定电流下的工作温度会过高，而且还有可能因为安秒特性本身的误差而发生熔体在额定电流下也熔断的现象，影响熔断器工作的可靠性。熔断电流与熔断时间之间的关系如表1-18所示。

表1-18　熔断电流与熔断时间的对应关系

熔断电流	1.2～1.3I_N	1.6 I_N	2 I_N	2.5 I_N	3 I_N	4 I_N
熔断时间	∞	1h	40s	8s	4.5s	2.5s

由熔断器的保护特性也可以知道，流过熔断器的电流越小，熔断所需时间越长，在具体使用中，如果采用熔断器作过载保护元件时，当电气设备轻度过载时，熔断器要持续很长时间才能熔断，甚至不熔断，从而失去保护的意义，因此，熔断器一般只能作短路保护

元件，不宜作过载保护元件。如果确需在过载保护中使用，必须降低其使用的额定电流，但此时的过载保护特性并不理想。

四、熔断器的主要参数及技术特性

以 RT14 系列熔断器为例，说明熔断器的主要参数和技术特性。

RT14 系列熔断器适用于交流 50Hz，额定电压为 380V，额定电流为 63A 的配电装置中作过载和短路保护。符合 GB13539、IEC60269 标准。其主要参数如表 1-19 和表 1-20 所示。

表 1-19　熔断器底座参数

型号	额定电压（V）	额定电流（A）	极数	尺寸					安装方式
				A	B	C	L	H	
RT14-20	380	20	单极	—	20	—	70	47	螺钉安装
RT14-32	380	32	单极	166	26	132	105	56	螺钉安装
RT14-63	380	63	单极	196	33.5	150	124	66	螺钉安装
RT14-32/3P	380	32	三极		78	132	105	56	螺钉安装
RT14-63/3P	380	63	三极		100.5	150	124	66	螺钉安装

表 1-20　熔断体参数

型号	国内外同	尺码（G×K）	额定电压（V）	额定电流（A）	耗散功率（W）	分断能力（kA）	重量（kg）
RT14-20	R128-32、J18-32、R129-32、RO15	10×38	380	2,4,6,8,10,16,20	≤3	100	0.009
RT14-32	RT20-63、RT18-63、RT29-63、R016	14×51	380	2,4,6,8,10,16,20,25,32	≤5	100	0.022
RT14-63	RT29-125、RT19-125、RO17	22×58	380	10,16,20,25,32,40,50,63	≤9.5	100	0.06

1．型号及含义

RT14 系列熔断器型号及含义如图 1-36 所示。

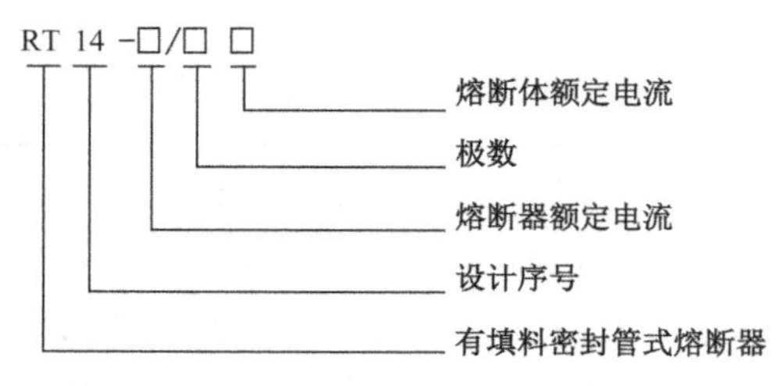

图 1-36　RT14 系列熔断器型号及含义

2. 额定电压

额定电压是熔断器长期工作时和分断后能够承受的电压。在选择熔断器时，其值一般等于或大于电气设备的额定电压。

3. 额定电流

额定电流是熔断器长期工作时，各部件温升不超过规定值时所能承受的电流，有熔断器的额定电流和熔体的额定电流之分。

（1）熔断器的额定电流是指熔断器两个接线端子之间允许长期通过的最大电流，即底座的额定电流。

（2）熔体的额定电流是指熔体在正常工作状态不熔断的最大电流。

熔断器的额定电流等级比较少，而熔体的额定电流等级比较多，即同一个熔断器的底座可安装多个额定电流等级不同的熔体，但熔体的额定电流最大不能超过熔断器的额定电流。例如，RT14-20熔断器的额定电流为20A，熔体额定电流有2A、4A、6A、8A、10A、16A、20A，可根据实际需要进行选择。

4. 分断能力

分断能力反映熔断器分断短路电流的能力，是熔断体在额定电压下能够可靠地熔断的最大短路电流。短路时熔断体中会通过比正常工作大得多的瞬时电流，安全运行要求熔断体保持完整的状态（无爆裂）切断电路。分断能力体现的是熔断器的限流特性，可靠的限流特性能使电气线路中的设备免受电动力的破坏。熔断器的分断能力必须大于线路中可能出现的最大短路电流。

四、熔断器的选择

熔断器作为短路保护的器件，在应用中，对熔断器的要求是：在电气设备正常运行时，熔断器不应熔断；在出现短路时，应立即熔断；在电流发生正常变动（如电动机启动过程）时，熔断器不应熔断；在用电设备持续过载时，应延时熔断。对熔断器的选用主要包括类型选择、额定电压、熔体额定电流和熔断器额定电流的选择。

1. 熔断器类型的选择

选择熔断器类型时，主要依据负载的保护特性和预期短路电流的大小。例如，用于保护小容量的照明线路或电动机的熔断器，一般考虑它们的过电流保护，这时，希望熔体的熔断系数适当小些，应采用熔体为铅锡合金的熔丝或RC1A系列熔断器；而大容量的照明线路或电动机，除应考虑过电流保护外，还要考虑短路时的分断短路电流的能力，若预期短路电流较小时，可采用熔体为铜质的RC1A系列和熔体为锌质的RM10系列熔断器；若短路电流较大，宜采用具有高分断能力的RL6系列螺旋式熔断器，若短路电流相当大，宜采用具有更高分断能力的RT12或RT14系列熔断器。

2. 熔断器额定电压的选择

所选熔断器的额定电压应不低于线路的额定工作电压，但当熔断器用于直流电路时，应注意制造厂提供的直流电路数据或与制造厂协商，否则应降低电压使用。

3．熔体额定电流的选择

在选择熔断器的额定电流时，最主要的是选择熔体额定电流，熔体的额定电流可按以下方法选择。

（1）电阻性负载或照明电路，这类负载启动过程很短，运行电流较平稳，一般按负载额定电流的1～1.1倍选用熔体的额定电流。

（2）单台电动机等感性负载，这类负载的启动电流为额定电流的4～7倍，一般选择熔体的额定电流为电动机额定电流的1.5～2.5倍。因此，熔断器难以起到过载保护作用，只能用作短路保护，过载保护应用热继电器才行。

$$I_{RN} \geqslant (1.5 \sim 2.5) I_N$$

式中 I_{RN}——熔体额定电流；

I_N——电动机额定电流。

如果电动机频繁启动，式中系数可适当加大为3～3.5，具体应根据实际情况而定。

（3）保护多台长期工作的电动机（供电干线）时，熔断器熔体的额定电流按以下公式选择。

$$I_{RN} \geqslant (1.5 \sim 2.5) I_{N\max} + \Sigma I_N$$

式中 $I_{N\max}$——容量最大单台电动机的额定电流；

ΣI_N——其余电动机额定电流之和。

（4）为防止发生越级熔断，上、下级（供电干、支线）熔断器间应有良好的协调配合，为此，应使上一级（供电干线）熔断器的熔体额定电流比下一级（供电支线）大2～3个级差。

4．熔断器额定电流的选择

熔体额定电流选择确定后，熔断器额定电流选择大于等于熔体额定电流即可。

5．举例说明熔断器的选择

以一个实际应用为例，说明熔断器的选择。

一台三相异步电动机，其铭牌参数请参见图0-2，电动机启动电流是额定电流的7倍，分别采用低压断路器、熔断器来完成这台电动机的短路保护，试选择低压断路器、熔断器并确定它们的型号和规格。

（1）明确电气控制与保护的需求。由被控对象的铭牌及理论分析可以得到相关参数。

由电动机的铭牌参数可知，被控制电动机额定工作电压为380V，被控制电动机额定工作电流为8.8A，启动电流为8.8×7=61.6A。

（2）根据需求，确定低压断路器、熔断器的品牌、系列、结构形式。可以查阅产品说明书及相关资料获得。应遵循的基本原则是保证所选电气元件能够使用电设备“用上电、安全用电、经济合理用电”。

（3）低压断路器的选择主要考虑：断路器的额定电压（U_n）应分别不低于线路、设备的正常额定工作电压（380V），断路器的额定电流应大于或等于被保护线路的工作电流或计算电流（8.8A），可以初步确定断路器的种类：选用DZ108-20型低压断路器并选择I_n=12.5A。

校验电磁脱扣器的整定电流：$I_r=12I_n=12\times12.5=150\text{A}$

$$KI_{st}=1.7\times7\times8.8=104.72\text{A}$$

$$I_r \geqslant KI_{st} \quad \text{符合要求}$$

（4）熔断器的选择主要考虑：熔体器的额定电压（U_n）应分别不低于线路、设备的正常额定工作电压（380V），熔体的额定电流，保护一台电动机，按下式计算：

$$I_{RN} \geqslant (1.5 \sim 2.5)I_N=(13.2 \sim 22)A$$

取上限电流为 22A，可以初步确定熔断器的种类为 RT14-32 型熔断器，并选择熔体 I_n=25A。

（5）选择低压电器并确定其型号。

结合被控对象要求和低压断路器、熔断器的参数。

① 确定低压断路器的型号规格。应选用 DZ108-20/200，额定电压为 380V，额定电流为 12.5A，满足电动机短路保护要求。

② 确定熔断器的型号规格。应选用 RT14-32/25，额定电压为 380V，额定电流为 32A，熔体额定电流 25A，满足电动机短路保护要求。

五、熔断器的安装与使用

1．安装前的检查

（1）熔断器安装前应先检查产品的铭牌（如额定电压、熔体额定电流、分断能力等）是否符合实际使用要求。

（2）熔断器应完整无损，外观应无明显损坏，灼伤现象。

（3）使用万用表的电阻挡，对熔断器和熔体进行检查，熔体的阻值为零；将熔体放入熔座，用万用表检查两个接线端子之间的阻值应为零，则熔断器性能良好。

2．熔断器的安装与使用

（1）熔断器安装时应保证熔体的夹头及夹头和夹座接触良好，并且有额定电压、额定电流值标志。

（2）更换熔体时应切断电源，并应换上相同额定电流的熔体。不能用多根小规格熔体并联代替一根大规格熔体。

（3）熔断器的故障及修理方法，如表 1-21 所示。

表 1-21　熔断器常见故障及修理方法

常见故障	产生原因	修理方法
电动机启动瞬间熔体即熔断	（1）熔体规格选择太小 （2）负载端短路或接地 （3）熔体安装时损伤	（1）调换适当的熔体 （2）检查短路或接地故障 （3）调换熔体
熔丝未熔断但电路不通	（1）熔体两端或接线端接触不良 （2）熔断器的螺帽盖未拧紧	（1）清扫并旋紧接线端 （2）旋紧螺帽盖

知识链接 10　电气识图基本知识（一）

一、电气控制图的分类及其作用

继电接触控制系统是由许多电气元件和电动机等用电设备按一定生产工艺要求连接而

成的自动控制系统，可以实现由电能到机械能的转换，满足不同生产机械用电的要求，并保证安全用电。为了便于其设计、分析、安装、调整、使用和维护继电接触控制系统，需要将各种电气元件及其连接，用统一规定的文字符号和图形符号表达出来。实际应用中，依据国家电气制图标准，用规定的电气符号、文字符号等表达继电接触控制系统中各电气设备、装置、元器件及其连接关系的电路图，称为电气控制系统图。电气控制系统图用来阐述电路的工作原理，指导各种电气设备、电气线路的安装接线、运行、维护和管理，是电气工程技术的通用语言。电气控制系统图分为电气原理图、电气元件布置图、电气安装接线图等。

1．电气原理图

电气原理图是用国家统一规定的图形符号、文字符号和线条连接来表明各个电器的连接关系和电路工作原理的示意图，如图 1-37 所示。

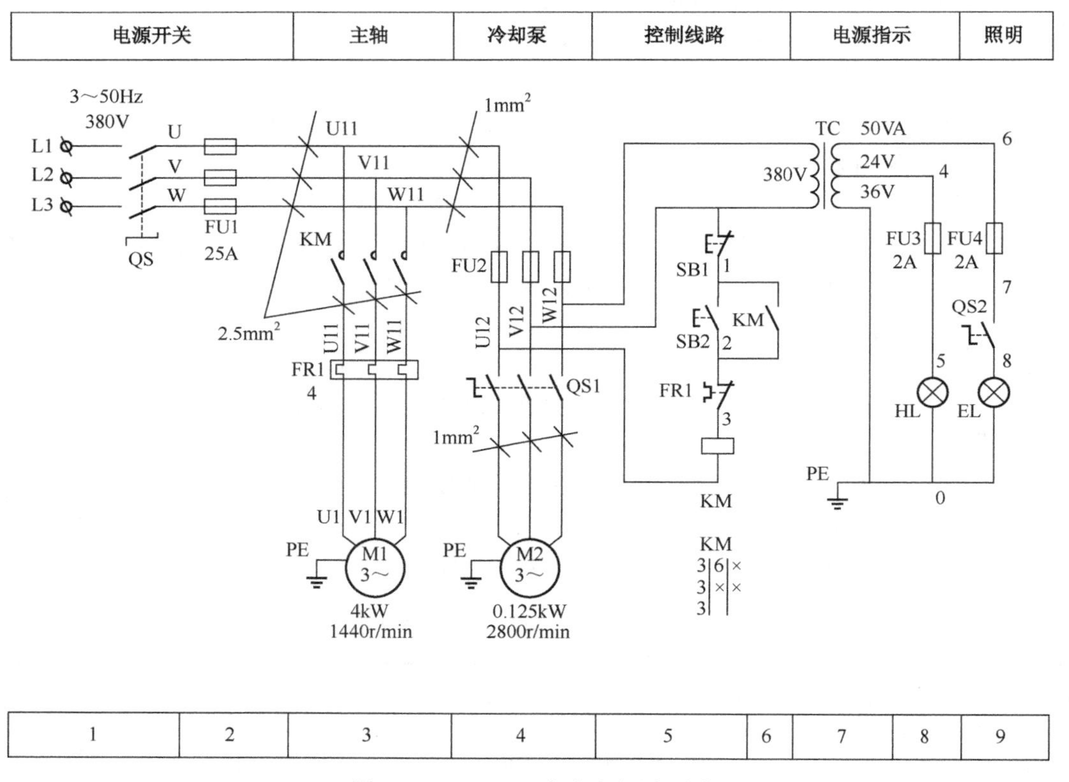

图 1-37　CW6132 车床电气原理图

电气原理图的作用是便于详细阅读和分析电路、设备或成套装置及其组成部分的工作原理，便于分析和计算电路的特性及参数，为测试和寻找故障提供信息，为编制接线图、安装和维修提供依据。

电气原理图中电气元件的布局根据便于阅读原则安排。主电路安排在图面左侧或上方，辅助电路安排在图面右侧或下方。无论主电路还是辅助电路，均按功能布置，尽可能按动作顺序从上到下，从左到右排列。电气原理图中，当同一电气元件的不同部件（如线圈、触点）分散在不同位置时，为了表示是同一元件，要在电气元件的不同部件处标注统一的文字符号。对于同类器件，要在其文字符号后加数字序号来区别。如果有两个接触器，可用 KM1、KM2 文字符号区别，如图 1-38 所示。

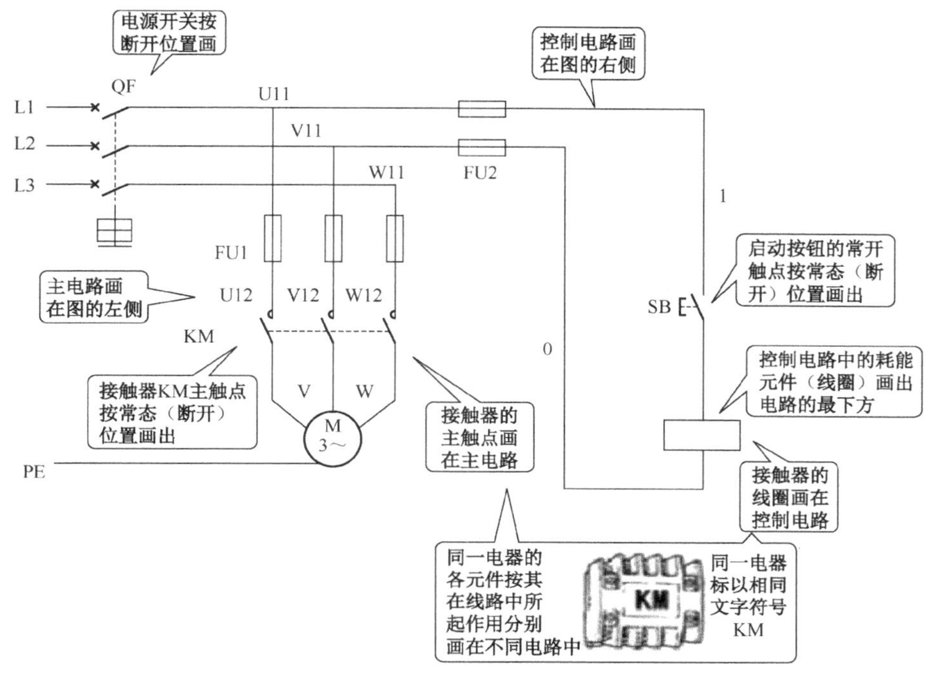

图 1-38　电气原理示意图

在原理图中，还采用了一些特定接线端子及导线的标记，其对应关系如表 1-22 和表 1-23 所示。

表 1-22　特定接线端子的标记

电器接线端子的名称	标记符号	电器接线端子的名称	标记符号
1 相	U	接地	E
交流系统：2 相	V	无噪声接地	TE
3 相	W	机壳或机架	MM
中性线	N	等电位	CC
保护接地	PE		

表 1-23　特定导线的标记

导线名称	标记符号	导线名称	标记符号
1 相	L1	保护接线	PE
交流系统：2 相	L2	不接地的保护导线	PU
3 相	L3	保护接地线和中性线共用一线	PEN
中性线	N	接地线	E

电气原理图中，所有电器的可动部分均按未通电或未受外力作用时的状态画出。对于继电器、接触器的触点，按其线圈不通电时的状态画出，控制器按手柄处于零位时的状态

画出；对于按钮、行程开关等触点按未受外力作用时的状态画出。接触器、继电器的线圈与受其控制的触点的从属关系应按表 1-24 和表 1-25 的方法标示。

表 1-24　接触器线圈符号下的数字标示

左栏	中栏	右栏
主触点所处的图区号	辅助动合（常开）触点所处的图区号	辅助动断（常闭）触点所处的图区号

表 1-25　继电器线圈符号下的数字标示

左栏	右栏
动合（常开）触点所处的图区号	动断（常闭）触点所处的图区号

（a）二线交叉不连接　（b）二线交叉连接

图 1-39　导线交叉画法

在电气原理图中，应尽量减少线条和避免线条交叉。各导线之间有电联系时，在导线交点处画实心圆点，如图 1-39 所示。

图纸下方的 1、2、3……等数字是图区的编号，它是为了便于检索电气线路，方便阅读分析从而避免遗漏设置的。图区编号上方的文字表明它对应的下方元件或电路的功能，使读者能清楚地知道某个元件或某部分电路的功能，以利于理解全部电路的工作原理。

2．电气元件布置图

电气元件布置图是用来表明生产设备上所有电动机、电气元件的实际位置的图纸，它为电气控制设备的制造、安装、维修提供必要的资料。它一般包括生产设备上的操纵箱、电气柜、电动机的位置图，电气柜内电气元件的布置图等。布置图中各元件的文字符号应与电气原理图中的文字符号一致。

在电气元件布置图中，机械设备的轮廓线用细实线或点画线表示，所有可见的和需要表达清楚的电气元件、设备用粗实线绘出其简单的外形轮廓。各电气元件的安装位置是由机械设备的结构和工作要求决定的，如电动机要和被拖动的机械部件在一起，一般控制元件在电气控制柜内。CW6132 车床电气元件布置图如图 1-40 所示。

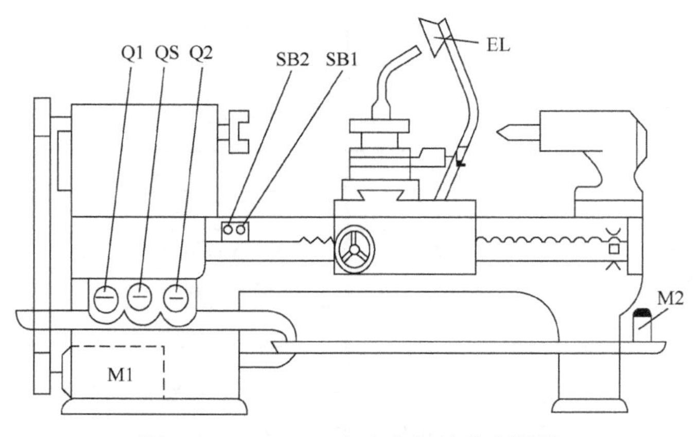

图 1-40　CW6132 车床电气元件布置图

3．电气安装接线图

电气安装接线图是按照电气元件的实际位置和实际接线绘制的，是表示电气元件、部件、组件或成套设备装置之间的连接关系的图纸。电气安装接线图是电气安装接线、线路检查及维修的依据。在电气安装接线图上标出了所需数据，如接线端子号、连接导线参数等，以便于安装接线、线路检查、线路维修和故障处理。W6132 车床安装接线图如图 1-41 所示。

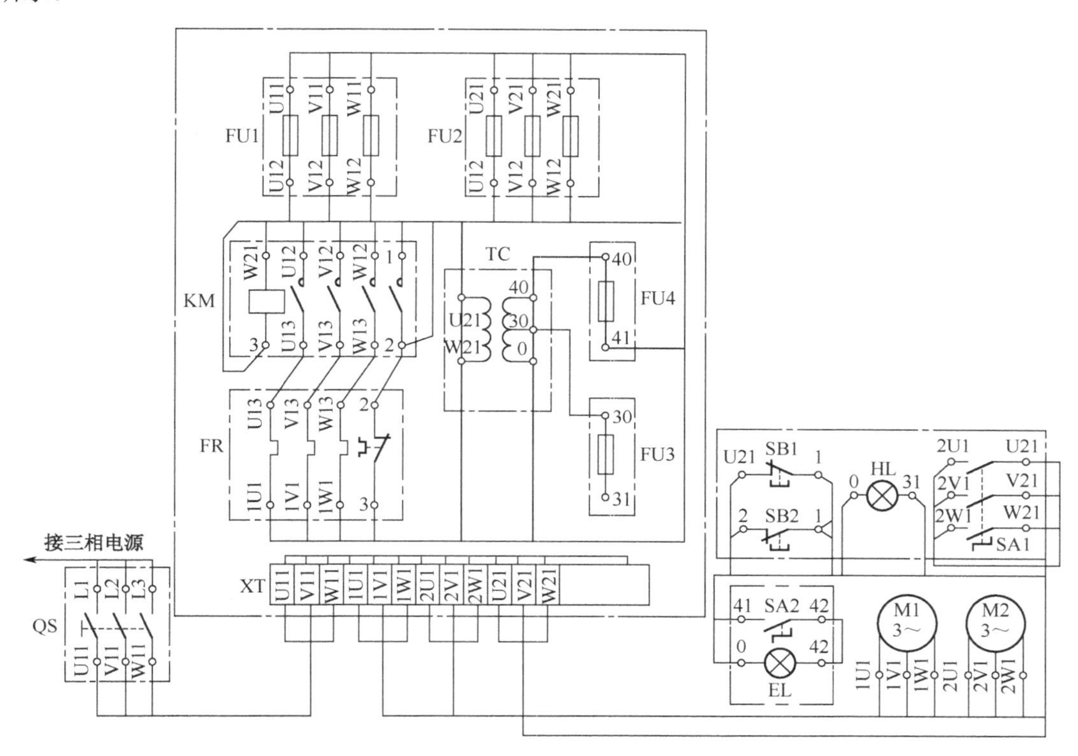

图 1-41　CW6132 车床安装接线图

二、电气原理图识读基本步骤

（1）阅读设备说明书。阅读设备说明书，可以了解设备的机械结构、电气传动方式、电气控制要求；电动机和电气元件的分布情况及设备的使用操作方法；各种按钮、开关、熔断器等的作用。

（2）阅读图纸说明。拿到图纸后首先要阅读图纸说明，包括系统功能、电气原理等，读懂控制的内容和要求，就能了解控制系统的大体情况，抓住读图的重点。图纸说明通常包括图纸的目录、技术说明和施工说明等。电气图中的文字说明和元件明细表等总称为技术说明。文字说明注明电路的某些要点及安装要求等，元件明细表列出电路中元件的名称、符号、规格和数量等，识读图纸时，重点要阅读技术说明。

（3）阅读标题栏。在认真阅读图纸说明的基础上，阅读标题栏，了解电气图的名称及标题栏中有关内容。凭借有关的电路基础知识，对该电气图的类型、性质、作用等有明确的认识，同时大致了解电气图的内容。

（4）识读系统图（或框图）。阅读图纸说明后，就要识读系统图（或框图），从而了解整个系统（或分系统）的情况，即它们的基本组成、相互关系及其主要特征，为进一步理解系统（或分系统）的工作打下基础。

（5）识读电气原理图。为了进一步理解系统（或分系统）的工作原理，需仔细识读电气原理图。识读电路图时，首先要分清主电路和控制电路、交流电路和直流电路，其次按照先看主电路再看控制电路的顺序看图。一般对原理图按功能进行模块分解，化整为零进行识读。

（6）识读安装接线图。安装接线图是以电气原理图为依据绘制的，因此要对照原理图来看接线图。看接线图时，也要先看主电路再看控制电路。按安装制作的位置模块进行分解。

看接线图时，分清图中的动力线、电源线、信号控制线等导线的线型、规格和走向，识别元器件和部件设备的型号、规格参数及在图中的作用。

（7）整理出必要的文字说明，指出电气图的功能特点、工作原理、主要元器件和设备、安装要求、注意事项等。

三、电气原理图识读的方法

电气原理图一般分为电源电路、主电路和辅助电路 3 部分。以 CA6132 的电气原理图为例，说明电气识图的基本方法，参见图 1-37。

1. 分析电源

电源电路画成水平线，三相交流电源 L1、L2、L3 由上而下依次排列画出，中线 N 和保护线 PE 画在相线之下。直流电源则自上而下画“+”“-”，电源开关要水平画出。

在分析电气原理图时，首先要了解电源，分析电源是直流电还是交流电，电源电压等级是多少，电源来自哪里？采用什么器件作电源开关等。图 1-37 中的电源是三相、380V、50Hz 的交流电源。来自给用电设备供电的用户变压器或低压配电室，采用组合开关 QS 作电源开关，熔断器 FU1 作整个用电回路的短路保护。

2. 分析主电路

主电路是电气控制线路中从电源到电动机的连接回路；由电源、组合开关、主熔断器、接触器主触点、热继电器的热元件和电动机等组成。主电路的作用是保证用电设备用上电、安全用电。主电路通过的是电动机的工作电流，电流比较大。一般在图纸上用粗实线垂直于电源电路绘制在电路图的左侧。

（1）主电路中的用电设备分析。分析主电路，首先要分析主电路中的用电设备。用电设备可结合图纸说明来了解，一般的图纸说明会描述该电气系统的所有电气设备的名称及其数码代号，通过阅读说明可以初步了解系统中有哪些用电设备，各个设备起到的作用，各设备在用电过程中有无相互制约关系，每台用电设备的类别、用途、主要参数、接线方式及用电时的控制要求等内容，然后通过电气设备的数码代号在电路图中找到该电气设备，再进一步找出相互连线、控制关系，就可以尽快读懂该图，了解该电路的特点和构成。

如图 1-37 所示，CW6132 车床电气原理图中的主电路用电设备就是两台电动机，对电动机应了解下列内容。

① 用电设备类别：电动机是交流电动机还是直流电动机，交流电动机是鼠笼式电动机还是绕线式电动机，如果没有特殊要求，一般生产机械中所用的电动机以交流三相鼠笼式异步电动机为主。CW6132 车床中 M1、M2 都是三相交流异步电动机。

② 用途：按照国家标准，电气原理图图区编号上方的文字表明它对应的元件或电路的功能，因此，通过看图可知，对 CW6132 型车床，M1 是主轴电动机，M2 是冷却泵电动机。

③ 电动机的主要参数：M1 为 4kW，380V，1500 r/min；M2 为 0.125kW，380V，3000 r/min。

④ 控制要求：对各台电动机用电时的启动方式、运行方式、是否有调速要求、制动要求及各台电动机之间相互制约关系等进行分析。

例如，有的电动机要求始终一个速度，有的则有高速和低速的要求，还有电动机要求调速，在阅读图纸时，要看懂用电设备是否有调速要求，是电气调速还是机械调速等。CW6132 车床的两台电动机中 M1 采用自动控制，M2 为手动控制，无启动、制动、调速要求，两台电动机之间无相互的制约关系。

（2）用电设备用电过程中，涉及的控制器件和保护器件。在分清主电路中的用电设备的基础上，通过进一步分析，懂得用什么元件控制用电设备，各元件在设备用电过程中的性能、结构、工作原理、规格及主要作用，并了解主电路中其他电气元件的作用。

CW6132 车床的 M1 电动机采用自动控制，主电路中涉及的器件有接触器 KM（作 M1 的控制开关）和热继电器 FR（作 M1 的过载保护）。

CW6132 车床的 M2 电动机采用手动控制，主电路中涉及的器件有熔断器 FU（作 M2 的短路保护）和刀开关 QS1（作 M2 的控制开关）。

最后，查看电源和用电设备之间的连接关系。从左到右依次分析每一条主电路。

M1 主回路：三相电源（L1、L2、L3）→QS（U、V、W）→FU1（U11、V11、W11）→KM（U11、V11、W11）→FR1（U1、V1、W1）→M1。

M2 主回路：三相电源（L1、L2、L3）→QS（U、V、W）→FU1（U11、V11、W11）→FU2（U12、V12、W12）→QS1→M2。

3. 分析控制回路

由于存在各种不同类型的生产机械设备，它们对电力拖动提出了各不相同的要求，表现在原理图上有各不相同的辅助电路，即控制电路、信号电路、照明电路等，它们共同的特点是流过的电流比较小。

（1）分析辅助回路电源。对辅助电路，在分析过程中，首先也是看清电源的种类，是交流还是直流，其次，要看清辅助电路的每一部分电路电源是从什么地方接来的、电压等级是多少？辅助回路电源一般是从主电路的两条相线上接来的，其电压为单相 380V，也有从专用隔离变压器接来的，电压有 127V、110V、36V、6.3V 等，辅助电路中一切电气元件的线圈额定电压必须与电源电压一致。

CW6132 车床的辅助电路中，控制电路采用电源为 U12 和 V12 两根火线之间的交流 380V 电压。照明回路采用变压器输出的交流 24V 电压，信号回路采用变压器输出的 36V 交流电压。变压器原边电压为 V12 和 W12 两根火线之间的交流 380V 电压。

（2）分析控制回路，了解控制电路中所采用的各种继电器、接触器线圈的用途。

辅助电路分析过程中，应分别对控制电路、照明电路、信号电路等进行分析。

控制电路按动作顺序绘制在两条水平线之间，按照从左到右进行分析，对于复杂的电路，整个控制电路构成一条大支路，这一条大支路又分为几条独立的小支路，每条小支路控制一个用电器或一个动作，其重点分析的对象是线圈，要清楚每个线圈的回路构成、各线圈间的联系（如顺序、互锁等）和相互控制关系，分析各线圈对主电路的控制情况。在控制电路中，一般通过按钮或转换开关接通、断开电路。控制电路中如果采用了一些特殊结构的继电器，还应了解它们的动作原理，只有这样才能了解它们在电路中如何动作和具有何种用途。

CW6132 车床只有一条控制电路，控制对象为 KM 线圈，是非常典型的一个电动机单方向旋转控制的电路。SB1 为停止按钮，SB2 为启动按钮，KM 为辅助常开触电对 SB2 进行自锁，FR1 为过载保护，通过按钮控制接触器线圈，由接触器线圈是否带电去控制 M1 能否通电运行。

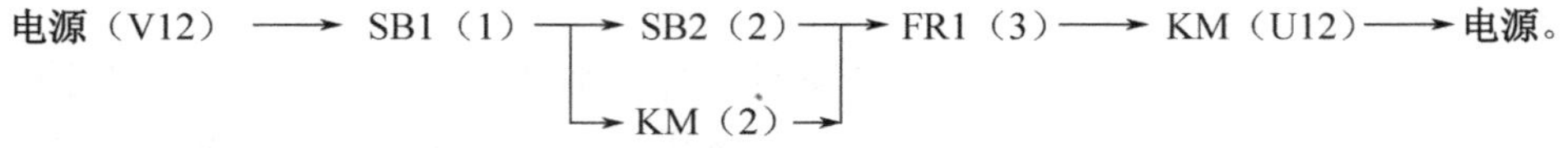

电源（V12）→ SB1（1）→ SB2（2）→ FR1（3）→ KM（U12）→ **电源**。
（SB2（2）并联支路：→ KM（2）→）

（3）根据控制电路研究主电路的动作情况。对于控制电路的分析必须随时结合主电路的动作要求来进行，只有全面了解主电路对控制电路的要求以后，才能真正掌握控制电路的动作原理，同时注意各个动作之间是否有相互制约的关系，如电动机正反转之间的互锁，主轴电动机与润滑电动机之间的顺序控制等。

（4）分析联锁与保护环节。机床对于安全性和可靠性有很高的要求，实现这些要求，除了合理地选择拖动和控制方案以外，在控制线路中还设置了一系列电气保护和必要的电气联锁。电路中的电气元件都是相互联系、相互制约的，这种制约关系有时表现在一条支路中，有时表现在几条支路中。

（5）分析其他辅助电路。包括电源显示、工作状态显示、照明和故障报警等部分，它们大多由控制电路中的元件来控制，因此还要对照控制电路进行分析。

CW6132 型车床的照明电路中，控制对象为照明灯，采用交流 24V 电源，由变压器提供电源，变压器原边从主电路 V12、W12 两点取用单相 380V 电压，副边输出 24V 给照明灯供电。QS2 刀开关手动控制照明灯的通断，FU4 为照明电路的短路保护。

TC（6）→FU4（7）→QS2（8）→EL（0）→TC。

CW6132 型车床的信号电路中，控制对象为信号灯，采用交流 36V 电源，变压器输出 36V 给信号灯供电，只要总电源开关 QS 闭合，信号灯亮，指示电源有电，FU3 为信号电路的短路保护。

TC（4）→FU3（5）→HL（0）→TC。

（6）总体检查。经过“化整为零”，逐步分析了每一个局部电路的工作原理及各部分之间的控制关系之后，还必须用“集零为整”的方法，检查整个控制线路，查看是否有遗漏。特别要从整体角度去进一步检查和理解各控制环节之间的联系，理解电路中每个元件所起的作用。

知识链接11　点动控制

点动正转控制线路是用按钮、接触器来控制电动机运转的最简单的用电控制线路。点动控制，是指按下按钮，电动机就得电运转；松开按钮，电动机就失电停转。生产机械在进行试车和调整时通常要求点动控制，如工厂中使用的电动葫芦和机床快速移动装置，龙门刨床横梁的上、下移动，摇臂钻床立柱的夹紧与放松，桥式起重机吊钩，大车运行的操作控制等都需要单向点动控制。

一、点动控制原理图的识读

以CA6140车床中刀架快速移动的电动机控制线路原理图为例，说明电动机点动控制过程，如图1-42所示。

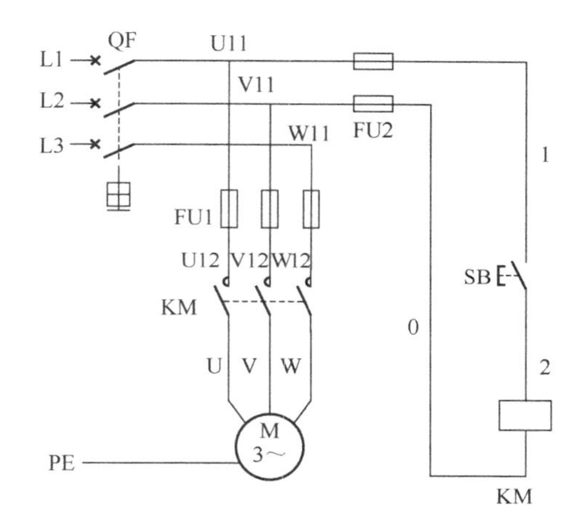

图1-42　CA6140车床刀架快速移动电动机控制线路原理图

1．识读电气原理图

电源为三相交流电源L1、L2、L3；电源开关为低压断路器QF；用电设备为一台三相异步电动机。

控制过程中用到的低压元器件有主回路控制开关KM，控制回路控制开关SB，FU1、FU2两组熔断器。

在CA6140型车床中刀架快速移动的电动机控制线路中，低压断路器QF作电源隔离开关及主电路短路保护；熔断器FU1、FU2分别作主电路、控制电路的短路保护；启动按钮SB控制接触器KM的线圈得电、失电；接触器KM的主触点控制电动机M的启动与停止。

2．分析线路的工作过程

（1）正常工作情况下的控制过程分析。当电动机M需要启动时，先闭合低压断路器QF，引入电源，此时电动机M尚未接通电源。按下启动按钮SB，接触器KM的线圈得电，使衔铁吸合，同时带动接触器KM的三对主触点闭合，电动机M便接通电源启动运转。当电动机需要停转时，只要松开启动按钮SB，使接触器KM的线圈失电，衔铁在复位弹簧作用下复位，带动接触器KM的3对主触点恢复分断，电动机M失电停转。

在分析各种控制线路的原理时，为了简单明了，常用电器文字符号和箭头配以少量文字说明来表达线路的工作原理，如点动正转控制线路的工作原理叙述如下。

① 闭合电源开关 QF。

② 启动过程控制。

按下启动按钮 SB→接触器 KM 线圈得电→KM 主触点闭合→电动机 M 启动运行。

③ 停止过程控制。

松开按钮 SB→接触器 KM 线圈失电→KM 主触点断开→电动机 M 失电停转。

④ 断开电源开关 QF

（2）故障情况下保护过程分析。

① 短路保护。当主电路中有短路故障发生时，FU1 熔断，断开主回路，实现保护；当控制电路中有短路故障发生时，FU2 熔断，KM 线圈失电，KM 断开主回路，实现保护。

② 点动控制是手动操作、短时运行，从控制要求来讲，一般不设置过载保护和失欠压保护。

二、点动控制线路的安装步骤和注意事项

1．安装电气控制线路的步骤

（1）阅读原理图。明确原理图中的各种元器件的名称、符号、作用，掌握电路图的工作原理及其控制过程。

（2）选择元器件。按元件明细表配齐电气元件，并进行检验。CA6140 型车床中刀架快速移动的电动机点动控制线路元件明细表如表 1-26 所示。

表 1-26　点动控制元件明细表

代号	名称	型号	规　格	数量
M	三相异步电动机	Y112M-4	4kW、380V、△接法、8.8A、1440r/min	1
QF	低压断路器	DZ5-20/330	三相、额定电流为 12.5A	1
KM	接触器	CJ20-16	16A、线圈电压为 380V	1
SB	按钮	LA18-3H	保护式、按钮数为 3	1
FU1	熔断器	RT14-32/25	380V、32A、熔体为 25A	3
FU2	熔断器	RT14-32/2	380V、32A、熔体为 2A	2
XT1	端子板	TB-1510	690V、15A、10 节	1
导线	主电路	BV-1.5	$1.5mm^2$	若干
导线	控制电路	BV-1.0	$1.0mm^2$	若干
导线	按钮线	BVR-0.75	$0.75mm^2$	若干

所有电气控制器件，至少应具有制造厂的名称或商标、型号或索引号、工作电压性质和数值等标志。若工作电压标志在操作线圈上，则应使安装在器件的线圈的标志是显而易见的。

安装接线前应对所使用的电气元件逐个进行检查，避免电气元件故障与线路错接、漏接造成故障混在一起。

（3）按控制电路的要求配齐工具，仪表，按照图纸设计要求选择导线类型、颜色及截

面积等。电路 U、V、W 三相用黄色、绿色、红色导线，中性线（N）用浅蓝色导线，保护接地线（PE）必须采用黄绿双色导线。

（4）安装电气控制线路。按照 CA6140 车床中刀架快速移动的电动机控制线路的电气元件布置图，对所选组件（包括接线端子）进行安装接线。注意组件上的相关触点的选择，区分常开、常闭、主触点、辅助触点。控制板的尺寸应根据电器的安排情况决定，如图 1-43 所示。

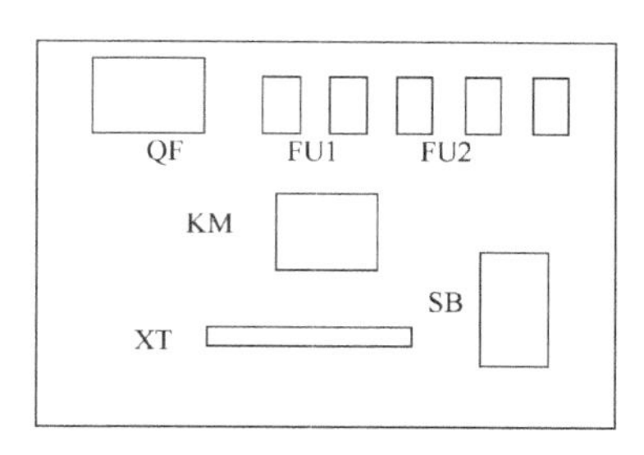

图 1-43　CA6140 车床刀架快速移动电动机点动控制电气元件布置图

按照布置图规定的位置将电气元件固定在安装网孔板（底板）上。元件之间的距离要适当，既要节省板面，又要方便走线和投入运行后的检修。固定元件时应按以下步骤进行。

① 定位。将电气元件摆放在确定好的位置，元件应排列整齐，以保证连接导线时做到横平竖直、整齐美观，同时尽量减少弯折。

② 固定。用螺钉将电气元件固定在安装底板上。固定元件时，应注意在螺钉上加装平垫圈和弹簧垫圈。紧固螺钉时将弹簧垫圈压平即可，不要过分用力。防止用力过大将元件的底板压裂造成损失。

（5）按照 CA6140 型车床中刀架快速移动的电动机控制线路的安装接线图进行布线，如图 1-44 所示。

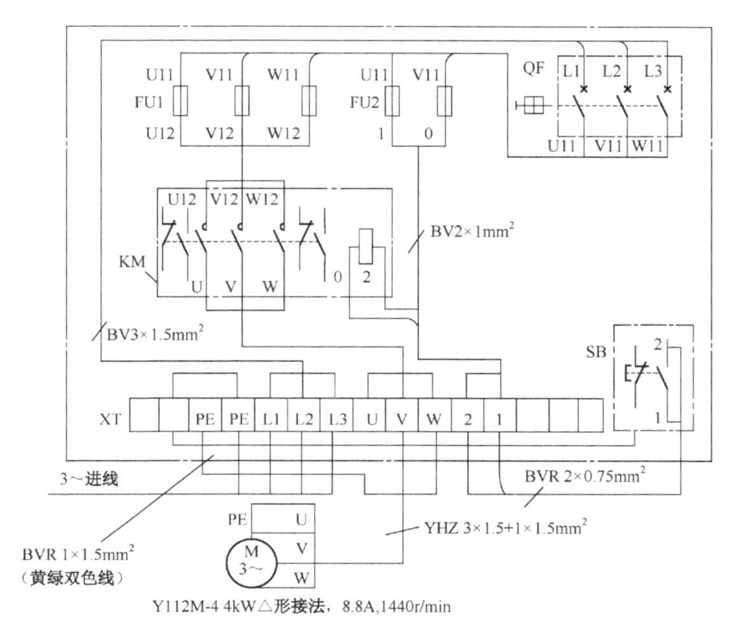

图 1-44　CA6140 车床刀架快速移动电动机安装接线图

连接导线时，必须按照电气安装接线图规定的走线方位进行。一般从电源端起按线号顺序进行，先作主电路，然后作控制电路。连接导线应按以下的步骤进行。

① 选择适当长度的导线，按电气安装接线图规定的方位，在固定好的电气元件之间测量所需要的长度，截取适当长短的导线，所有导线从一个端子到另一个端子的走线必须是连续的，中间不得有接头。

② 走线时应尽量避免导线交叉。先将导线校直，把同一走向的导线汇成一束，依次弯向所需要的方向。对明露导线要求连线横平竖直，沿安装板走线，尽量少出现交叉线，拐角处应为直角。走好的导线束用铝线卡（钢金轧头）垫上绝缘物卡好。

③ 在每一根连接导线的线头上必须套上标有线号的套管，位置应接近端子处。

④ 根据接线端子的情况，将芯线弯成圆环或直线压进接线端子。接线端子应紧固好，必要时加装弹簧垫圈紧固，防止电气元件动作时因振动而松脱。

⑤ 每个接线柱不允许超过两根导线，导线截面不同时，应将截面大的放在下层，截面小的放在上层。导线线头裸露部分不能超过2mm。

⑥ 接线过程中注意对照图纸核对，防止错接。必要时用试灯、蜂鸣器或万用表校线。

（6）检查线路。连接好的控制线路必须经过认真检查后才能通电调试，检查线路应按以下步骤进行。

① 对照电气原理图、电气安装接线图，从电源开始逐段核对端子接线的线号是否正确，排除漏接、错接现象，检查导线接点是否符合要求，压接是否牢固，以免带负载运行时产生闪弧现象。

② 用万用表导通法检查。对控制电路的检查（可断开主电路），可将表笔分别搭在U1、V1线端上，读数应为“∞”。按下SB时，读数应为接触器线圈的直流电阻值。然后断开控制电路，再检查主电路有无开路或短路现象。此时，可用手动来代替接触器通电进行检查。

③ 用兆欧表检查线路的绝缘电阻应不得小于0.5MΩ。

（7）通电调试。为保证安全，通电调试必须在指导教师的监护下进行。调试前应做好准备工作，包括清点工具；清除安装底板上的线头杂物；装好接触器的灭弧罩；检查各组熔断器的熔体；分断各开关，使按钮、行程开关处于未操作前的状态；检查三相电源是否对称等。

① 空操作试验。先切除主电路（一般可断开主电路熔断器），装好辅助电路熔断器，接通三相电源，使线路不带负荷（电动机）通电操作。以检查控制电路工作是否正常。

② 带负荷调试。控制线路经过数次空操作试验动作无误后即可切断电源，接通主电路，带负荷调试。电动机启动前应先做好停机准备，启动后要注意运行情况。如果发现电动机启动困难、发出噪声及线圈过热等异常现象，应立即停机，切断电源后进行检查。当电动机运转平稳后，用钳形电流表测量三相电流是否平衡。

③ 通电试车完毕，停转，切断电源。先拆除三相电源线，再拆除电动机线。

2．电气控制线路安装时的注意事项

（1）不触摸带电部件，严格遵守“先接线后通电，先接电路部分后接电源部分；先接主电路，后接控制电路，再接其他电路；先断电源后拆线”的操作程序。

（2）接线时，必须先接负载端，后接电源端；先接接地端，后接三相电源相线。

（3）发现异常现象（如发响、发热、有焦臭味），应立即切断电源，保护现场，报告指导教师。

（4）注意仪器设备的规格、量程和操作程序，做到在不了解性能和用法的情况下不随意使用设备。

技能实训

一、资讯

根据工作任务要求，各工作小组通过工作任务单、引导文及参考文献，查阅资料获取工作任务相关信息，了解不同电气控制线路不同的实现方案。

二、制订工作计划

（1）各组讨论完成工作任务所需步骤及任务具体分解。

① 根据工作任务要求填写所用电工工具及电工仪表。

② 根据点动电气原理图完成元件明细表。

③ 填写工作计划表。

（2）一般电气控制系统安装、调试与检修工序如下。

① 识读电气原理图。

② 绘制电气原理图、电气元件布置图、安装接线图。

③ 填写电器材料配置清单，领料。

④ 器材和工具的准备与检验。

⑤ 确定配电盘底盘材料、大小，线路走向、布线方式、安装方式、位置。

⑥ 根据图纸安装线路。

⑦ 编写调试方案、进行线路调试。

⑧ 编写检修方案、进行线路检修。

⑨ 编制技术文件（原理图、接线图、平面布置图、元件材料清单等）。

⑩ 检查评估、展示。

三、讨论决策

各小组绘制点动控制线路的电气控制系统图并讨论方案可行性。

四、工作任务实施

1．低压电器的识别

（1）识别低压设备，并完成表 1-27。

表 1-27　低压电器识别

序号	设备名称	适用场所	设备构造与特点	设备作用

（2）完成表 1-28 所示的刀开关的基本结构与测量。

表 1-28　刀开关的主要结构与测量

<table>
<tr><td colspan="2">型号</td><td colspan="2">极数</td><td colspan="2">主要部件</td></tr>
<tr><td colspan="2"></td><td colspan="2"></td><td>名称</td><td>作用</td></tr>
<tr><td colspan="4">触点间接触器情况（良好“√”，不良“×”）</td><td></td><td></td></tr>
<tr><td>L1 相</td><td colspan="2">L2 相</td><td>L3 相</td><td></td><td></td></tr>
<tr><td></td><td colspan="2"></td><td></td><td></td><td></td></tr>
<tr><td colspan="4">相间绝缘电阻（MΩ）</td><td></td><td></td></tr>
<tr><td>L1—L2</td><td colspan="2">L2—L3</td><td>L1—L3</td><td></td><td></td></tr>
<tr><td></td><td colspan="2"></td><td></td><td></td><td></td></tr>
</table>

（3）完成表 1-29 所示的低压断路器的结构。

表 1-29　低压断路器的结构

主要部件名称	作用	参数
电磁脱扣器		
热脱扣器		
触点		
按钮		
储能弹簧		

（4）交流接触器的认识及检测。

① 检查接触器铭牌与线圈的技术数据（如额定电压、电流、操作频率等）是否符合实际使用要求。

② 检查接触器外观，有无机械损坏；用手推动接触器可动部分时，接触器有无卡阻现象；灭弧罩是否完整无损。清除灭弧罩内的金属飞溅物和颗粒。

③ 检查触点的磨损程度，磨损严重时应更换触点。若不需要更换，则清除触点表面上烧毛的颗粒。

④ 清除铁芯端面的油垢，检查铁芯有无变形及端面接触是否平整。

⑤ 测量接触器的线圈电阻和绝缘电阻。用万用表欧姆挡检查线圈及各触点是否良好；用兆欧表测量各触点间及主触点对地电阻是否符合要求；用手按动主触点检查运动部分是否灵活，以防产生接触不良、振动和噪声。检查电磁线圈是否有短路、断路及发热现象。

2．点动单向控制线路的安装

（1）工具、仪表及器材。

① 工具：旋具、尖嘴钳、斜口钳、剥线钳、电工刀等。

② 仪表：ZC7（500V）型兆欧表、MF30 型万用表。

③ 器材：配电盘（标准）、元器件。

（2）按照安装要求完成电路安装任务。成品如图 1-45 所示。

图 1-45　点动单向控制线路配电盘

（3）编写调试方案进行线路调试。

3．技术方案的编写

（1）确定继电接触电气控制方案。M 为用电设备，参数为 Y112M-4、4kW、380V、8.8A、1440r/min、△、K_{st}=7，要对此控制设备实现点动控制，需要的控制元器件为隔离开关（可以选择刀开关 QS 或低压断路器 QF）、主回路控制开关接触器 KM、控制回路控制开关按钮 SB，需要考虑的保护为短路保护，可以用的元器件有熔断器 FU 或低压断路器 QF。

方案一：隔离开关用 QS，短路保护用 FU，设置两组，FU1、FU2 分别为主回路、控制回路短路保护。

方案二：隔离开关用 QF，短路保护用 FU，设置两组，FU1、FU2 分别为主回路、控制回路短路保护。

方案三：隔离开关用 QF，同时用 QF 作主回路短路保护，FU 为控制回路短路保护。

本实例中，选择方案二作为实施方案。

根据设计方案，绘制出电气控制原理图，如图 1-42 所示。

（2）选择电气元件，制定明细表。

① 电源开关的选择。电源开关 QF 的选择主要考虑电动机 M 的额定电流和启动电流，已知 M1 的额定电流、启动电流分别为 8.8A、61.6A，一般选择脱扣器的额定电流为被控制设备额定电流，低压断路器额定电流大于等于脱扣器电流，因而电源开关的具体选择为：三极低压断路器 DZ5-20 型，额定电流为 12.5A，整定短路保护电流为 12×12.5=150A。

② 接触器的选择。主轴电动机 M1 的额定电流为 8.8A，控制回路电源为 380V，需

主触点 3 对，因此接触器应选用 CJ20-16 型接触器，主触点额定电流为 16A，线圈电压为 380V。

③ 熔断器的选择。熔断器 FU1 对 M1 进行短路保护，M1 的额定电流为 8.8A，据电动机熔断器熔体额定电流的计算公式：

$$I_{fu}=(1.5\sim2.5)I_N$$

若取系数为 2.5，易算得：$I_{fu}\geqslant 22A$，因此可选用 RT14-32/25 型熔断器，配用 25A 熔体。

熔断器 FU2 对控制电路进行短路保护，控制电路的额定电流一般为 2A 左右，因此可选用 RT14-32/2 型熔断器，配用 2A 熔体。

④ 按钮的选择。按钮可选择 LA18-3H 按钮盒中的按钮，黑色。

⑤ 端子板。由点动控制接线图可知，共需 10 个接线端子，因此选择 TB 1510 接线排。

元器件明细表参见表 1-26。

4. 编写电气说明书和使用操作说明书

（1）电气说明书。点动正转控制线路是用按钮、接触器来控制电动机运转的最简单的控制线路。点动控制是指按下按钮，电动机就得电运转；松开按钮，电动机就失电停转。

① 正常工作情况下的控制过程。

闭合电源开关 QF。

启动：按下启动按钮 SB→接触器 KM 线圈得电→KM 主触点闭合→电动机 M 启动运行。

停止：松开按钮 SB→接触器 KM 线圈失电→KM 主触点断开→电动机 M 失电停转。

断开电源开关 QF。

② 异常工作情况下的保护过程。

点动控制只需要考虑短路保护，主回路短路保护由 FU1 完成。当主回路发生短路时，瞬时大电流使 FU1 熔断，切断主回路电源，M 停止运行。

控制回路短路保护由 FU2 完成。当控制回路发生短路时，短路电流使 FU2 熔断，KM 线圈失电，KM 主触点断开，M 停止运行。

（2）操作说明书。

① 电路正常工作时。

合闸操作：闭合 QS→按下按钮 SB→电动机运行。

分闸操作：松开按钮 SB→电动机停止运行→断开 QS。

② 电路出现短路故障时，若 FU1 熔断，则短路点在主回路；若 FU2 熔断，则短路点在控制回路。

五、工作任务完成情况考核

根据工作任务完成情况填写表 1-30。

表1-30 工作任务考核表

<table>
<tr><td colspan="4" rowspan="3">考核评比项目的内容</td><td colspan="5">项目分值</td></tr>
<tr><td rowspan="2">配分</td><td colspan="4">得分</td></tr>
<tr><td>自查</td><td>互查</td><td>教师评分</td><td>综合得分</td></tr>
<tr><td rowspan="35">专业能力60%</td><td colspan="2" rowspan="2">元件识别</td><td>名称</td><td>1分</td><td></td><td></td><td></td><td></td></tr>
<tr><td>型号</td><td>2分</td><td></td><td></td><td></td><td></td></tr>
<tr><td colspan="2" rowspan="4">刀开关的结构</td><td>仪表使用方法</td><td>1分</td><td></td><td></td><td></td><td></td></tr>
<tr><td>测量结果</td><td>1分</td><td></td><td></td><td></td><td></td></tr>
<tr><td>主要零部件名称记录</td><td>1分</td><td></td><td></td><td></td><td></td></tr>
<tr><td>主要零部件作用</td><td>1分</td><td></td><td></td><td></td><td></td></tr>
<tr><td colspan="2" rowspan="2">低压断路器的结构</td><td>主要零部件作用</td><td>1分</td><td></td><td></td><td></td><td></td></tr>
<tr><td>参数</td><td>2分</td><td></td><td></td><td></td><td></td></tr>
<tr><td colspan="2" rowspan="3">安装前准备与检查</td><td>元器件和工具、仪表准备数量是否齐全</td><td>1分</td><td></td><td></td><td></td><td></td></tr>
<tr><td>电动机质量检查</td><td>1分</td><td></td><td></td><td></td><td></td></tr>
<tr><td>电气元件漏检或错检</td><td>2分</td><td></td><td></td><td></td><td></td></tr>
<tr><td rowspan="13">工作过程</td><td rowspan="3">安装元件</td><td>安装的顺序安排是否合理</td><td>2分</td><td></td><td></td><td></td><td></td></tr>
<tr><td>工具的使用是否正确、安全</td><td>2分</td><td></td><td></td><td></td><td></td></tr>
<tr><td>电器、线槽的安装是否牢固、平整、规范</td><td>2分</td><td></td><td></td><td></td><td></td></tr>
<tr><td rowspan="6">布线</td><td>不按电路图接线</td><td>5分</td><td></td><td></td><td></td><td></td></tr>
<tr><td>布线不符合要求</td><td>2分</td><td></td><td></td><td></td><td></td></tr>
<tr><td>接点松动、露铜过长、压绝缘层、反圈等</td><td>3分</td><td></td><td></td><td></td><td></td></tr>
<tr><td>漏套或错套编码套管</td><td>1分</td><td></td><td></td><td></td><td></td></tr>
<tr><td>漏接接地线</td><td>1分</td><td></td><td></td><td></td><td></td></tr>
<tr><td>导线的连接是否能够安全载流、绝缘是否安全可靠、放置是否合适</td><td>3分</td><td></td><td></td><td></td><td></td></tr>
<tr><td rowspan="4">通电试车</td><td>电动机接线是否正常</td><td>2分</td><td></td><td></td><td></td><td></td></tr>
<tr><td>第一次试车不成功</td><td>4分</td><td></td><td></td><td></td><td></td></tr>
<tr><td>第二次试车不成功</td><td>2分</td><td></td><td></td><td></td><td></td></tr>
<tr><td>第三次试车不成功</td><td>2分</td><td></td><td></td><td></td><td></td></tr>
<tr><td colspan="2" rowspan="9">工作成果的检查</td><td>线槽是否平直、牢靠，接头、拐弯处是否处理平整美观</td><td>3分</td><td></td><td></td><td></td><td></td></tr>
<tr><td>电器安装位置是否合理、规范</td><td>2分</td><td></td><td></td><td></td><td></td></tr>
<tr><td>环境是否整洁干净</td><td>1分</td><td></td><td></td><td></td><td></td></tr>
<tr><td>其他物品是否在工作中遭到损坏</td><td>1分</td><td></td><td></td><td></td><td></td></tr>
<tr><td>整体效果是否美观</td><td>2分</td><td></td><td></td><td></td><td></td></tr>
<tr><td>整定值是否正确，是否满足工艺要求</td><td>1分</td><td></td><td></td><td></td><td></td></tr>
<tr><td>熔断器的熔体配置是否正确</td><td>1分</td><td></td><td></td><td></td><td></td></tr>
<tr><td>是否在定额时间内完成</td><td>2分</td><td></td><td></td><td></td><td></td></tr>
<tr><td>安全措施是否科学</td><td>2分</td><td></td><td></td><td></td><td></td></tr>
</table>

续表

<table>
<tr><td colspan="3" rowspan="3">考核评比项目的内容</td><td colspan="5">项目分值</td></tr>
<tr><td rowspan="2">配分</td><td colspan="4">得分</td></tr>
<tr><td>自查</td><td>互查</td><td>教师评分</td><td>综合得分</td></tr>
<tr><td rowspan="13">综合能力40%</td><td rowspan="3">信息收集整理能力</td><td>收集和处理信息的能力</td><td>4分</td><td></td><td></td><td></td><td></td></tr>
<tr><td>独立分析和思考问题的能力</td><td>3分</td><td></td><td></td><td></td><td></td></tr>
<tr><td>完成工作报告</td><td>3分</td><td></td><td></td><td></td><td></td></tr>
<tr><td rowspan="2">交流沟通能力</td><td>安装、调试总结</td><td>3分</td><td></td><td></td><td></td><td></td></tr>
<tr><td>安装方案论证</td><td>3分</td><td></td><td></td><td></td><td></td></tr>
<tr><td rowspan="2">分析问题能力</td><td>线路安装调试基本思路、基本方法研讨</td><td>5分</td><td></td><td></td><td></td><td></td></tr>
<tr><td>工作过程中处理故障和维修设备</td><td>5分</td><td></td><td></td><td></td><td></td></tr>
<tr><td rowspan="3">深入研究能力</td><td>培养具体实例抽象为模拟安装调试的能力</td><td>3分</td><td></td><td></td><td></td><td></td></tr>
<tr><td>相关知识的拓展与提升</td><td>3分</td><td></td><td></td><td></td><td></td></tr>
<tr><td>车床的各种类型和工作原理</td><td>2分</td><td></td><td></td><td></td><td></td></tr>
<tr><td rowspan="2">劳动态度</td><td>快乐主动学习</td><td>3分</td><td></td><td></td><td></td><td></td></tr>
<tr><td>协作学习</td><td>3分</td><td></td><td></td><td></td><td></td></tr>
<tr><td colspan="8">强调项目成员注意安全规程及其工业标准
本项目以小组形式完成</td></tr>
</table>

学习情境 1.2　主轴电动机单方向旋转控制

学习目标

主要任务：熟悉热继电器的使用；熟悉自锁环节的实现。

（1）能够使用热继电器。

（2）掌握测试各元器件的基本性能。

（3）能够识读电气系统图，能安装、调试电动机单相旋转控制电路。

工作任务单（NO.2-2）

一、工作任务

CA6140 车床主轴电动机是一台三相异步电动机。

K_{st}=7，控制要求为在 CA6140 车床需要主轴旋转时，只要按下启动按钮，主轴连续转动，按下停止按钮，主轴停止转动。

试：

（1）确定继电接触电气控制方案。

（2）识读电气控制原理图、安装接线图。

（3）选择电气元件，制定元器件明细表。

（4）编写电气原理说明书和使用操作说明书。

二、引导文

需要学生查阅相关网站、产品手册、设计手册、电工手册、电工图集等参考资料完成引导文提出的问题。

（1）点动控制在实际应用中存在什么样的局限性？

（2）在点动电路的基础上，如何使电路实现长动？

（3）自锁最主要的意义是什么？自锁点 3 号线和 2 号线的错接会发生什么现象？

（4）判断图 1-46 所示的各控制电路能否实现自锁控制？若不能，试分析其原因，并加以改正。

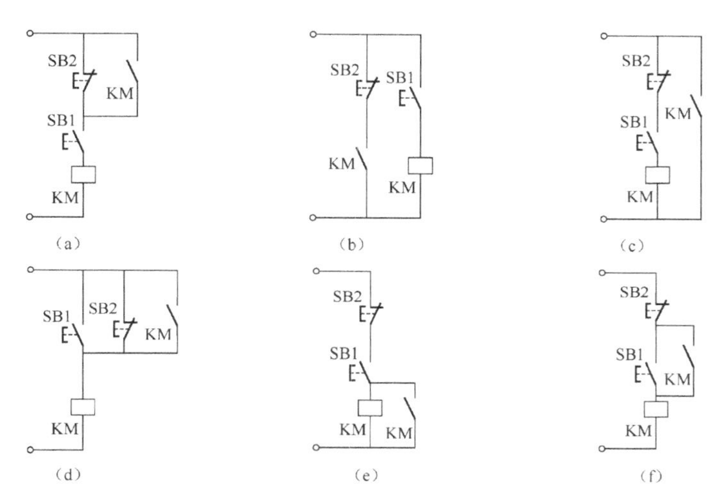

图 1-46　自锁控制判断

（5）长动控制电路的保护与点动控制电路的保护有什么区别？

（6）什么是过载保护？为什么对电动机要采取过载保护？

（7）什么是热继电器？它有哪些用途？

（8）热继电器能否作短路保护？为什么？

（9）如何选择和使用热继电器？

（10）热继电器的整定值调节的原则是什么？

（11）热继电器主要由哪几部分组成？

（12）热继电器断相保护装置要求及动作过程？

（13）热继电器定值不当会导致什么后果？

（14）热继电器连接点发热的原因是什么？

（15）热继电器动作后应该检查的项目有哪些？

（16）在电动机的控制线路中，短路保护和过载保护各由什么电器来实现？它们能否相互代替使用？为什么？

（17）什么是欠压保护？什么是失压保护？为什么说接触器自锁控制线路具有欠压和失压保护作用？

（18）在电动机的控制线路中，熔断器和热继电器能否相互代替？为什么？

（19）电动机的启动电流很大，启动时热继电器应不应该动作？为什么？

（20）电路调试过程中发生过什么故障？是如何排除的？

（21）试为某生产机械设计电动机和电气控制线路。要求为：既能点动控制又能连续控制；有短路、过载、失压和欠压保护作用。

三、本次工作任务的准备工作

1．工作环境及设施配备

工作环境：特种作业基地。

设施配备：配齐所需设备。

（1）根据所需工具及仪表完成表1-31。

表1-31　所需工具、仪表

工具	
仪表	

（2）根据所需元器件完成表1-32。

表1-32　元器件明细表

代号	名称	型号	规　　格	数量

（3）多媒体教学设施。

（4）产品手册、设计手册、电工手册、电工图集等参考资料。

2．制订工作计划

各组制订工作计划并完成表1-33。

表1-33　工作任务计划表

<table>
<tr><td colspan="2">学习内容</td><td colspan="4"></td></tr>
<tr><td>组号</td><td colspan="2"></td><td>组员</td><td colspan="2"></td></tr>
<tr><td>工序</td><td>工序名称</td><td>任务分解</td><td>完成所需时间</td><td>主要过程记录</td><td>责任人</td></tr>
<tr><td></td><td></td><td></td><td></td><td></td><td></td></tr>
<tr><td></td><td></td><td></td><td></td><td></td><td></td></tr>
<tr><td></td><td></td><td></td><td></td><td></td><td></td></tr>
<tr><td></td><td></td><td></td><td></td><td></td><td></td></tr>
<tr><td></td><td></td><td></td><td></td><td></td><td></td></tr>
<tr><td></td><td></td><td></td><td></td><td></td><td></td></tr>
</table>

知识链接 1　热继电器

一、过载保护

电动机在连续运行过程中，如果长期负载过大、启动操作频繁、缺相运行等，可能使电动机定子绕组的电流增大，超过其额定值，这些现象称为过载。电动机在实际运行中，遇到过载情况时，只要过载不严重、时间短、绕组不超过允许的温升，这种过载是允许的。但如果过载情况严重、时间长，会引起定子绕组过热，电动机温度升高，若温度超过允许温升就会使电动机绝缘损坏，缩短电动机的使用寿命，严重时还会使电动机的定子绕组烧毁。因此，为保证电动机安全工作，需要设置过载保护。

过载保护是指当电动机出现过载时能自动切断电动机电源，使电动机停转的一种保护。最常用的过载保护是由热继电器来实现的。

二、热继电器

热继电器是一种利用流过继电器的电流所产生的热效应而反时限动作的保护电器，它主要用作电动机的过载保护、断相保护、电流不平衡运行及其他电气设备发热状态的控制。使用最多、最普遍的是双金属片式热继电器，如图 1-47 所示。

图 1-47　常见热继电器

热继电器从类型来分，有二元件型、三元件型、带断相保护型的热继电器。一般轻载启动、长期工作的电动机或间断长期工作的电动机，选择二相结构的热继电器；电源电压的均衡性和工作环境较差或较少有人照管的电动机，或多台电动机的功率差别较大，可选择三相结构的热继电器；而三角形连接的电动机，应选择带断相保护装置的热继电器，即型号后面有 D、T 系列或 3UA 系列的热继电器。

1. 热继电器的结构

图 1-48 所示为双金属片热继电器结构示意图及图形符号。

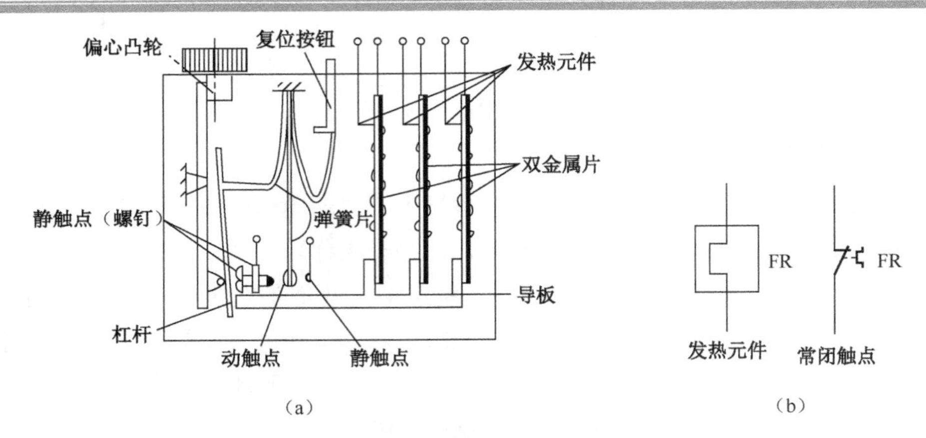

图 1-48　热继电器结构示意图和图形符号

热继电器主要由双金属片、发热元件、复位按钮、导板、偏心（调节）凸轮、触点系统和温度补偿元件等组成。

（1）发热元件。发热元件是一段阻值不大的电阻丝，串接在被保护电动机的主电路中，每一种电流等级的热元件，都有一定的电流调节范围，可以增加热继电器应用的灵活性。热继电器按照发热元件的个数不同，分为二相式和三相式。

① 二相式：装有两相热元件，串入三相电路中的两相，用于三相负载平衡的电路。

② 三相式：装有 3 个热元件，串入三相电路中的每一相，任意一相过载都动作。

常用的三相热继电器，3 组发热元件共有 6 个接线端子，其中 1L1、3L2、5L3 3 个端子为热继电器进线端，接电源，2T1、4T2、6T3 3 个端子为出线端，接负载。

（2）双金属片。是一种将两种线膨胀系数不同的金属用机械辗压方法使之形成一体的金属片。由于两种线膨胀系数不同的金属紧密地贴合在一起，当产生热效应时，使得双金属片向膨胀系数小的一侧弯曲，由弯曲产生的位移带动触点动作。JR36 热继电器的双金属片一端固定在支架上，另一端是自由端，其左侧金属片的热膨胀系数较小，受热后双金属片将向左弯曲。推动导板向左运动。

（3）触点系统。热继电器有两对触点，一对动合（常开）触点，端子标号为 97、98，一对动断（常闭）触点，端子标号为 95、96。对继电接触控制系统过载保护时，动断触点串接于电动机的控制电路中。正常电流下，95、96 端子接通，不影响控制电路的正常操作。若热继电器动作，则 95、96 端子断开，控制电路断电，从而控制主电路断开电源，使用电设备能够安全用电。97、98 端子一般多用在报警指示电路中。

（4）复位按钮。热继电器动作后，需经一定时间，待双金属片冷却后，再按复位按钮，使热继电器复位。

2．热继电器过载时的动作过程

热继电器在使用时，其 3 个热元件分别串接在电动机主回路中，如图 1-49 所示。

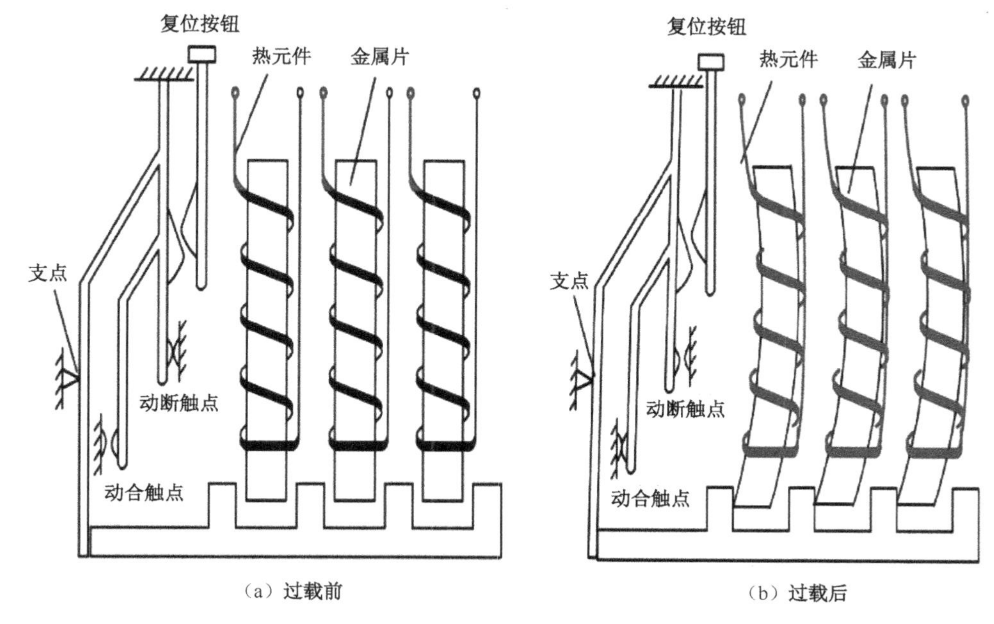

（a）过载前　　（b）过载后

图 1-49　热继电器过载动作示意图

当电动机正常工作时，热元件将电流信号转化为热信号使双金属片受热而膨胀，但此时双金属片左弯曲的幅度不大，还不足以使热继电器的导板动作。导板不动，杠杆也不动，触点处于常态，即动合（常开）触点打开（97、98），动断（常闭）触点闭合（95、96）。

当电动机过载时，通过发热元件的电流超过整定电流，经过一定时间后，发热元件温度升高，双金属片受热而左弯曲的幅度增加，推动导板向左运动。导板推动杠杆围绕支点动作，动触点动作，即动合（常开）触点闭合（97、98），动断（常闭）触点打开（95、96）。通常将热继电器的常闭触点串联在控制回路中。因此，过载时，热继电器的常闭触点会断开控制电动机的接触器线圈的电路，使线圈失电，接触器跳闸，从而使电动机脱离电源而起到保护作用。

热继电器因电动机过载动作后，若需再次启动电动机，必须待热元件冷却后，才能使热继电器复位。一般自动复位时间不大于 5min；手动复位时间不大于 2min。手动复位时，按下复位按钮，使热继电器触点复位。

热继电器动作电流的调节是通过旋转偏心凸轮来实现的。

对三相异步电动机控制线路来说，热继电器与熔断器所起的作用不同，不能相互代替。因为三相异步电动机的启动电流很大（全压启动时的启动电流能达到额定电流的 4～7 倍），若用熔断器作过载保护，则选择熔断器的额定电流就应等于或略大于电动机的额定电流，所以电动机在启动时，由于启动电流大大超过了熔断器的额定电流，使熔断器在很短的时间内熔断，造成电动机无法启动。因此熔断器只能作短路保护，熔体额定电流应取电动机额定电流的 1.5～2.5 倍。热继电器在三相异步电动机控制线路中只能作过载保护，不能作短路保护。因为热继电器的热惯性大，即热继电器的双金属片受热膨胀弯曲需要一定时间。当电动机发生短路时，由于短路电流很大，热继电器还来不及动作，供电线路和电源设备可能已经损坏。但也正是这个热惯性，在电动机启动或短时过载时，热继电器也不会动作，可以避免电动机不必要的停车。

3．带断相保护的热继电器

当电动机定子绕组为 Y 连接时，在发生一相断线时，通过另两相的电流会增大，因流过热继电器的电流即为流过电动机绕组的电流，所以普通结构的热继电器可以如实反映电动机过载情况，它们均可实现电动机断相保护。

当电动机定子绕组为△连接时，在运行中发生一相断线时流过热继电器的电流与流过电动机非故障绕组的电流的增加比例不同。电动机非故障相流过的电流可能超过其额定电流，而流过热继电器的电流却未超过热继电器的整定电流值，因此不能使热继电器动作，也就不能实现电动机的断相保护。为此，△接线的三相电动机应选择三相带断相保护的热继电器，并可将其串接于电动机线电路中，由差动结构的作用可以实现断相保护。

带断相保护的热继电器是三相热继电器，有 3 个热元件分别接于三相电路中，导板采用差动结构。图 1-50 所示为热继电器没有通电时的情况。

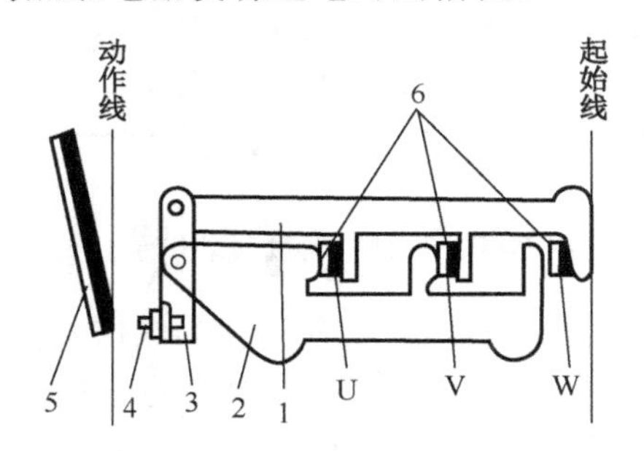

1—上导板；2—下导板；3—杠杆；4—顶头；5—补偿双金属片；6—主双金属片

图 1-50　带断相保护的热继电器

当 3 个热元件电流均小于整定电流时，三相主双金属片均匀受热，同时向左弯曲，上下导板一起平行左移，未超过临界位置，触点不动作，如图 1-51（a）所示。

当用电回路三相均匀过载时，三相主金属片均匀受热向左弯曲，推动下导板并带动上导板左移，超过临界位置，通过动作结构使常闭触点断开，切断电路，达到保护的目的，如图 1-51（b）所示。

当用电回路一相发生断路（W 相）时，只有故障相（W 相）主金属片逐渐冷却，带动上导板右移，而另外两相双金属片仍旧受热带动下导板左移，上下导板分别左右移动产生了差动放大作用，通过杠杆放大使常闭触点断开，切断控制电路，实现断相保护，如图 1-51（c）所示。

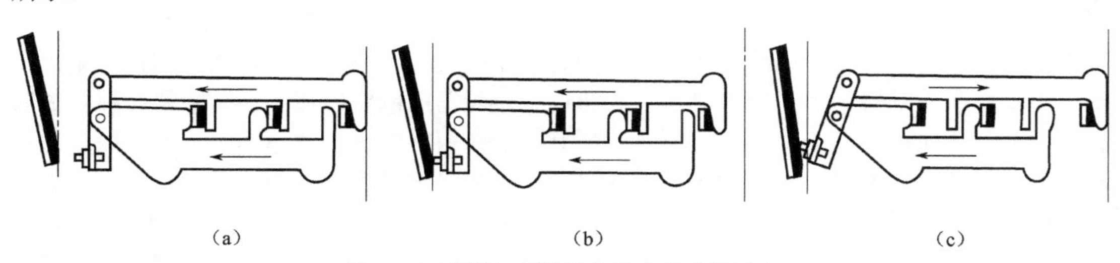

（a）　（b）　（c）

图 1-51　带断相保护的热继电器动作过程

4．热继电器的主要参数及技术性能

目前国内生产的热继电器主要有JR16、JR20、JR28、JR36等系列。JR16和JR20系列热继电器均为带断相保护的热继电器，具有差动式断相保护机构。选择时主要根据电动机定子绕组的连接方式来确定热继电器的型号，在三相异步电动机电路中，对Y连接的电动机可选用两相或三相结构的热继电器，一般采用两相结构，即在两相主电路中串接热元件。但对于定子绕组为△连接的电动机必须采用带断相保护的热继电器。以JR36系列热继电器为例，分析热继电器的主要参数和技术性能。

JR36系列热过载继电器（以下简称热继电器）适用于交流50Hz/60Hz、电压为690V，电流为0.25～160A的长期工作或间断长期工作的交流电动机的过载与断相保护。热继电器具有断相保护、温度补偿、自动与手动复位、产品性能稳定可靠等特点，符合GB14048.4、GB14048.5、IEC60947-4-1等标准。热继电器的主要参数如表1-34所示。

表1-34　热继电器的主要参数

			JR36-20	JR36-63	JR36-160
额定工作电流（A）			20	63	160
额定绝缘电压（V）			690	690	690
断相保护			有	有	有
手动与自动复位			有	有	有
温度补偿			有	有	有
测试按钮			有	有	有
安装方式			独立式	独立式	独立式
辅助触点			1N0+1NC	1NO+1NC	1NO+1NC
AC-15　380V　额定电流（A）			0.47	0.47	0.47
DC-15　200V　额定电流（A）			0.15	0.15	0.15
导线截面积 mm^2	主回路	单芯或绞合线	2.5～16	2.5～16	10～70
		接线螺钉	M6	M6	M8
	辅助回路	单芯或绞合线	2×（0.5～1）	2×（0.5～1）	2×（0.5～1）
		接线螺钉	M3	M3	M3

（1）型号及含义。热继电器的型号及含义如图1-52所示。

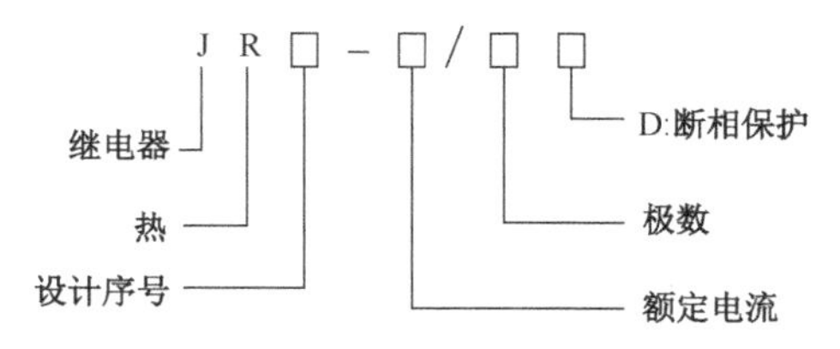

图1-52　热继电器的型号及含义

（2）额定电压。热继电器能够正常工作的最高的电压值，一般为交流220V、380V、600V。热继电器的额定电压应大于等于用电设备的额定电压。

（3）额定电流。热继电器额定电流有以下两个概念。

① 热继电器的额定电流：指热继电器输入接线端子长期正常工作所允许的最大电流。

② 热元件的额定电流：指热元件长期正常工作所允许的最大电流。在实际使用时，热继电器的动作电流通常称为整定电流，整定电流在热元件额定电流的 60%～100%之间是可以调节的，不同等级的热元件额定电流不同，其整定电流可以调整的范围也是不同的。热继电器的整定电流如表 1-35 所示。

表 1-35 热继电器的整定电流

产品外观	额定电流（A）	熔断器符合 IEC60947 -A		相匹配接触器型号
		“1”型配合	“2”型配合	
	025～0.35	63	1.6	
	0.32～0.50	63	1.6	
	0.45～0.72	63	2	
	0.68～1.10	63	4	
	1.0～1.6	63	6	
	1.5～2.4	63	6	
	2.2～3.5	63	10	GJT1-10 及其他型号
	3.2～5.0	63	16	
	4.5～7.2	63	16	
JR36-20	6.8～11	63	25	
	10～16	63	35	
	14～22	63	50	GJT1-20 及其他型号
	20～32	100	63	GJT1-40 及其他型号
	14～22	160	50	
	20～32	160	63	GJTI-60 及其他型号
	28～45	160	100	
JR36-63	40～63	160	160	

（4）热继电器的过载保护特性。热继电器的过载保护特性又称为电流——时间特性，是反映流过热继电器发热元件的电流与热继电器触点动作时间的关系曲线。热继电器的热元件通过电流越大，其动作时间就越短，因此安秒特性具有反时限特性。JR36 系列热继电器保护特性如表 1-36 所示。

表 1-36 JR36 热继电器保护特性

项目	序号	整定电流倍数		动作时间	实验条件
过载保护	1	1.05		2 小时内不动作 2 小时内动作 2 分钟内动作 $2s<t_p\leqslant 10s$	冷态开始 热态（接序号 1 后）开始 热态（接序号 1 后）开始 冷态开始
断相	5	任意二相	另一相	2 小时内不动作	冷态开始
		1.0	0.9		
保护	6	1.15	0	2 小时内动作	热态（接序号 5 后）开始

5. 热继电器的选择

热继电器的选择，主要以电动机的额定电流为依据，同时也要考虑电动机的形式、动作特性和工作制等因素。

（1）热继电器类型的选择。从结构上来说，热继电器分为两极型和三极型，其中三极型又分为带断相保护和不带断相保护两种。三极型的热继电器主要用于三相交流电动机的过载与断相保护。当电动机定子绕组为星形接法时，可以选用一般的三极型热继电器。如果电动机定子绕组为三角形接法，一般需要选用带断相保护的热继电器。

（2）热继电器电流的选择。热继电器是根据整流电流来选定的，选择热继电器时，首先应根据热继电器的型号和热元件整定电流的调节范围（调节范围中应包含用电设备的额定电流）选定热元件的额定电流，再根据热继电器的额定电流应大于等于热元件的额定电流的原则选择热继电器额定电流，并根据此电流最终确定热继电器的型号。

使用时，热元件的整定电流依据下列原则确定。

① 一般情况下，电动机启动电流为额定电流的6倍左右，且启动时间不超过6s的情况时，整定电流可调整为电动机的额定电流。

② 当电动机启动时间过长，所带负荷具有冲击性且不允许停机时，整定电流为电动机的额定电流的1.1～1.15倍。

③ 当电动机过载能力较弱（电动机低于额定负载运行），整定电流调整为电动机的额定电流的60%～80%。

对于重复短时工作的电动机（如起重机电动机），由于电动机不断重复升温，热继电器双金属片的温升跟不上电动机绕组的温升，电动机将得不到可靠的过载保护。因此，不宜选用双金属片热继电器，而应选用过电流继电器或能反映绕组实际温度的温度继电器进行保护。

（3）热继电器保护特性的选择。热继电器安秒特性选择应满足下述要求。

① 当电动机正常工作时，热继电器不应发生动作。

② 电动机过载时，热继电器的动作时间不应太长，以免电动机绕组受到损坏。但也不能动作太快，以充分发挥电动机的过载能力，保证运行的稳定。

③ 能避开交流感应电动机的启动电流，而不致误动作。

热继电器主要用作电动机的长期过载保护，为适应电动机的过载特性，又能起到过载保护作用，就要求热继电器具有形同电动机过载特性的反时限特性。原则上应使热继电器的安秒特性尽可能接近甚至重合电动机的过载特性，或者在电动机的过载特性之下，因此，当发生过载时，热继电器就在电动机未达到其允许过载之前动作，切断电动机电源，实现过载保护。例如，电动机过载1.05倍，其性能决定了它可以被允许运行1小时，超过1小时电动机的绝缘就加速老化或电动机被烧毁，因此，热继电器的安秒特性就要低于电机，也就是说热继电器在通过同样大小的电流时，动作时间一定要小于1小时，这样才能起到保护电动机的作用，如图1-53所示。

（4）由于热继电路有热惯性，不能作短路保护，应考虑与断路器或熔断器的短路保护配合问题。

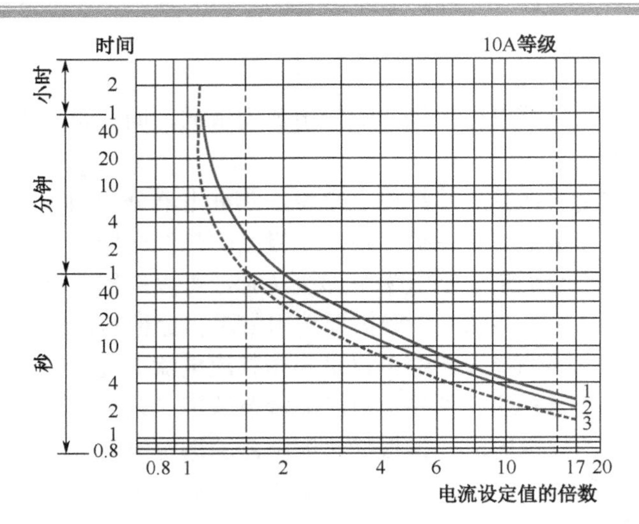

1—平衡运转，三相，从冷态开始；2—平衡运转，两相，从冷态开始；3—平衡运转，三相，从热态开始

图 1-53　JR36 热继电器的安秒特性

（5）注意电动机的工作制。如果操作频率高，则不宜采用热继电器保护，而要采取其他保护措施，如在电动机中预埋热电阻/电偶测温作温度保护。

6．举例说明热继电器的选择

以一个实际应用为例，说明热继电器的选择。

一台三相异步电动机。电动机启动电流是额定电流的 7 倍。用电过程中，用热继电器作为电动机的过载保护器件。

试：

（1）选择热继电器并确定型号和规格。

（2）热继电器所用连接导线的导线截面积。

提示：

（1）明确电气控制与保护的需求。由被控对象的铭牌及理论分析可以得到相关参数。

由电动机的铭牌参数可知，被控制电动机额定工作电压为 380V，额定工作电流为 8.8A，启动电流 8.8×7=61.6A。

（2）根据需求，确定热继电器的品牌、系列、结构形式。可以查阅产品说明书及相关资料获得。

热继电器的选择主要考虑：热继电器的额定电压（U_n）应分别不低于线路、设备的正常额定工作电压（380V），热继电器的整定电流范围应包括被保护设备的额定电流 8.8A，热继电器的额定电流应大于或等于整定电流，可以初步确定热继电器的种类为 JR36-20 型热继电器，并选择整定电流为 6.8～11A。投入使用前，必须对热继电器的整定电流进行调整，以保证热继电器的整定电流与被保护电动机的额定电流匹配。本例中，先按一般情况整定电流为 8.8A，若发现经常提前动作，而电动机温升不高，可将整定电流调高继续观察；若在 8.8A 时，电动机温升高，而热继电器滞后动作，则可调低观察，以得到最佳的配合。

（3）热继电器所用连接导线的导线截面积。热元件额定电流≤11A，可以选择 2.5mm^2

的铜芯导线（热元件额定电流和导线截面积的对应关系参见表1-37）。

（4）选择热继电器并确定其型号。

结合被控对象要求和热继电器的参数确定热继电器的型号规格为JR36-20/3D，额定绝缘电压为690V，额定电流为20A，整定电流为6.8～11A，整定动作值为8.8A，满足电动机过载保护要求。配用2.5mm^{2}的铜芯导线作为热继电器的连接导线。

6．热继电器的安装

（1）安装前的检查。

① 热继电器安装前应先检查产品的铭牌（如额定电压、额定电流、整定电流等）是否符合实际使用要求。

② 热继电器应完整无损，外观应无明显损坏现象。用手拨动热继电器4～5次，应正常可靠。检查热继电器热元件的额定电流或调整旋钮的刻度值是否与电动机的额定电流值相当。

③ 用万用表检查热元件的导通情况及触点接触是否良好。使用万用表的电阻挡，对热继电器热元件分别检查，阻值应很小；用万用表检查95、96两个接线端子之间的阻值应为零，97、98两个接线端子之间的阻值应为∞，则热继电器性能良好。

④ 按产品说明书进行热继电器校验，查看其动作是否符合技术性能的要求。

（2）热继电器的安装。为保证热继电器使用过程中动作的可靠性，还应注意热继电器的安装位置、安装方式与连接导线的要求。

① 热继电器的安装方向。热继电器安装的方向必须与产品说明书中规定的方向相同，一般不能超过5°。在安装时，如果发热元件在双金属片的下方，双金属片就热得快，动作时间短；如果发热元件在双金属片的旁边，双金属片热得较慢，热继电器的动作时间长。当热继电器与其他电器安装在一起时，应将它安装在其他电器的下方，且远离其他电器50mm以上以避免其动作特性受到其他电器发热影响。

② 热继电器的使用环境。热继电器的使用环境主要指环境温度，它对热继电器动作的快慢影响较大。热继电器周围介质的温度，应和电动机周围介质的温度相同，否则会破坏已调整好的配合情况。例如，当电动机安装在高温处，而热继电器安装在温度较低处时，热继电器的动作将会滞后（或动作电流大）；反之，其动作将会提前（或动作电流小）。

对没有温度补偿的热继电器，应在热继电器和电动机两者环境温度差异不大的地方使用。对有温度补偿的热继电器，可用于热继电器与电动机两者环境温度有一定差异的地方，但应尽可能减少因环境温度变化带来的影响。

③ 连接导线。热继电器的连接导线除导电外，还起导热作用。如果连接线太细，则连接线产生的热量会传到双金属片，加上发热元件沿导线向外散热少，从而缩短了热继电器的脱扣动作时间；反之，如果采用的连接线过粗，则会延长热继电器的脱扣动作时间。热继电器热元件的额定电流与连接导线的截面对应关系如表1-37所示。热继电器使用连接导线时，一般用铜芯导线，导线截面不可太细或太粗，如果必须用铝导线时，其截面应为铜芯截面的1.8倍。

表 1-37　热继电器热元件额定电流与导线截面的对应关系

热元件额定电流 I_N（A）	铜芯导线截面积规格（mm^2）
$I_N \leqslant 11$	2.5
$11 < I_N \leqslant 22$	4
$22 < I_N \leqslant 32$	6
$32 < I_N \leqslant 45$	10
$45 < I_N \leqslant 63$	16
$63 < I_N \leqslant 85$	25
$85 < I_N \leqslant 120$	35
$120 < I_N \leqslant 160$	50

例如，某热继电器在使用中，用两条导线截面为 6mm^2，长为 0.1m 铜线串联，加 1.05I_e，9min27s 动作，达不到动作特性要求的 2h 内不动作标准。按规定采用 16mm^2，1m 长铜导线后，加同样的电流，2h 不动作，达到了要求。

7．热继电器的常见故障及维修方法

热继电器的常见故障及维修方法，如表 1-38 所示。

表 1-38　热继电器的常见故障及维修方法

常见故障	故障产生原因	维修方法
热继电器误动作或动作太快	（1）整定电流偏小 （2）操作频率过高 （3）连接导线太细 （4）使用场合有强烈冲击或振动	（1）合理调整整定电流 （2）调换热继电器或限定操作频率 （3）选用标准导线 （4）采用防振措施或选用带防振动冲击的热继电器
热继电器不动作	（1）整定电流偏大 （2）热元件烧断或脱焊 （3）导板脱出 （4）动作触点接触不良	（1）合理调整整定电流 （2）更换热元件或热继电器 （3）重新放置并试验动作灵活性 （4）检查触点，清除不良因素
热元件烧断	（1）负载端电流过大 （2）反复短时工作，操作频率过高	（1）排除故障调换热继电器 （2）限定操作频率或调换合适的热继电器
主电路不通	（1）热元件烧毁 （2）接线螺钉松动或脱落	（1）更换热元件或热继电器 （2）旋紧接线螺钉
控制电路不通	（1）热继电器常闭触点接触不良或弹性消失 （2）手动复位的热继电器动作后，未手动复位	（1）检修常闭触点 （2）按复位按钮复位

知识链接 2　电气识图基本知识（二）

一、绘制电气控制原理图

1．原理图绘制的布图

电气原理图绘制按照电源电路、主电路、控制电路、信号电路及照明电路分别绘制。

绘制电气原路图时，整体系统可水平布置，也可垂直布置。水平布置时，电源电路垂直绘制，其他电路水平绘制，控制电路中的耗能元件（如接触器和断路器的线圈、信号灯、照明灯等）要绘制在电路的最右方。垂直布置时，电源电路水平画，其他电路垂直绘制，控制电路中的耗能元件要绘制在电路的最下方。

电源电路由电源保护电器和电源开关组成，按规定绘制成水平线。三相交流电源相序L1、L2、L3由上而下排列，中线N和保护地线PE绘制在相线之下。直流电源则正极在上，负极在下绘制。

主电路是从电源到电动机的电路，它通过的是电动机的工作电流，电流较大，主电路要垂直电源电路绘制在原理图的左侧。各电气元件原则上是按照动作的先后顺序、自左而右、从上而下的排列的。

控制电路是指控制主电路工作状态的电路，它包括接触器和继电器的线圈、接触器的辅助触点、继电器和其他控制电器的触点等。继电器、接触器和电磁铁的线圈、灯泡等元件连接在接地的水平电源上，继电器、接触器的触点连接上方水平电源线与线圈等耗能元件之间。

其他辅助电路由变压器、整流电源、照明灯和信号灯等低压电路组成。信号电路是指显示主电路工作状态的电路。照明电路是指实现机床设备局部照明的电路。这些电路通过的电流都较小，绘制原理图时，控制电路、信号电路、照明电路要依次垂直绘制在电路的右侧。

2．绘制电气原理图一般规定

（1）原理图中各种电气元件都使用国家统一规定的文字符号和图形符号。

（2）原理图中各电器的触点位置都按电路未通电或电器未受外力作用时的常态位置绘制。

（3）原理图中同一电器的各元件可以按其作用分别绘制在不同电路中，但必须标以相同文字符号。

（4）若有多个同一种类的电气元件，可在文字符号的后面加上数字序号的标记，如KM1、KM2等。

（5）原理图上应尽可能减少线条和避免线条交叉；对有直接电联系的交叉点应用小黑圆点表示。

（6）对具有循环运动的机构，应给出工作循环图，如行程开关等应绘制出动作程序和动作位置。

3．电气原理图中的编号

电气原理图采用电路编号法，即对电路中的各个连接点用字母或数字编号。

（1）主电路编号规则。三相交流电源按相序自上而下编号为L1、L2、L3；经过电源开关后，在出线端子上按相序依次编号为U11、V11、W11。主电路中有分支路的，应从上至下、从左至右进行编号，每经过一个电气元件的线桩后，编号要递增，如U11、V11、W11，U12、V12、W12……数字中的个数表示电动机的代号，十位数字表示该支路各接点的代号，从上到下按数值大小顺序标记，如U11表示M1电动机的第一相的第一个接点代号，U21

表示为第一相的第二个接点代号，以此类推。单台三相交流电动机（或设备）的 3 根引出线按相序依次编号，首端分别用 U、V、W 标记，尾端分别用 U′、V′、W′ 标记，双绕组的中点则用 U″、V″、W″ 标记。多台电动机引出线的编号，为了不致引起误解和混淆，可在字母前加上数字来区别，如 1U、1V、1W，2U、2V、2W……

（2）辅助电路编号规则。控制电路与照明、指示电路。应从上至下、从左至右，逐行用数字来依次编号，每经过一个电气元件的接线端子，编号要依次递增。编号的起始数字，除控制电路必须从阿拉伯数字 1 开始外，其他辅助电路依次递增 100 作起始数字，如照明电路编号从 101 开始；信号电路编号从 201 开始等。

4. 电气控制线路原理图的分区

为了便于绘制和识读，电气原理图一般会将整个图纸划分为若干个图区。

（1）电气原理图中每个电路在机床电气操作中的用途，必须在电气原理图上部的用途栏内用文字标明。

（2）在电路图的下部划分若干个图区，并从左向右依次用阿拉伯数字编号标注在图区栏内，通常是一条回路或一条支路划分为一个图区。

（3）在电路图的左右两侧均匀划分若干个图区，用大写英文字母标注。

（4）在电气原理图中每个接触器线圈的文字符号 KM1、KM2、KM3 的下面画有两条竖直线，分成左、中、右 3 栏，左栏为主触点所处的图区号，中栏为辅助常开触点所处的图区号，右栏为辅助常闭触点所处的图区号。而未用的触点，在相应的栏中用记号“×”标出或不标出任何符号。

（5）在电气原理图中每个继电器线圈符号下面画有一条竖直线，分成左、右两栏，左栏为常开触点所处的图区号，右栏为常闭触点所处的图区号。同样，未用的触点，在相应的栏中用记号“×”标出或不标出任何符号。

（6）电路图中触点文字符号下面用数字表示该电器线圈所处的位置。

二、识读安装接线图

电气控制系统图是电气线路安装、调试、使用与维护的理论依据，主要包括电气原理图、电气安装接线图、电气元件布置图。用规定的图形符号，按各电气元件相对位置绘制的实际接线图称为安装接线图。安装接线图表示了各电气元件的相对位置和各电气元件的实际接线情况，是实际安装接线的依据，是为安装电气设备和电气元件进行配线或检修电气故障服务的。

由于电气安装接线图是根据原理图，配合安装要求来绘制的，各电气元件的图形符号、文字符号和回路标记均应以原理图为准，并保持一致，以便核查。因此查看安装接线图时，应结合电气原理图对照识读，通过对照原理图可以弄清楚主回路与辅助回路各由哪些电气元件组成，相互之间是如何接线的，它们又是怎样完成电气动作的等等。

阅读安装接线图的原则：先识读主电路，然后识读辅助电路。读主电路要从电源引入端开始，经开关、线路到用电设备；辅助电路阅读也是从电源出发，按照元件连接顺序依次分析。在读图过程中要做到以下几点。

（1）分析清楚电气原理图中主电路和辅助电路所含有的元器件，弄清楚每个元器件的动作原理。

（2）弄清楚电气原理图和电气接线图中元器件的对应关系。

（3）弄清楚电气原理图中接线导线的根数和所用导线的具体规格。

（4）根据电气原理图中的线号研究主电路的线路走向和连接方法。

（5）根据电气原理图中的线号研究辅助电路的线路走向和连接方法。

（6）通过研究接线端子，弄清楚配电板上内外电路的连接关系。安装接线中涉及的元器件有板内元件和板外元件，电源开关、熔断器、交流接触器、热继电器、时间继电器等都属于板内元件，电动机、按钮属于板外元件，板内元件和板外元件的连接必须通过接线端子进行。

安装接线图要求准确、清晰，以便于施工和维护。如图1-54所示为CW6132车床电气控制线路安装接线图。

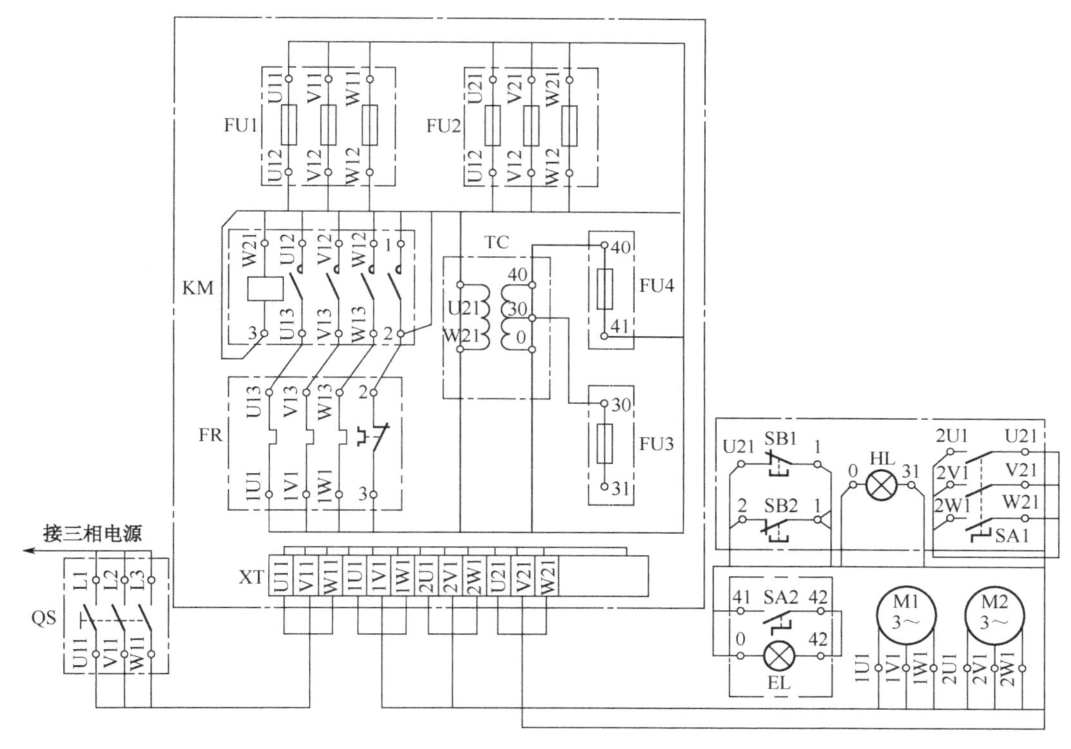

图1-54 CW6132车床电气控制线路安装接线图

主电路中所含有的元器件有M1、M2两台三相异步电动机，QS组合开关作电源引入开关，FU1熔断器作M1的短路保护元件，KM接触器控制是M1控制开关，FR热继电器是M1的过载保护，FU2熔断器作M2的短路保护元件，SA1刀开关是M2的手动控制开关。

辅助电路中所含有的元器件有SB1、SB2分别是KM线圈的停止、启动按钮，FR是热继电器的常闭触点，KM是接触器线圈。FU3是信号灯HL的短路保护元件，FU4是照明灯EL的短路保护元件，SA2刀开关是EL照明灯的手动控制开关，TC是电源变压器。

配电盘上元件有FU1～FU4、KM、TC、FR、接线端子排XT。

配电盘外元件有QS、按钮盒、HL、EL、SA1、SA2、M1、M2。

原理图上主电路：电源（L1、L2、L3）→QS（U11、V11、W11）→FU1（U12、V12、W12）→KM（U13、V13、W13）→FR（1U1、1V1、1W1）→M1（1U1、1V1、1W1）。

在安装接线图上的主电路：三相电源→QS进线端（L1、L2、L3）→QS出线端（U11、V11、W11）→接线端子（U11、V11、W11）→FU1进线端（U11、V11、W11）→FU1出线端（U12、V12、W12）→KM进线端（U12、V12、W12）→KM出线端（U13、V13、W13）→FR进线端（U13、V13、W13）→FR出线端（1U1、1V1、1W1）→接线端子（1U1、1V1、1W1）→M1进线端（1U1、1V1、1W1）。

主电路对应的控制电路为：接线端子U21→按钮SB1→1号线→按钮SB2→2号线—接线端子2→（95）FR（96）→3号线→KM线圈→FU2（W21）→按钮SB1出线端→接线端子1→KM常开辅助触点→FR95号端子。

三、绘制安装接线图

电气控制系统由元器件组成，每一器件根据各自的作用都有一定的安装位置：有些元器件安装在控制柜中（如接触器、继电器等），有些元器件安装在机械设备的相应部位上（如传感器、行程开关等），还有些元器件则要安装在面板或操作台上（如各种控制按钮、指示灯、显示器、指示仪表等）。由于各种电器的安装位置不同，在构成一个完整的电气控制线路或系统时必须划分为部件、组件等，同时还要考虑部件、组件间的电气连接问题，总体布置设计是否合理，将直接影响电气控制装置的制造、装配、运输、调试、操作、维护及工作运行。

根据已设计完成的电气控制原理图及选定的电气元件，设计电气设备的总体配置，绘制电气控制线路的总装配及总接线图。

绘制安装接线图时应遵循以下原则。

（1）必须遵循相关国家标准。

（2）安装接线图中各电气元件的图形符号和文字符号、元件连接顺序、线路号码编制都必须与原理图一致，并符合国家标准。

（3）安装在配电板上的元件布置应根据配线合理，操作方便，确保电气间隙不能太小，重的元件放在下面，发热元件放在上部等原则进行。同一电气元件的各个部件应绘制在一起。

（4）在安装接线图中，分支导线应在各电气元件接线端上引出，而不允许在导线两端以外的地方连接，且接线端上只允许引出两根导线。

（5）各电气元件上凡是需要接线的部位端子都应绘出并予以编号，各接线端子的编号必须与原理图中的导线编号一致。

（6）不在同一控制柜或配电屏上的电气元件的电气连接，必须通过端子板进行，端子板的编号应与原理图一致，并按原理图的接线进行连接；同一控制箱内各电气元件之间的接线可以直接相连。

（7）走向相同的多根导线可用单线表示。绘制连接导线时，应标明导线的规格、型号、根数和穿线管的尺寸等。

知识链接 3　单方向旋转控制电路设计

一、点动控制系统的应用、局限性及其解决办法

（1）点动控制的应用：常用于电葫芦控制和车床拖板箱快速移动的电动机控制。

（2）点动控制的局限性：应用场合较少，在实际生产应用中，很多场合要求电动机启动后能连续运转，如 CA6140 车床主轴旋转时，只要按下启动按钮，主轴连续转动，按下停止按钮，主轴停止转动。显然，点动控制不满足车床主轴通电工作的控制需求。

（3）解决办法：为实现电动机的连续运转，可采用接触器自锁控制线路。

二、单方向旋转控制电路

1．接触器的自锁

使用接触器时，将接触器辅助常开触点并联在启动按钮的两端，使接触器线圈带电后，通过辅助常开触点的闭合保持线圈的带电状态不变，这一功能称为自锁。完成此功能的接触器常开触点称为自锁触点。

2．单方向旋转控制电路电气原理图的识读

以 CA6140 车床主轴电动机单方向旋转控制线路原理图为例，说明电动机单方向连续旋转控制过程，其控制线路如图 1-55 所示。

电源为三相交流电源 L1、L2、L3，电源开关为刀开关 QS，用电设备为一台三相异步电动机。

控制过程中用到的低压元器件有主回路控制开关 KM、热继电器 FR、控制回路控制开关 SB1、SB2、FU1、FU2 两组熔断器。

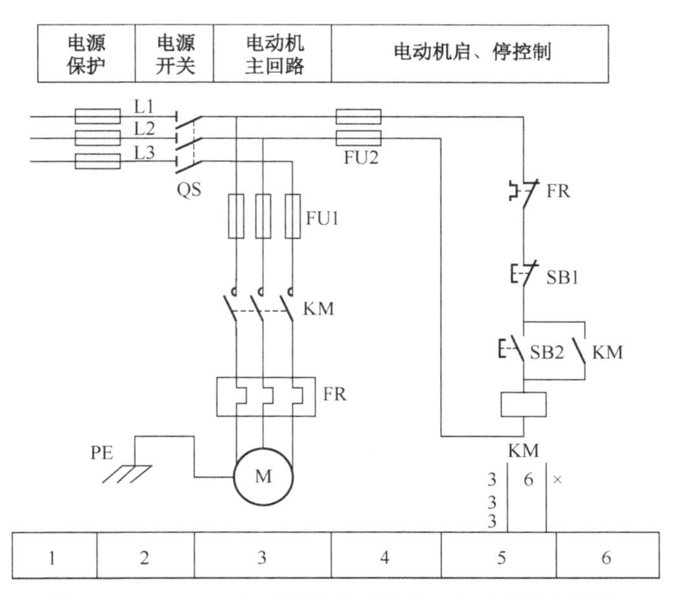

图 1-55　CA6140 车床主轴电动机单方向旋转控制线路

在 CA6140 车床主轴电动机单方向旋转控制线路中，主电路利用 FU1 作主回路的短路保护；KM 作主回路的控制开关；增加热继电器的发热元件串联在主回路中检测主回路工作电流是否过载，作过载保护用。

过载保护在点动控制过程中是不用考虑的，因为点动控制通电时间相对较短，即使用电中出现过载，也不会产生大的危害。而连续旋转控制电路中，用电设备通电时间是长期的，设备若长期工作在过载状态下，对设备的使用寿命及安全都会产生极大的威胁，因此，连续控制线路中必须考虑用电设备使用中一旦出现过载，如何实现保护的问题。

控制电路利用 FU2 作控制回路的短路保护；将热继电器的常闭触点串联在控制回路中，达到过载保护的目的；选择按钮作控制回路的主令开关，其中常闭按钮 SB1 串联在电路中，其功能是给出电路停止工作的命令，因此常闭按钮 SB1 称为停止按钮；常开按钮 SB2 串联在电路中，其功能是给出电路开始工作的命令，因此常开按钮 SB2 称为启动按钮；并联在启动按钮两端的接触器的辅助常开触点，起到自锁作用，保证接触器线圈的带电状态是持续的。

3．分析线路的工作过程

（1）正常工作情况下的控制过程分析。当电动机 M 需要启动时，先闭合刀开关 QS，引入电源，此时电动机 M 尚未接通电源。按下启动按钮 SB2，接触器 KM 的线圈得电，使衔铁吸合，同时带动接触器 KM 的 3 对主触点及一对常开辅助触点闭合，电动机 M 便接通电源启动运转，同时常开辅助触点闭合后，将启动按钮 SB2 短接，此时松开 SB2 后，接触器 KM 的线圈仍能保持带电状态不变，用接触器 KM 自己的触点锁定自己的线圈的带电状态不变，这一功能非常形象的称为自锁。由于自锁，电动机 M 启动后，松开启动按钮 SB2，接触器 KM 线圈仍能保证带电状态，电动机能够持续通电运行。

当电动机需要停转时，只要按下停止按钮 SB1，使接触器 KM 的线圈失电，衔铁在复位弹簧作用下复位，带动接触器 KM 的 3 对主触点及一对常开辅助触点恢复分断，电动机 M 失电停转，同时解除自锁，电动机 M 停止运行后，松开停止按钮 SB1 接触器，KM 处于失电状态，电动机 M 不能通电。

单方向正转控制线路的工作原理叙述如下。

① 闭合电源开关 QS。

② 启动过程控制。

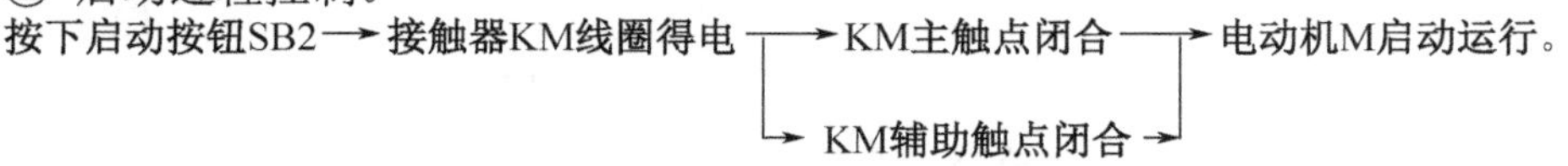

按下启动按钮SB2→接触器KM线圈得电→KM主触点闭合→电动机M启动运行。
　　　　　　　　　　　　　　　　　└→KM辅助触点闭合→┘

当松开启动按钮 SB2，因为接触器 KM 的常开辅助触点自锁，控制电路仍保持接通，所以接触器 KM 继续得电，电动机 M 实现连续运转。

③ 停止过程控制。

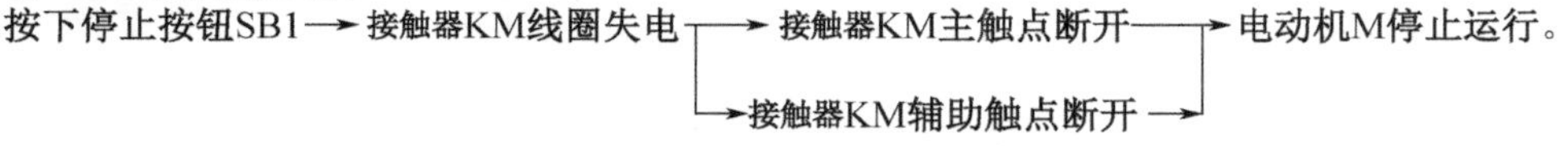

按下停止按钮SB1→接触器KM线圈失电→接触器KM主触点断开→电动机M停止运行。
　　　　　　　　　　　　　　　　　└→接触器KM辅助触点断开→┘

当松开停止按钮 SB1，因为接触器 KM 的自锁触点在切断控制电路时已分断，解除了自锁，启动按钮 SB2 也是分断的，所以接触器 KM 不能得电，电动机 M 也不会转动。

④ 断开电源开关 QS。

（2）故障情况下保护过程分析。

① 短路保护。当主电路中有短路故障发生时，FU1 熔断，断开主回路，实现保护。

当控制电路中有短路故障发生时，FU2 熔断，KM 线圈失电，KM 断开主回路，实现保护。

② 失压、欠压保护。接触器自锁控制线路不但能使电动机连续运转，而且运行过程中，用 KM 作控制开关，因此，电路具有失压、欠压保护功能。

③ 过载保护。热继电器的发热元件串联在主回路中检测主回路工作电流是否过载，其常闭触点串联在控制回路中，如果电动机正常工作，热继电器不动作，此触点不影响控制回路的工作，一旦电动机出现过载状态，热继电器动作，其常闭触点断开，使接触器线圈失电，电动机停转，起到过载保护的作用。

三、单方向旋转控制线路的安装

（1）阅读原理图。明确原理图中的各种元器件的名称、符号、作用，理清电路图的工作原理及其控制过程。

（2）选择元器件：按元件明细表配齐电气元件，并进行检验。

CA6140 车床中主轴电动机单方向旋转控制线路元件明细表如表 1-39 所示。

表 1-39 CA6140 车床主轴电动机单方向旋转控制线路元件明细表

代号	名称	型号	规 格	数量
M	三相异步电动机	Y112M-4	4kW、380V、△接法、8.8A、1440r/min	1
QS	组合开关	HZ10-40/3	三相、额定电流为 40A	1
KM	接触器	CJ20-16	16A、线圈电压为 380V	1
FR	热继电器	JR36-20/3D	20A，整定电流为 8.8A、断相保护	1
SB	按钮	LA18-3H	保护式、按钮数为 3	1
FU1	熔断器	RT14-32/25	380V、32A、熔体为 25A	3
FU2	熔断器	RT14-32/2	380V、32A、熔体为 2A	2
XT1	端子板	TB1512	690V、10A、12 节	1
导线	主电路	BV-1.5	$1.5mm^2$	若干
导线	控制电路	BV-1.0	$1.0mm^2$	若干
导线	按钮线	BVR-0.75	$0.75mm^2$	若干

所有电气控制器件，至少应具有制造厂的名称或商标、型号或索引号、工作电压性质和数值等标志。若工作电压标志在操作线圈上，则应使安装在器件的线圈的标志是显而易见的。

安装接线前应对所使用的电气元件逐个进行检查。

（3）按控制电路的要求配齐工具，仪表，按照图纸设计要求选择导线类型、颜色及截面积等。

（4）安装电气控制线路。按照 CA6140 车床中主轴电动机单方向旋转控制线路的电气布置图，对所选组件（包括接线端子）进行安装接线，如图 1-56 所示。

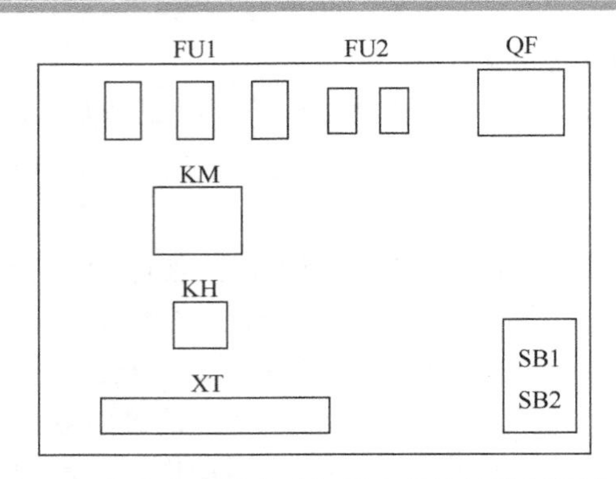

图 1-56　CA6140 车床中主轴电动机单方向旋转控制线路电气布置图

按照接线图规定的位置将电气元件固定在安装网孔板（底板）上。元件之间的距离要适当，既要节省板面，又要方便走线和投入运行后的检修。

（5）按照 CA6140 车床中主轴电动机单方向旋转控制线路的安装接线图进行布线，如图 1-57 所示。要求同点动控制。

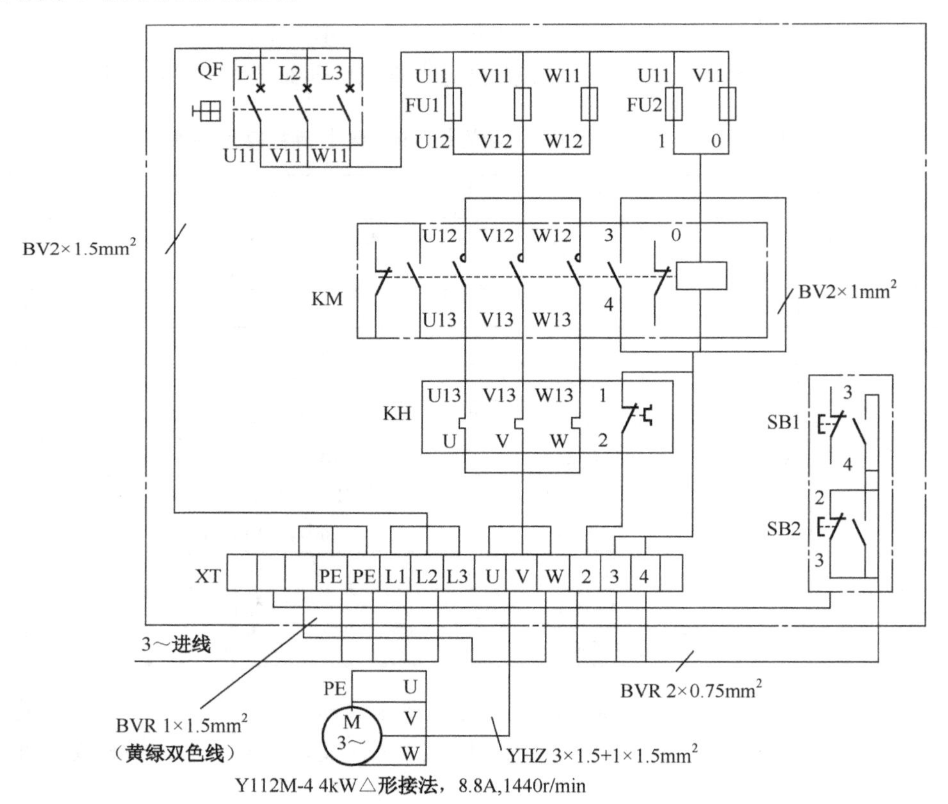

图 1-57　CA6140 车床中主轴电动机单方向旋转控制线路的安装接线图

（6）检查线路。连接好的控制线路必须经过认真检查后才能通电调试，检查线路应按以下步骤进行。

① 对照电气原理图、电气安装接线图，从电源开始逐段核对端子接线的线号是否正确。

② 万用表导通法检查。

a．控制电路的检查，可将表笔分别搭在 U1、V1 线端上，读数应为“∞”。按下 SB2 时，万用表读数应为接触器线圈的直流电阻值，按下 SB2 的同时按下 SB1，万用表读数应为“∞”。

b．自锁的检查，按下接触器试验按钮时，万用表读数应为接触器线圈的直流电阻值，按下接触器试验按钮的同时按下 SB1，万用表读数应为“∞”。

c．检查主电路有无开路或短路现象。可用手动控制接触器的试验按钮来代替接触器通电进行检查。

d．用兆欧表检查线路的绝缘电阻应不小于 0.5MΩ。

（7）通电调试。为保证安全，通电调试必须在指导教师的监护下进行。调试前应做好准备工作，包括清点工具；清除安装底板上的线头杂物；装好接触器的灭弧罩；检查各组熔断器的熔体；分断各开关，使按钮、行程开关处于未操作前的状态；检查三相电源是否对称等。

① 空操作试验。

② 带负荷调试。

③ 通电试车完毕，停转，切断电源。先拆除三相电源线，再拆除电动机线。

（8）线路常见故障及维修方法，如表 1-40 所示。

表 1-40　常见故障及维修方法

常见故障	故障原因	维修方法
电动机不启动	（1）熔断器熔体熔断 （2）交流接触器不动作 （3）热继电器未复位	（1）查明原因排除后更换熔体 （2）检查线圈或控制回路 （3）手动复位
电动机缺相	动、静触点接触不良	对动、静触点进行修复
电源开关跳闸	（1）电动机绕组烧毁 （2）线路或端子板绝缘击穿	（1）更换电动机 （2）查清故障点并排除
电动机不停止	（1）触点烧损粘连 （2）停止按钮接点粘连 （3）停止按钮接在自锁触点内	（1）拆开修复 （2）更换按钮 （3）更换位置
电动机不能连续运行	自锁没有接上	重新接线

知识链接 4　单方向连续与点动混合控制线路

在生产实践过程中，机床设备正常工作需要电动机连续运行，而试车和调整刀具与工件的相对位置时，又要求“点动”控制。为此生产加工工艺要求控制电路既能实现“点动控制”又能实现“连续运行”工作。单方向连续与点动混合控制线路的主电路和连续控制电路相同。其点动控制线路的实现可以有不同的方法。

如图 1-58 所示电路，是单方向连续与点动控制线路的两种具体实现方法。

方法一：用复合按钮实现连续与点动混合控制过程。

此控制线路结构简单，但动作不够可靠。控制过程分析如下。

（1）点动控制：SB3 是点动控制按钮。

按下按钮 SB3→SB3 常闭触点先分断（切断 KM 辅助触点电路）。SB3 常开触点后闭合→KM 线圈得电→KM 主触点闭合→电动机 M 启动运转。

KM 线圈得电后，KM 辅助触点闭合，但是因为 SB3 常闭触点分断，所以不能实现自锁。

松开按钮 SB3→SB3 常开触点先恢复分断→KM 线圈失电→KM 主触点断开（KM 辅助触点断开）后 SB3 常闭触点恢复闭合→电动机 M 停止运转，实现了点动控制。

（2）长动控制：SB2 是长动控制按钮。

按下按钮 SB2→KM 线圈得电→KM 主触点闭合（KM 辅助触点闭合）→电动机 M 启动运转。实现了长动控制。

（3）停止控制：SB1 是停止按钮。

按下停止按钮 SB1→KM 线圈失电→KM 主触点断开→电动机 M 停止运转。

此电路动作不够可靠的原因是：松开 SB3 按钮的时候，一旦 SB3 常闭触点先闭合，则 KM 有可能自锁，从而将点动控制变换成单方向旋转的连续控制。

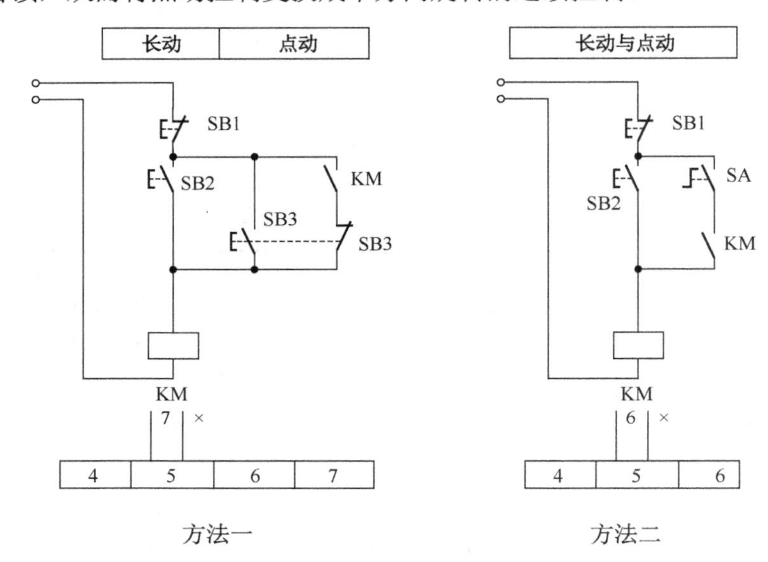

图 1-58　单方向连续和点动控制线路实现方法

方法二：用刀开关实现点动加长动的控制。

线路是在接触器自锁正转控制线路的基础上，把手动开关 SA 串接在自锁电路中的。当把 SA 闭合或断开时，就可实现电动机的连续或点动控制的相互切换。

（1）点动控制：条件——断开 SA。

按下按钮 SB2→KM 线圈得电（KA 断开，不能自锁）→KM 主触点闭合→电动机 M 启动运转。

松开按钮 SB2→KM 线圈失电→KM 主触点断开→电动机 M 停止运转，实现了点动控制。

（2）长动控制：条件——闭合 SA。

启动控制：

按下启动按钮SB2 → KM线圈得电 - - - - → KM主触点闭合 - - - - → 电动机M启动运行。

└→ KM辅助触点闭合（SA闭合）→┘

当松开SB2，因为接触器KM的常开辅助触点自锁（SA闭合），控制电路仍保持接通，所以接触器KM继续得电，电动机M实现连续运转。

停止控制：

按下停止按钮SB1→KM线圈失电→KM主触点断开→电动机M停止运行。
　　　　　　　　　　　　　　└→KM辅助触点断开→┘

当松开SB1，因为接触器KM的自锁触点在切断控制电路时已分断，解除了自锁，SB2也是分断的，所以接触器KM不能得电，电动机M也不会转动。

技能实训

一、资讯

根据工作任务要求，各工作小组通过工作任务单、引导文及参考文献，查阅资料获取工作任务相关信息，熟悉单方向连续控制线路不同的实现方案。

二、制订工作计划

各组讨论完成工作任务所需步骤及任务具体分解。

（1）根据工作任务要求填写所用电工工具及电工仪表。

（2）根据单方向连续控制线路电气原理图完成元件明细表。

（3）填写工作计划表。

三、讨论决策

各小组绘制单方向连续控制线路的电气控制系统图并讨论方案可行性。

四、工作任务实施

1．热继电器的识别与使用

识别和使用热继电器，对热继电器特性进行测试，并完成表1-41。

表1-41　热继电器识别记录表

序号	型号	适用场所	性能测试	备注

2．具有过载保护的接触器自锁单向控制线路的安装

在规定时间内能正确安装电路，且调试运转成功。在安装过程中体会原理图、接线图、电气元件布置图之间的联系，并分析各自的优点。

安装时需注意的问题如下。

（1）按照电气原理图接线。注意热继电器的热元件应串接在主电路中，其常闭触点应串接在控制电路中，如图1-59所示。

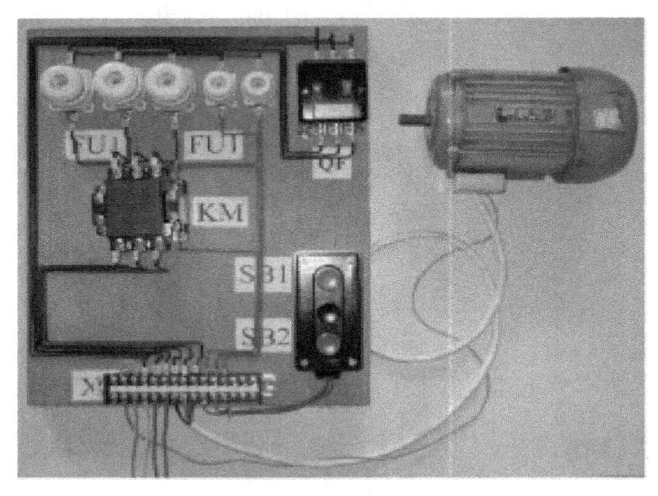

图1-59　电动控制配电盘

（2）热继电器的整定电流应按电动机的额定电流自行调整。在一般情况下，热继电器应置于手动复位的位置上。若需要自动复位时，可将复位调节螺钉沿顺时针方向向里旋转。

（3）编写调试方案进行线路调试。

3．技术方案的编写

（1）确定继电接触电气控制方案。M为用电设备，参数为Y112M-4，4kW，380V，8.8A，1440r/min，△连接，K_{st}=7，主轴电动机M为单方向连续运转控制，SB1为停止按钮，SB2为启动按钮，在SB2两端使用接触器自锁使电动机能连续运转。接触器KM用来控制M通电与否，同时起到电路用电过程中的失压、欠压保护功能。用组合开关QS作电源开关，来实现电源与负载之间的隔离，通过FU1、FU2两组熔断器设置短路保护，其中FU1三只一组作主电路的短路保护，FU2两只一组作控制电路的短路保护。电路选择热继电器作为电动机过载保护元器件，将其热元件串接在主回路中，检测电路是否过载，将其常闭触点串接在控制回路中，一旦电路过载，热继电器动作，可以控制控制回路出现断电，KM线圈失电，电动机停止运行，以保证用电过程的安全性。

根据设计方案，绘制出的电气控制原理图参见图1-55。

（2）选择电气元件，制定明细表。

① 电源开关的选择。电源开关QS的选择主要考虑电动机M1的额定电流和启动电流，已知M的额定电流分别为8.8A，考虑启动电流，因而电源开关应选用三极刀开关HZ10-40/3

型，额定电流为 40A。

② 接触器的选择。主轴电动机 M1 的额定电流为 8.8A，控制回路电源电压为 380V，需主触点 3 对，因此接触器应选用 CJ20-16 型接触器，主触点额定电流为 16A，线圈电压为 380V。

③ 熔断器的选择。熔断器 FU1 对 M1 进行短路保护，M1 的额定电流为 8.8A，据电动机熔断器熔体额定电流的计算公式：

$$I_{fu}=(1.5\sim2.5)I_N$$

若取系数为 2.5，易算得：$I_{fu} \geqslant 22A$，因此可选用 RT14-32/25 型熔断器，配用 25A 熔体。

熔断器 FU2 对控制电路进行短路保护，控制电路的额定电流一般为 2A 左右，因此可选用 RT14-32/2 型熔断器，配用 2A 熔体。

④ 热继电器的选择。热继电器 FR 对 M1 进行过载保护，M1 的额定电流为 8.8A，因此热继电器的整定电流为 8.8A，选择 JR36 型热继电器，热元件额定电流为 11A，热继电器额定电流为 20A。

⑤ 按钮的选择。按钮用到两个，停止按钮 SB1 可选择 LA18-3H 按钮盒中的红色按钮，启动按钮 SB2 可选择 LA18-3H 按钮盒中的绿色按钮。

⑥ 端子板。由单方向连续控制接线图可知，共需 12 个接线端子，因此选择 TB1512 接线排。

元器件明细表参见表 1-39。

4．编写电气说明书和使用操作说明书

（1）电气说明书。单方向连续正转控制线路是用接触器自锁来控制电动机连续运转的控制线路。控制过程分析请参见电路工作原理部分。

（2）操作说明书。

① 电路正常工作时。

闭合 QS→按下按钮 SB2→电动机运行→松开按钮 SB2→电动机连续运行。

按下按钮 SB1→电动机停止运行→松开按钮 SB1→断开 QS。

② 电路出现短路故障时。

若 FU1 熔断，则短路点在主回路；若 FU2 熔断，则短路点在控制回路。

③ 电路运行在过载状态时，FR 动作，使电动机停止运行。

④ 由于电路中用 KM 作控制开关，因此电路具有失压、欠压保护功能。

五、工作任务完成情况考核

根据工作任务完成情况填写表 1-42。

表 1-42　工作任务考核表

考核评比项目的内容				项目分值				
				配分	得分			
					自查	互查	教师评分	综合得分
专业能力60%	热继电器识别		名称型号	1 分				
	热继电器性能测试		仪表使用方法	2 分				
			测量结果	2 分				
	热继电器使用		热继电器在主电路中的使用	1 分				
			热继电器在控制电路中的使用	2 分				
	热继电器的动作值调整		不会调整	1 分				
			调整正确性	1 分				
	安装前准备与检查		元器件和工具、仪表准备数量是否齐全	1 分				
			电动机质量检查	1 分				
			电气元件漏检或错检	2 分				
	工作过程	安装元件	安装的顺序安排是否合理	2 分				
			工具的使用是否正确、安全	2 分				
			电器、线槽的安装是否牢固、平整、规范	2 分				
		布线	不按电路图接线	5 分				
			布线不符合要求	2 分				
			接点松动、露铜过长、压绝缘层、反圈等	3 分				
			漏套或错套编码套管	1 分				
			漏接接地线	1 分				
			导线的连接是否能够安全载流、绝缘是否安全可靠、放置是否合适	3 分				
		通电试车	电动机接线是否正常	2 分				
			第一次试车不成功	4 分				
			第二次试车不成功	2 分				
			第三次试车不成功	2 分				
	工作成果的检查		线槽是否平直、牢靠，接头、拐弯处是否处理平整美观	3 分				
			电器安装位置是否合理、规范	2 分				
			环境是否整洁干净	1 分				
			其他物品是否在工作中遭到损坏	1 分				
			整体效果是否美观	2 分				
			整定值是否正确，是否满足工艺要求	1 分				
			熔断器的熔体配置是否正确	1 分				
			是否在定额时间内完成	2 分				
			安全措施是否科学	2 分				

续表

<table>
<tr><th colspan="3" rowspan="3">考核评比项目的内容</th><th colspan="5">项目分值</th></tr>
<tr><th rowspan="2">配分</th><th colspan="4">得分</th></tr>
<tr><th>自查</th><th>互查</th><th>教师评分</th><th>综合得分</th></tr>
<tr><td rowspan="12">综合能力40%</td><td rowspan="3">信息收集整理能力</td><td>收集和处理信息的能力</td><td>4 分</td><td></td><td></td><td></td><td></td></tr>
<tr><td>独立分析和思考问题的能力</td><td>3 分</td><td></td><td></td><td></td><td></td></tr>
<tr><td>完成工作报告</td><td>3 分</td><td></td><td></td><td></td><td></td></tr>
<tr><td rowspan="2">交流沟通能力</td><td>安装、调试总结</td><td>3 分</td><td></td><td></td><td></td><td></td></tr>
<tr><td>安装方案论证</td><td>3 分</td><td></td><td></td><td></td><td></td></tr>
<tr><td rowspan="2">分析问题能力</td><td>线路安装调试基本思路、基本方法研讨</td><td>5 分</td><td></td><td></td><td></td><td></td></tr>
<tr><td>工作过程中处理故障和维修设备</td><td>5 分</td><td></td><td></td><td></td><td></td></tr>
<tr><td rowspan="3">深入研究能力</td><td>培养具体实例抽象为模拟安装调试的能力</td><td>3 分</td><td></td><td></td><td></td><td></td></tr>
<tr><td>相关知识的拓展与提升</td><td>3 分</td><td></td><td></td><td></td><td></td></tr>
<tr><td>车床的各种类型和工作原理。</td><td>2 分</td><td></td><td></td><td></td><td></td></tr>
<tr><td rowspan="2">劳动态度</td><td>快乐主动学习</td><td>3 分</td><td></td><td></td><td></td><td></td></tr>
<tr><td>协作学习</td><td>3 分</td><td></td><td></td><td></td><td></td></tr>
<tr><td colspan="8">强调项目成员注意安全规程及其工业标准
本项目以小组形式完成</td></tr>
</table>

学习情境 1.3　冷却泵电动机与主轴电动机的顺序控制

学习目标

主要任务：熟悉顺序控制的实现方法；学习继电接触控制系统调试的一般方法；熟悉电气控制系统故障排查的基本方法。

（1）学习顺序控制的实现方法。

（2）能够识读顺序控制电气系统图，能安装、调试控制电路。

（3）掌握电气控制系统的一般调试方法。

（4）掌握电气控制线路故障排除的基本方法。

（5）综合利用所学知识解决实际问题。

工作任务单（NO.2-3）

一、工作任务

CA6140 卧式车床的主轴电动机 M1 和冷却泵电动机 M2，M1、M2 铭牌如图 1-60 所示。

三相异步电动机			
型号：Y112M-4		编号	
4.0　KW		8.8　A	
380 V	1440　r/min		LW　82dB
△　接法	防护等级 IP44	50Hz	45kg
标准编号	工作制 SI	B级绝缘	2000年8月
中原电机厂			

（a）

三相异步电动机		
型号：Y90S-2		编号：
1.5KW		3.4A
380V	2845r/min	LB
Y　接法	防护等级 IP44	50Hz
标准编号	工作制 SI	B级绝缘

（b）

图 1-60　CA6140 卧式车床的主轴电动机和冷却泵电动机铭牌

控制要求如下。

（1）启动时，只有主轴电动机启动后，才可以使冷却泵电动机运行。

（2）停止时，主轴电动机和冷却泵电动机可以同时停，也可以冷却泵电动机先停，主轴电动机后停。

二、引导文

需要学生查阅相关网站、产品手册、设计手册、电工手册、电工图集等参考资料完成引导文提出的问题。

（1）什么是顺序控制？常见的顺序控制有哪些？各举一例说明。

（2）如何通过主回路实现顺序启动控制？

（3）如何通过控制回路实现顺序启动控制？

（4）什么是顺序启动，逆序停止？

（5）停止按钮接常开状态还是接常闭状态比较好？为什么？一般情况下采用哪种形式？

（6）为了避免由于操作或接线错误而烧毁元件或设备，需要增加哪些安全措施？并说明理由。

（7）图 1-61 所示为两种在控制电路实现电动机顺序控制的线路（主电路略），试分析各线路各有什么特点，能满足什么控制要求？

（8）图 1-62 所示为两条传送带运输机的示意图。请按下述要求画出两条传送带运输机的控制电路。

① 1 号启动后，2 号才能启动。

② 1 号必须在 2 号停止后才能停止。

③ 具有短路、过载、欠压及失压保护。

（9）某控制线路可以实现以下控制要求。

① M1、M2 可以分别启动和停止。

② M1、M2 可以同时启动、同时停止。

③ 当一台电动机发生过载时，两台电动机同时停止。

（10）试设计该控制线路，并分析工作原理。

① 如果电路中的第一台电动机能正常启动，而第二台电动机无法启动，试分析可能发生的故障。

② 如果电路中的第一台电动机不能正常启动，试分析可能发生的故障。

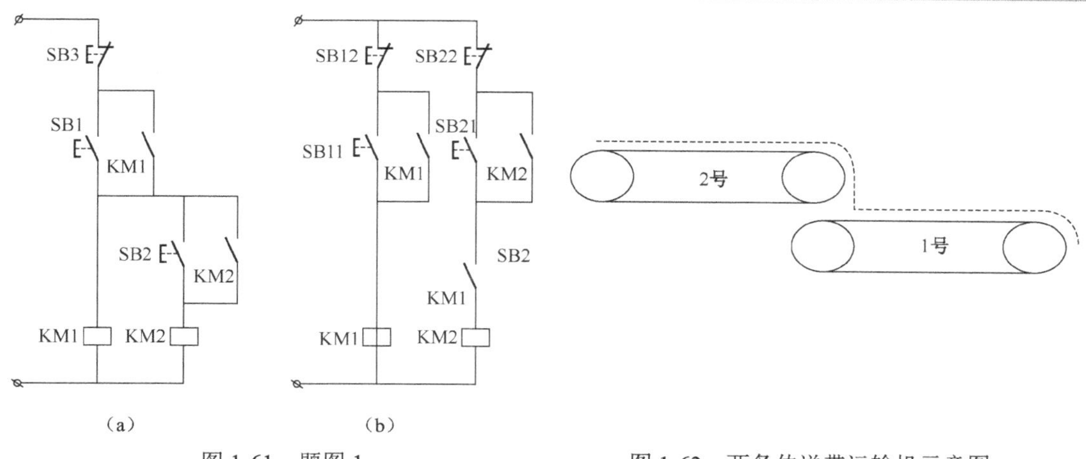

图 1-61　题图 1　　　　图 1-62　两条传送带运输机示意图

三、本次工作任务的准备工作

1. 工作环境及设施配备

工作环境：特种作业基地。
设施配备：配齐所需设备。
（1）根据所需工具及仪表完成表 1-43。

表 1-43　所需工具、仪表

工具	
仪表	

（2）根据所需元器件完成表 1-44。

表 1-44　元器件明细表

代号	名称	型号	规　格	数量

（3）多媒体教学设施。
（4）产品手册、设计手册、电工手册、电工图集等参考资料。

2. 制订工作计划

各组制订工作计划并完成表 1-45。

表 1-45　工作任务计划表

学习内容					
组号			组员		
工序	工序名称	任务分解	完成所需时间	主要过程记录	责任人

知识链接 1　顺序控制基本知识

一、顺序控制

在装有多台电动机的生产机械上，各电动机所起的作用是不同的，有时需按一定的顺序启动或停止，才能保证操作过程的合理和工作的安全可靠，只有当一台电动机启动后，另一台电动机才允许启动的控制方式，称为电动机的顺序控制。例如，X62W 型万能铣床上要求主轴电动机启动后，进给电动机才能启动；平面磨床中，要求砂轮电动机启动后，冷却泵电动机才能启动；车床主轴转动时，要求油泵先给润滑油，然后主轴转动，主轴停止后，油泵方可停止润滑，即要求油泵电动机先启动，主轴电动机后启动，主轴电动机停止后，才允许油泵电动机停止，实现这种控制功能的电路就是顺序控制电路。在生产实践中，根据生产工艺的要求，经常要求各种运动部件之间或生产机械之间能够按顺序工作。顺序控制可以通过主电路实现，也可以通过控制电路实现。

二、主电路实现顺序控制

主电路实现顺序控制的电路如图 1-63 所示。其特点是将电动机 M2 的主电路接在 KM1 主触点的下面。

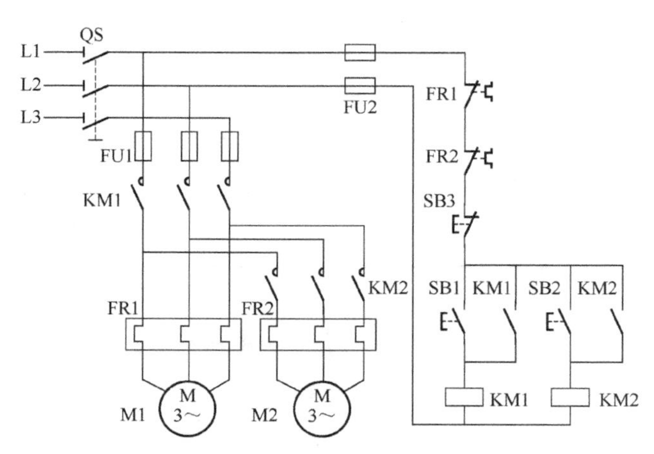

图 1-63　主电路实现顺序控制的电路

1．主电路实现顺序控制电气原理图的识读

电源为三相交流电源 L1、L2、L3；电源开关为刀开关 QS；用电设备为两台三相异步电动机。

控制过程中用到的低压元器件有接触器 KM1、KM2；热继电器 FR1、FR2；熔断器 FU1、FU2；控制回路控制开关 SB1、SB2、SB3。

在主电路实现顺序控制线路中，主电路利用 FU1 作主回路的短路保护；主回路 M1 的控制开关为 KM1、主回路 M2 的控制开关为 KM2；热继电器 FR1、FR2 的发热元件分别串联在主回路 M1、M2 中，检测主回路工作电流是否过载。

控制电路利用 FU2 作控制回路的短路保护；将热继电器的常闭触点串联在控制回路中，达到过载保护的目的，FR1 和 FR2 串联，使得 M1、M2 无论哪台电动机过载，整个系统都不能正常工作。选择按钮作控制回路的主令开关，其中常闭按钮 SB3 串联在电路中，作停止按钮；常开按钮 SB1、SB2 串联在电路中，分别作 M1、M2 的启动按钮；并联在启动按钮 SB1、SB2 两端的接触器的辅助常开触点 KM1、KM2，起到自锁作用，保证接触器线圈的带电状态是持续的。

2．分析线路的工作过程

（1）正常工作情况下的控制过程分析。

① 闭合电源开关 QS。

② 启动控制。

按下启动按钮SB1→KM1线圈得电→KM1主触点闭合→电动机M1启动运行。
KM1线圈得电→KM1辅助触点闭合→电动机M1启动运行。

电动机M1启动运行后→按下启动按钮SB2→KM2线圈得电→KM2主触点闭合→电动机M2运转。
KM2线圈得电→KM2辅助触点闭合→电动机M2运转。

如果 M1 不启动，即使按下 SB2，电动机 M2 也不能启动，因为 KM2 的主触点接在接触器 KM1 主触点的下面，这样就保证了只有当 KM1 主触点闭合、电动机 M1 启动运转后，M2 才可能接通电源运转。

③ 停止过程控制。

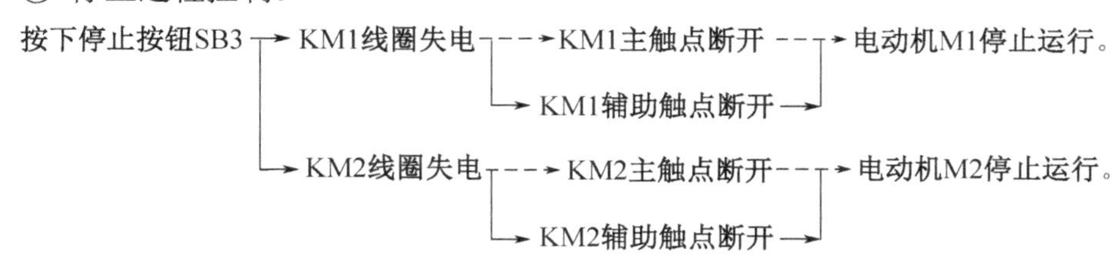

④ 断开电源开关 QS。

（2）故障情况下保护过程分析。

① 短路保护。

当主电路中有短路故障发生时，FU1 熔断，断开主回路，实现保护。当控制电路中有短路故障发生时，FU2 熔断，KM 线圈失电，KM 断开主回路，实现保护。

② 失压、欠压保护。接触器自锁控制线路不但能使电动机连续运转，而且运行过程中，用 KM 作控制开关，因此，电路具有失压、欠压保护功能。

③ 过载保护。热继电器 FR1、FR2 的发热元件分别串联在主回路中，检测 M1、M2 主回路工作电流是否过载，其常闭触点串联在控制回路中，如果电动机正常工作，热继电器不动作，此触点不影响控制回路的工作，一旦 M1、M2 任意一台电动机出现过载状态，热继电器 FR1 或 FR2 动作，其常闭触点断开，使接触器 KM1、KM2 线圈失电，电动机 M1、M2 停转，起到过载保护的作用。

三、控制电路实现顺序控制

图 1-64 所示为实际应用过程中的两台电动机。M1 是油泵电动机，M2 是主轴电动机。要求对两台电动机实现顺序控制。

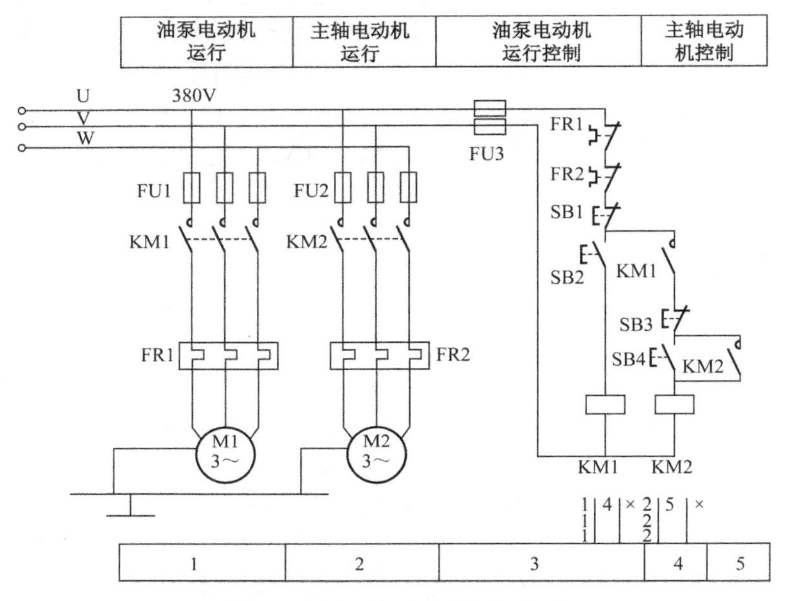

图 1-64　控制电路实现顺序控制

1. 控制系统中用到的低压元器件

（1）主电路。利用 FU1、FU2 分别作油泵电动机主回路、主轴电动机主回路的短路保护；KM1、KM2 分别作两条主回路的控制开关；FR1、FR2 热继电器的发热元件分别串联在两条主回路中检测工作电流是否过载。

（2）控制电路。利用 FU3 作控制回路的短路保护；将 FR1、FR2 热继电器的常闭触点串联在控制回路中，达到过载保护的目的；选择常闭按钮 SB1 为两台电动机同时停止按钮；常开按钮 SB2 为油泵电动机启动按钮，并联在启动按钮 SB2 两端的接触器 KM1 的辅助常开触点，在这个电路中有两方面的作用，一是自锁，二是实现对主轴电动机的顺序控制；常闭按钮 SB3 为主轴电动机单独停止按钮；常开按钮 SB4 为主轴电动机启动按钮；并联在启动按钮 SB4 两端的接触器 KM2 的辅助常开触点是自锁触点。

2. 分析线路的工作过程

（1）正常工作情况下的控制过程分析。当电动机 M1、M2 需要启动时，先关闭低压断路器 QF，引入电源，此时电动机 M1、M2 尚未接通电源。按下启动按钮 SB2，接触器 KM1

的线圈得电，使衔铁吸合，同时带动接触器 KM1 的三对主触点及一对常开辅助触点闭合，电动机 M1 便接通电源启动运转，同时常开辅助触点闭合后，自锁 SB2，M1 连续运行，在此条件下，按下启动按钮 SB4，接触器 KM2 的线圈得电，使衔铁吸合，同时带动接触器 KM2 的三对主触点及一对常开辅助触点闭合，电动机 M2 便接通电源启动运转，KM2 常开辅助触点自锁 SB4，M2 连续运行。否则，在没有启动 M1 的条件下，按下 SB4 时，由于 SB1、KM1 辅助常开触点均处于断开状态，KM2 的线圈不能通电，无法使 M2 启动运行，由此可知，M2 要通电运行的前提条件是必须保证 M1 已通电运行。

控制电路中当电动机需要停转时，可以有以下两种停止方式。

第一种控制方式：两台电动机逆序停止，按下停止按钮 SB3，使接触器 KM2 的线圈失电，电动机 M2 失电停转，M1 可以继续运行，若要停止 M1，按下 SB1 即可。

第二种控制方式：两台电动机同时停止，按下停止按钮 SB1，则接触器 KM1、KM2 的线圈同时失电，电动机 M1、M2 同时停止运行。

两台电动机顺序控制线路的工作原理如下。

① 闭合电源开关 QF。

② 启动过程控制。

按下启动按钮SB2→KM1线圈得电→KM1主触点闭合→电动机M1启动运行。
松开SB2→KM1自锁
KM1辅助触点闭合
M1启动后→按下启动按钮SB4→KM2线圈得电→KM2主触点闭合→电动机M2启动运行。
松开SB4→KM2自锁
KM2辅助触点闭合

③ 停止过程控制。

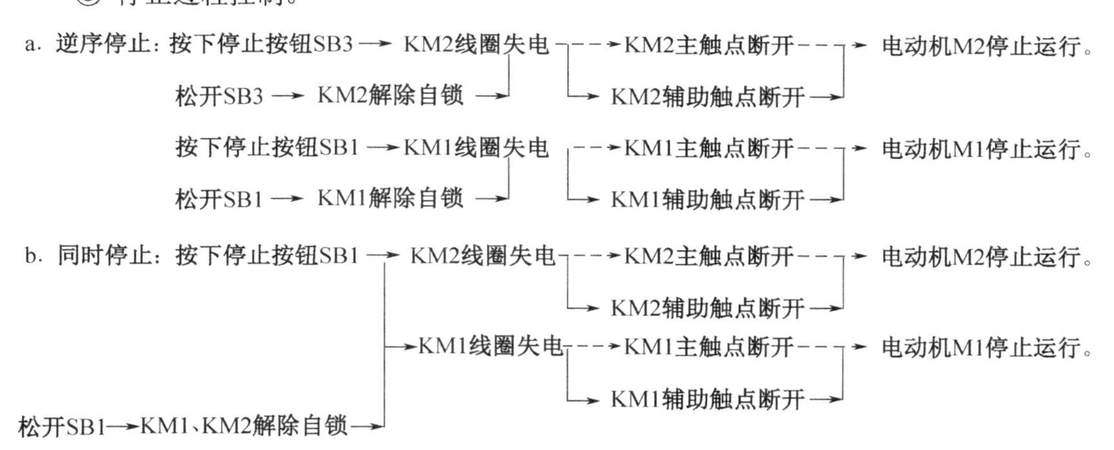

④ 断开电源开关 QF。

（2）故障情况下保护过程分析。

① 短路保护。当 M1 主电路中有短路故障发生时，FU1 熔断，断开 M1 主回路，实现保护。当 M2 主电路中有短路故障发生时，FU2 熔断，断开 M2 主回路，实现保护。当控制电路中有短路故障发生时，FU3 熔断，KM1、KM2 线圈失电，KM1、KM2 主触点断开主回路，M1、M2 停转，实现保护。

② 失压、欠压保护。接触器自锁控制线路不但能使电动机连续运转，而且运行过程中，用 KM1、KM2 作控制开关，因此，电路具有失压、欠压保护功能。

③ 过载保护。热继电器 FR1、FR2 的发热元件分别串联在主回路中，检测 M1、M2 主回路工作电流是否过载，其常闭触点串联在控制回路中，如果电动机正常工作，热继电器不动作，此触点不影响控制回路的工作，一旦任意一台电动机出现过载状态，其对应热继电器动作，常闭触点断开，使接触器 KM1、KM2 线圈同时失电，电动机停转，起到过载保护的作用。

四、顺序启动逆序停止控制线路

如图 1-65 所示，M1、M2 分别是 CA6140 卧式车床的主轴电动机和冷却泵电动机的顺序控制电路。在控制上要求：启动时，只有主轴电动机启动后，才可以让冷却泵电动机运行。停止时，要求冷却泵电动机先停，主轴电动机后停，冷却泵电动机不停，主轴电动机不能停。

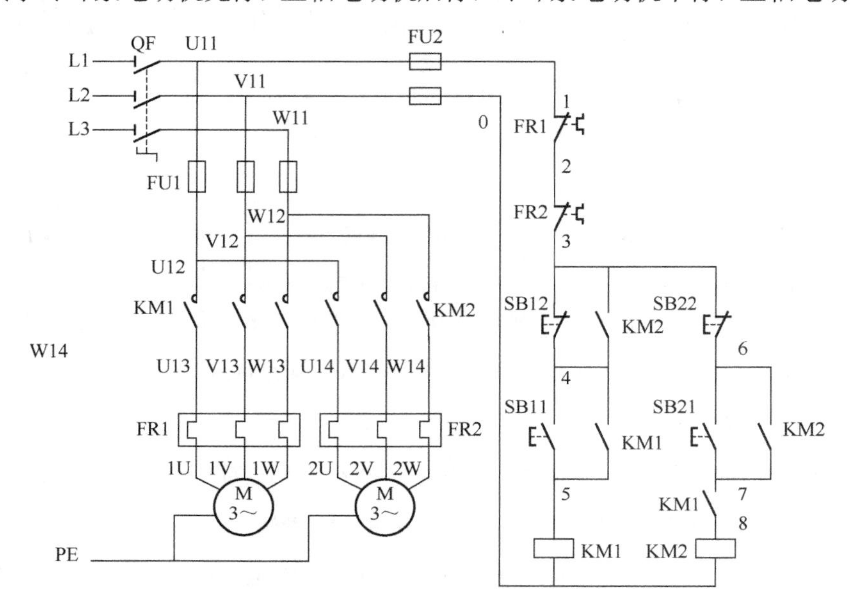

图 1-65 顺序启动逆序停止

1. 控制系统中用到的低压元器件

（1）主电路。利用 FU1 作主回路的短路保护；KM1、KM2 分别作两条主回路的控制开关；FR1、FR2 热继电器的发热元件分别串联在两条主回路中，检测主回路工作电流是否过载。

（2）控制电路。利用 FU2 作控制回路的短路保护；将 FR1、FR2 热继电器的常闭触点串联在控制回路中，达到过载保护目的。选择按钮 SB12 为主轴电动机停止按钮，按钮 SB22 为冷却泵电动机停止按钮；常开按钮 SB11 为主轴电动机启动按钮，SB21 为冷却泵电动机启动按钮。并联在启动按钮 SB11、SB21 两端的接触器 KM1、KM2 的辅助常开触点，起到自锁的作用；串联在 7、8 两点间的 KM1 常开触点，实现主轴电动机和冷却泵电动机之间的顺序控制；并联在停止按钮 SB12 两端的接触器 KM2 的辅助常开触点是互锁触点，用来实现主轴电动机和冷却泵电动机之间的逆序停止。

2．分析线路的工作过程

（1）正常工作情况下的控制过程分析。

① 闭合电源开关 QF。

② 启动过程控制。

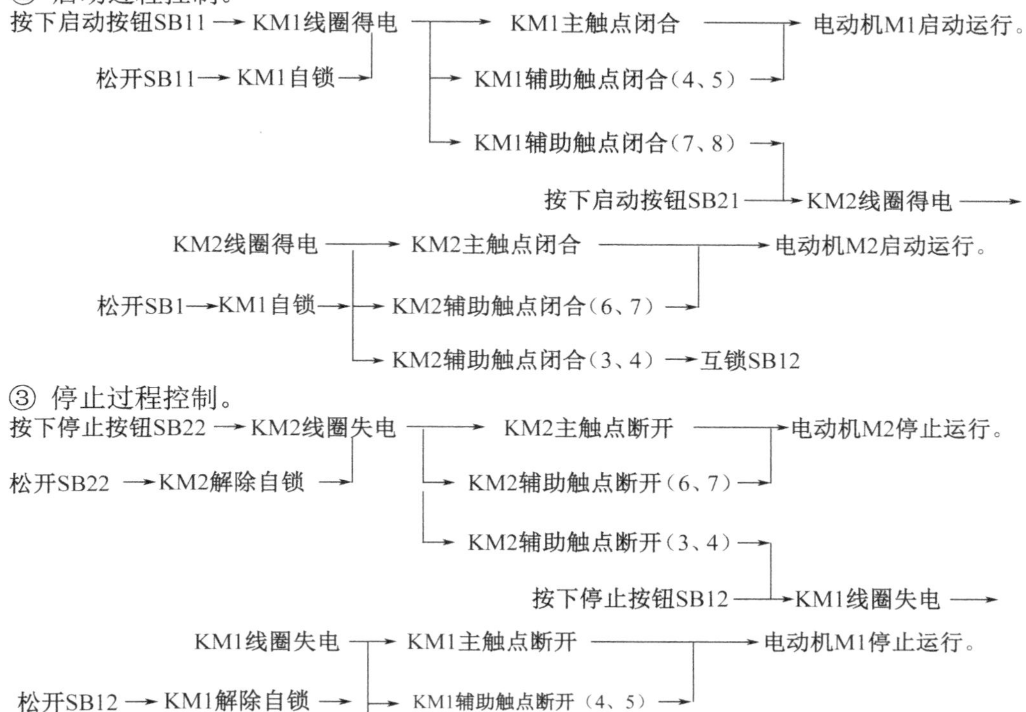

④ 断开电源开关 QF。

（2）故障情况下保护过程分析。

① 短路保护。当 M1 或 M2 主电路中有短路故障发生时，FU1 熔断，断开 M1 或 M2 主回路，实现保护。当控制电路中有短路故障发生时，FU2 熔断，KM1、KM2 线圈失电，KM1、KM2 主触点断开主回路，M1、M2 停转，实现保护。

在图 1-64 中，M1、M2 的短路保护是分别通过两组熔断器 FU1、FU2 来实现的，而在图 1-65 中，M1、M2 的短路保护是共用一组熔断器 FU1 来实现的，这是因为图 1-64 中用电设备 M1、M2 容量相差过大，在同一电源下用电时，电流就会差很多，对大容量设备而言的正常电流，可能会比小容量设备的短路电流还要大，因此，两台设备必须根据各自的情况分别考虑短路保护。图 1-65 中的用电设备，则由于容量相差不大，在短路保护特性上有相同的保护要求，可以共用一组熔断器作为短路保护装置。

② 失压、欠压保护。接触器自锁控制线路不但能使电动机连续运转，而且运行过程中，用 KM 作控制开关，因此，电路具有失压、欠压保护功能。

③ 过载保护。热继电器 FR1、FR2 的发热元件分别串联在主回路中，检测 M1、M2 主回路工作电流是否过载，其常闭触点串联在控制回路中，如果电动机正常工作，热继电器不动作，此触点不影响控制回路的工作，一旦任意一台电动机出现过载状态，其对应热

继电器动作，常闭触点断开，使接触器 KM1、KM2 线圈同时失电，电动机停转，起到过载保护的作用。

五、顺序控制电路的安装

（1）阅读原理图。明确原理图中的各种元器件的名称、符号、作用，理清电路图的工作原理及其控制过程。

注意，电气原理图中逆序停止的控制是在线路中的 SB12 的两端并接了接触器 KM2 的常开辅助触点，从而实现了 M1 启动后 M2 才能启动；而 M2 停止后，M1 才能停止的控制要求，M1、M2 是顺序启动，逆序停止。

（2）选择元器件。按元件明细表配齐电气元件，并进行检验。

CA6140 车床中主轴电动机、冷却泵电动机顺序控制线路元件明细表如表 1-46 所示。

表 1-46　顺序控制线路元件明细表

代号	名称	型号	规　　格	数量
M1	三相异步电动机	Y112M-4	4kW、380V、△接法、8.8A、1440r/min	1
M2	三相异步电动机	Y90S-2	1.5kW、380V、Y 接法，3.4A　2845r/min	1
QS	组合开关	HZ10-25/3	三相、额定电流为 25A	1
KM1	接触器	CJ20-16	16A、线圈电压为 380V	1
KM2	接触器	CJ20-16	16A、线圈电压为 380V	1
FR1	热继电器	JR36-20/3D	20A，整定电流为 8.8A、断相保护	1
FR2	热继电器	JR36-20/3	20A，整定电流为 3.4A	1
SB11—SB22	按钮	LA18-3H	保护式、按钮数为 3	2
FU1	熔断器	RT14-32/32	380V、32A、熔体为 32A	3
FU2	熔断器	RT14-20/2	380V、20A、熔体为 2A	2
XT1	端子板	TB1512	690V、10A、10 节	2
导线	主电路	BV-1.5	1.5mm^2	若干
导线	控制电路	BV-1.0	1.0mm^2	若干
导线	按钮线	BVR-0.75	0.75mm^2	若干

所有电气控制器件，至少应具有制造厂的名称或商标、型号或索引号、工作电压性质和数值等标志。若工作电压标志在操作线圈上，则应使安装在器件的线圈的标志是显而易见的。

安装接线前应对所使用的电器元件逐个进行检查。

（3）按控制电路的要求配齐工具，仪表，按照图纸设计要求选择导线类型、颜色及截面积等。

（4）安装电气控制线路。按照 CA6140 车床中主轴电动机、冷却泵电动机顺序控制线路的电气元件布置图，对所选组件（包括接线端子）进行安装接线，如图 1-66 所示。

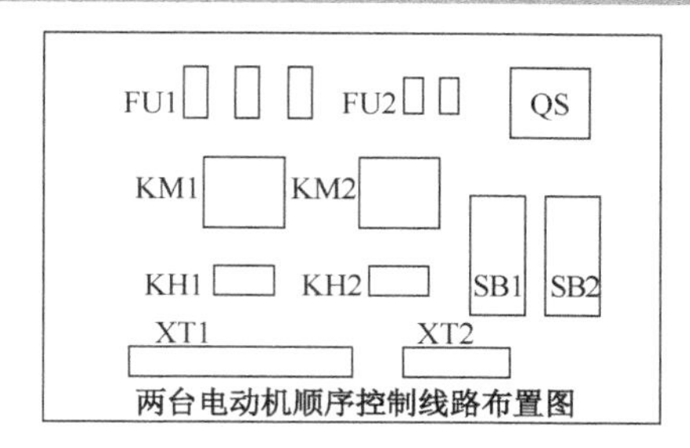

图 1-66　CA6140 车床主轴、冷却泵电动机控制线路电气元件布置图

按照接线图规定的位置将电气元件固定在安装网孔板（底板）上。元件之间的距离要适当，既要节省板面，又要方便走线和投入运行后的检修。

（5）按照 CA6140 型车床中主轴电动机、冷却泵电动机顺序控制线路的安装接线图进行布线，如图 1-67 所示。

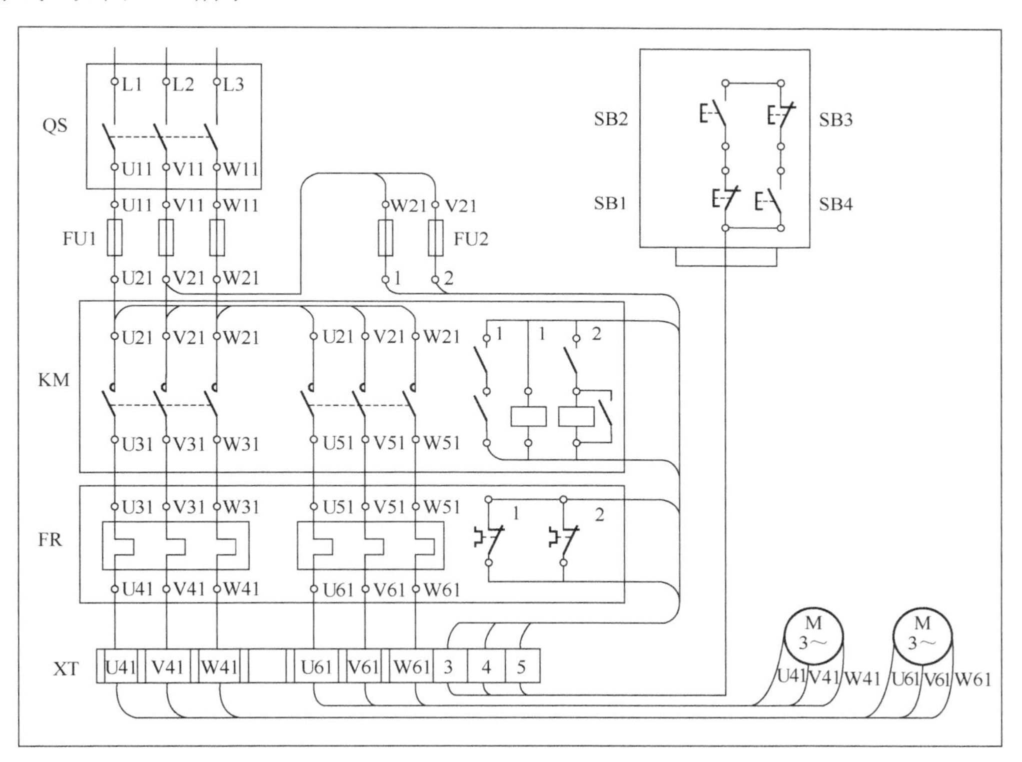

图 1-67　CA6140 车床主轴、冷却泵电动机控制线路安装接线图

（6）检查线路。连接好的控制线路必须经过认真检查后才能通电调试，检查线路应按以下步骤进行。

① 对照电气原理图、电气安装接线图，从电源开始逐段核对端子接线的线号是否正确。

② 万用表导通法检查。

a．控制电路的检查。可将表笔分别搭在 U11、V11 线端上，读数应为“∞”。按下 SB2 时，万用表读数应为接触器线圈的直流电阻值，按下 SB1，万用表读数应为“∞”，再同时按下 KM1 的试验按钮，万用表读数应为接触器线圈的直流电阻值。同时按下 SB2、SB4，万用表读数应为接触器线圈的直流电阻值。

b．自锁控制线路的控制电路检查。松开 SB2，按下 KM1 试验按钮，使其常开辅助触点闭合，万用表读数应为接触器线圈的直流电阻值。

c．检查顺序控制。同时按下 SB2 和 SB4，万用表读数为两个接触器线圈并联的直流电阻值。只按下主轴电动机启动按钮 SB4 时，万用表读数为“∞”。

d．停车控制检查。按下停止按钮 SB3，测得一个接触器线圈的直流电阻值，按下停止按钮 SB1，万用表读数由线圈的直流电阻值变为“∞”。

③ 检查主电路有无开路或短路现象。3 条主回路逐次进行测试检查，可用手动来代替接触器通电。

④ 用兆欧表检查线路的绝缘电阻应不小于 0.5MΩ。

（7）通电调试。为保证安全，通电调试必须在指导教师的监护下进行。调试前应做好准备工作，包括清点工具；清除安装底板上的线头杂物；装好接触器的灭弧罩；检查各组熔断器的熔体；分断各开关，使按钮、行程开关处于未操作前的状态；检查三相电源是否对称等。

① 空操作试验。

② 带负荷调试。

（8）通电试车完毕，停转，切断电源。先拆除三相电源线，再拆除电动机线。

（9）顺序控制电路常见故障及维修方法，如表 1-47 所示。

表 1-47　顺序控制电路常见故障及维修方法

常见故障	故障原因	维修方法
KM1 不能实现自锁	（1）KM1 的辅助触点接错 （2）KM1 常开和 KM2 常开位置接错	（1）重新连接触点 （2）正确连接 KM1 与 KM2 的触点
不能实现顺序启动，可以先启动 M2	KM1 的互锁触点接错或未接	在 KM2 控制电路中接入 KM1 互锁触点
不能顺序停止，KM1 能先停止	（1）SB1 上并接的 KM2 常开触点未接 （2）SB1 上并接的 KM2 辅助触点接成了常闭触点	（1）在 SB1 两端并联 KM2 常开触点 （2）将 SB1 上并联的常闭触点改接为常开触点
SB1 不能停止	SB1 两端并接的不是 KM2 的常开触点而是 KM1 的常开触点	将 SB1 两端并接的 KM1 的常开触点改接为 KM2 的常开触点

知识链接 2　电动机控制线路的调试方法

一、调试报告

（1）在调试前，需要先根据调试的实际情况，出具调试报告。调试报告包括以下内容。

① 记录调试设备名称、位置；参加调试人员名单；试验日期等。

② 工具、材料清单，如万用表、钳形电流表、导线、调压器等。

③ 试验中有关图样、资料及加工工件的毛坯。

④ 列出调试步骤。

（2）在调试后，应根据调试具体情况，完善调试报告。

① 记录调试中出现的问题、解决方法及更换的元器件。

② 记录调试中所有测量的电气参数。

③ 调试过程中更改的元器件或控制线路要记录入档，并反映到有关图样资料中去。

二、电动机控制线路的调试

电气控制线路的调试是生产机械设备在正式投入运行之前的必经步骤。具体要求如下。

（1）调试前的准备工作。调试前必须熟悉各电气设备和整个电气控制线路的功能。

（2）调试前的检查工作。调试前应检查以下几方面内容。

① 根据电气控制原理图、电气元件布置图和电气安装接线图检查各电气元件的安装位置是否正确，外观有无损伤；触点接触是否良好；配线导线的规格、颜色选择是否符合要求；柜内和柜外的接线是否正确、接线的各种具体要求是否达到；电动机有无卡阻现象；各种操作、复位机构动作是否灵活；保护电器的整定值是否符合要求；各种指标和信号装置是否按要求发出指定信号等。

② 用兆欧表检查电动机和连接导线的绝缘电阻，应分别符合各自绝缘电阻值要求，如连接导线的绝缘电阻大于0.5MΩ，电动机的绝缘电阻大于0.5MΩ等。

③ 在其他操作人员与技术人员的配合下，检查各电气元件的动作是否符合设计和生产工艺要求。

④ 检查各主令电气，如控制按钮、行程开关等电气元件是否处于原始位置；调速装置的手柄是否处于最低速位置等。

（3）调试注意事项。

① 调试人员在调试前应熟悉生产机械的结构、操作规程和电气控制线路的工作要求。

② 通电时，先接通主电源；断电时，顺序恰好相反。

③ 通电后，注意观察各种生产机械设备、电气元件等的动作情况，随时做好停车准备，以防意外事故发生。如有异常，应立即停车，待原因查明并处理后方可继续通电，未查明原因不能强行送电。

（4）调试步骤及方法。

① 空操作试车。

断开主电路，接通电源开关，使控制电路空操作，检查控制电路的工作情况，如按钮对继电器、接触器等自动电器的控制作用，自锁、联锁环节的功能能否实现，急停器件的动作是否灵活、可靠及行程开关的控制作用是否符合要求，时间继电器的延时时间是否整定等。如有异常，应随时切断电源，检查原因并处理故障。

② 空载试车。在空操作试车成功的基础上，接通主电路即可进行空载试车。此时应首先点动检查各电动机的转向及转速是否符合电动机铭牌要求；然后调整好保护电气的整定值，检查指示信号和照明灯的完好性等。

③ 带负荷试车。在空操作试车和空载试车成功之后，即可进行带负荷试车。此时，在正常的工作条件下，验证电气设备所有部件运行的正确性，特别是验证在电源中断和恢复时对人身和设备的影响。并进一步观察机械设备的动作和电气元件的动作是否符合原始设计要求；调整行程开关的位置及运动部件的位置；对需要整定参数的电气元件的整定值作

进一步的检查和调整。

知识链接 3 电动机控制线路的故障检修

一、电气故障的分类

各种生产机械设备在运行中出现故障是难以避免的，严重时还会引发事故。这些故障通常可分为以下两大类。

（1）有明显的外部特征：如电动机、变压器、电磁铁及接触器或继电器的线圈过热冒烟等。在排除此类故障时，不仅要更换损坏的电动机、电气元件，而且还必须查找和处理造成该类故障的原因。

（2）没有明显的外部特征：这类故障最常见的是在控制电路中由于电气元件调整不当、动作失灵、小零件损坏、导线断裂、开关击穿等原因引起的，常出现在机床电气设备中。由于没有外部特征，因此需要花费很长的时间去查找故障部位，有时还需动用相关测量仪表才能找出故障原因，进而进行调整和修复，使电气设备恢复正常运行。

为此，须正确掌握分析判断故障现象。当生产机械设备发生电气故障后，不能再通电试车或盲目动手检修。通过观察法来了解故障成因，是实施正确的维护、维修的必由之路。特别注意，了解故障前后的操作情况和故障发生后出现的异常现象，以便根据故障现象判断出故障发生的部位，进而准确地排除故障。

二、电气控制线路故障的检查和分析方法

1. 直观检查法

直观检查法是根据故障的外部表现来判断故障的一种检查方法。其执行步骤如下。

（1）调查故障情况，包括询问故障发生的全过程；对故障现象的描述；发生故障时，设备工作在什么工作顺序，按动了哪个按钮，扳动了哪个开关；故障发生前后，设备有无异常现象（如响声、气味、冒烟或冒火等）；以前是否发生过类似的故障，是怎样处理的等。

（2）仔细观察电气设备及电气元件外部有无损坏、连线是否断线或松脱、绝缘有无明显烧焦或击穿痕迹、熔断器的熔体有无熔断、电器有无进水、行程开关位置是否正确、时间继电器的整定值是否符合要求等。

（3）观察线路接线是否牢固，有无烧焦、变形情况，周围环境有无油漆、机油高温挥发或塑料、橡胶烧煳的气味等。

（4）用手摸电气元件发热情况，估计线路的温度是否正常。弹压活动部件是否能够活动自如。

（5）通过上述初步的外观检查后，确认故障不会再扩大，方可进行初步试车。通电后，感受设备有无异常振动，检查电动机、变压器和有些电气元件在运行时声音是否正常。通电时，如有严重跳火、冒火、异常气味、异常声音时，应立即停车。

根据调查结果，参考该电气设备的电气原理图进行分析，初步判断出故障产生的部位，然后逐步缩小故障范围，直至找到故障原因并加以消除。

例如，工作过程中一台电动机温升异常或烧毁，通过直观检查法对电动机故障原因进行判断。

在切断电动机电源的条件下，观察电动机与热继电器外观及铭牌，判断用电过程中有无线路烧焦的味道，向现场的操作人员询问电动机的工作时间、带负载情况，用手背轻触电动机外壳估计温度。然后接通电源，观察电动机运转情况及运行过程中的噪声，根据以上故障现象，综合判断故障原因。

一般情况下，电气控制线路中故障原因可以考虑：电源故障，如无电源、电源电压、频率出现波动、电源缺相、相序改变、交直流混淆等；用电电路出现故障，如电路断线、短路、部分短接、接地、接线错误等；电气元件故障，如过热烧毁、电气绝缘击穿、性能不稳等。

进行故障原因分析时，将直观检查过程中获取的信息用于判断故障原因，电动机过热甚至烧毁的直接原因是电动机长期通过大电流，电动机发热超过所用绝缘材料等级发热允许值，导致故障。进一步分析可知，电动机工作时，出现大电流的可能情况有电动机长期过载运行、热继电器的规格不符或自身故障、机械故障、运动部件润滑不良、摩擦阻力过大、运行过程中缺相等，结合本次故障现象，确定故障原因，针对故障原因，采取相应改进措施，保证用电设备能够正常、安全工作。

2. 断电检查

检查前先断开机床总电源，然后根据故障可能产生的部位，逐步找出故障原因。检查时应先检查电源线进线处有无碰伤而引起的电源接地、短路等现象，螺旋式熔断器的熔断指示器是否跳出，热继电器是否动作。然后检查电气外部有无损坏，连接导线有无断路、松动，绝缘有无过热或烧焦。

3. 通电试验法

在检查故障时，经外观检查未发现故障原因，可根据故障现象，结合电路图分析可能出现的故障部位，在不扩大故障范围、不损伤电气元件和生产机械设备的前提下，进行直接通电试验，以分清故障可能是在电气部分还是在机械设备等其他部分，是电动机本身的原因还是电气元件的原因，是在主电路上还是在控制电路上等。一般情况下先检查控制电路，具体做法为：操作某个按钮或控制开关时，发现动作不正确，表明该电气元件或相关电路有问题。再在该电路中进行逐项分析和检查，即可发现故障原因。只有当控制电路的故障排除恢复正常后，才可接通主电路，检查控制电路对主电路的控制作用，观察主电路的工作情况是否正常等。若发现某一电器动作不符合要求，即说明故障范围在与此电器有关的电路中。然后在这一部分故障电路中进一步检查，便可找出故障原因。

在通电检查时，必须注意人身和设备的安全。严格遵守安全操作规程，不得随意碰触导电部位，要尽可能切断主电路电源，只在控制电路通电的情况下进行检查；如需电动机运转，则应使电动机与机械传动部分脱开，使电动机在空载下运行，这样不但减小了试验电流，同时也避免了机械设备的运转部分发生误动作和碰撞，进而避免故障扩大。在检修时应预先估计到局部线路动作后可能产生的不良后果。

4．测量法

测量法是找出故障原因的基本、可靠和有效的方法，在实际应用中分为电压检查法和电阻检查法。

（1）电压检查法。电压检查法是利用电压表或万用表的交流电压挡对线路进行通电测量，是查找故障原因的有效方法。电压检查法有电压分段测量法和电压分阶测量法两种。

① 电压分段测量法。测量电路如图 1-68（a）图所示。

测量检查时，将万用表拨到交流电压 500V 的挡位上。首先用万用表测量 0～1 之间的电压，若电压为 380V，则说明控制电路的电源电压正常，熔断器 FU 也完好。然后，按下启动按钮 SB3 或 SB4，若接触器 KM 不吸合，则说明控制电路有故障。这时在按下 SB3 或 SB4 的情况下，可用万用表的红、黑两根表笔逐段测量相邻两点 1～2、2～3、3～4、4～5、5～0 之间的电压，正常情况应当为 0V、0V、0V、0V 和 380V，根据测量结果即可找出故障原因。

② 电压分阶测量法。测量电路如图 1-68（b）图所示。

测量检查时，首先将万用表拨到交流电压 500 V 的挡位上，断开主电路，接通控制电路的电源。若按下启动按钮 SB3 或 SB4 时，接触器 KM 不吸合，则说明控制电路有故障。检查时，先用万用表测量 0～1 两点之间的电压。若电压为 380 V，则说明控制电路的电源电压正常。然后按下按钮 SB3 不放，将黑表笔接到 0 点上，将红表笔依次接到 2、3、4、5 各点上，分别测量出 0～2、0～3、0～4、0～5 之间的电压，正常情况下，均应为 380V，根据测量结果即可找出故障原因。

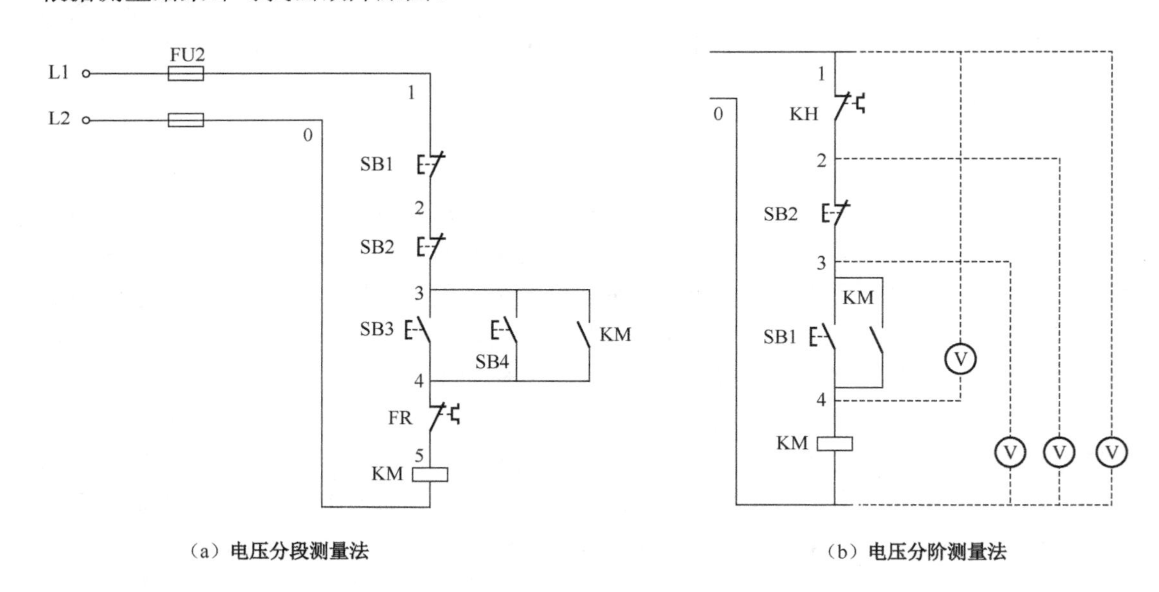

（a）电压分段测量法　　（b）电压分阶测量法

图 1-68　电压检查法

例如，控制电路如图 1-68（b）所示，利用电压分阶测量法进行故障原因判断，测得结果如表 1-48 所示，试判断故障原因。

表 1-48　电压分阶法测量结果

故障现象	0～2	0～3	1～4	故障原因
按下 SB1，KM 不吸合	0	X	X	KH 常闭触点接触不良
	380V	0	X	SB2 常闭触点接触不良
	380V	380V	0	KM 线圈断路
	380V	380V	380V	SB1 接触不良

（2）电阻检查法。电阻检查法是利用万用表的电阻挡对线路进行断电测量。电阻检查法有电阻分阶测量法和电阻分段测量法两种。

① 电阻分阶测量法。电阻分阶测量法电路如图 1-69（a）所示。

测量检查时，首先将万用表的转换开关置于合适的电阻挡。测量电阻值时要断开电源。按下启动按钮 SB2 不放，用万用表依次测量 0～1、0～2、0～3、0～4 各点间电阻值，正常情况下，阻值相同，且为线圈的阻值(有限值)，根据测量结果可找出故障原因。

例如，控制电路如图 1-69（a）所示，利用电阻分阶法进行故障原因判断，测得结果如表 1-49 所示，试判断故障原因。

表 1-49　电阻分阶法测量结果

故障现象	1～2	1～3	0～4	故障原因
按下 SB1，KM 不吸合	∞	X	X	KH 常闭触点接触不良
	0	∞	X	SB2 常闭触点接触不良
	0	0	∞	KM 线圈断路
	0	0	R	SB1 接触不良

② 电阻分段测量法。测量电路如图 1-69（b）所示。

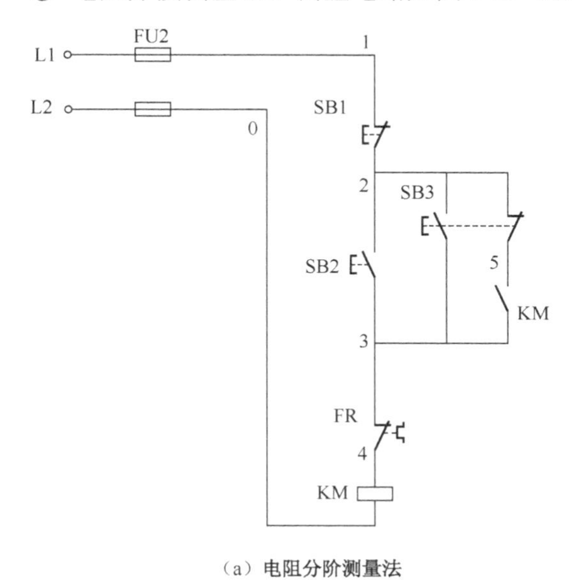

（a）电阻分阶测量法

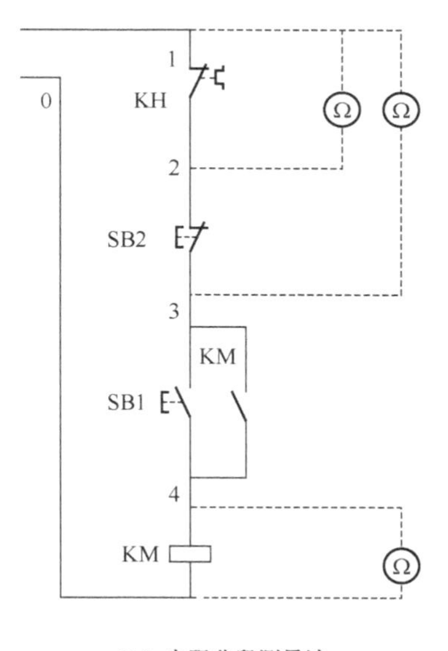

（b）电阻分段测量法

图 1-69　电阻检查法

首先切断电源，然后按下启动按钮 SB2 或 SB3 不放，将万用表的转换开关置于合适的电阻挡，用万用表的红、黑表笔逐段测量相邻两点1～2、2～3、3～4、4～5、5～0之间的电阻。如果测得某两点间电阻值很大（∞），则说明该两点间触点接触不良或导线脱落。

电阻分段测量法的优点是安全；缺点是测量电阻值不准确时容易造成判断错误，为此应注意以下几点。

（1）用电阻分段测量法检查故障时，一定要先切断电源。

（2）所测量电路若与其他电路并联，必须先断开并联电路，否则所测电阻值不准确。

（3）测量高电阻电气元件时，要将万用表的电阻挡转换到适当挡位。

三、电气控制线路故障的检修步骤

（1）观察故障现象，故障现象是检修电气故障的基本依据，是电气故障检修的起点，因而要对故障现象进行仔细观察、分析，找出故障现象中最主要的、最典型的方面，弄清故障发生的时间、地点、环境等。

（2）根据故障现象依据原理图找到故障发生的部位及故障发生的回路，并尽可能缩小故障范围。并根据故障部位找出故障原因。找出故障原因是检修的难点和重点。

（3）根据故障原因的不同情况，采用正确的检修方法排除故障。

（4）通电空载校验或局部空载校验。

（5）确定故障已排除，正常投入运行。

技能实训

一、资讯

根据工作任务要求，各工作小组通过工作任务单、引导文及参考文献，查阅资料获取工作任务相关信息，熟悉顺序控制线路不同的实现方案。

二、制订工作计划

各组讨论完成工作任务所需步骤及任务具体分解。

（1）根据工作任务要求填写所用电工工具及电工仪表。

（2）根据顺序控制线路电气原理图完成元件明细表。

（3）填写工作计划表。

三、讨论决策

各小组绘制某车床顺序启动、逆序停止控制线路的电气控制系统图并讨论方案可行性。

四、工作任务实施

1．顺序控制线路的安装

在规定时间内能正确安装电路，且调试运转成功。在安装过程中体会原理图、接线图、电气元件布置图之间的联系，并分析各自的优点。

2．技术方案的编写

五、工作任务完成情况考核

根据任务完成情况填写表 1-50。

表 1-50　工作任务考核表

<table>
<tr><td colspan="4" rowspan="3">考核评比项目的内容</td><td colspan="5">项目分值</td></tr>
<tr><td rowspan="2">配分</td><td colspan="4">得分</td></tr>
<tr><td>自查</td><td>互查</td><td>教师评分</td><td>综合得分</td></tr>
<tr><td rowspan="26">专业能力60%</td><td colspan="2" rowspan="3">安装前准备与检查</td><td>元器件和工具、仪表准备数量是否齐全</td><td>2 分</td><td></td><td></td><td></td><td></td></tr>
<tr><td>电动机质量检查</td><td>3 分</td><td></td><td></td><td></td><td></td></tr>
<tr><td>电气元件漏检或错检</td><td>5 分</td><td></td><td></td><td></td><td></td></tr>
<tr><td rowspan="14">工作过程</td><td rowspan="3">安装元件</td><td>安装的顺序安排是否合理</td><td>2 分</td><td></td><td></td><td></td><td></td></tr>
<tr><td>工具的使用是否正确、安全</td><td>4 分</td><td></td><td></td><td></td><td></td></tr>
<tr><td>电器、线槽的安装是否牢固、平整、规范</td><td>2 分</td><td></td><td></td><td></td><td></td></tr>
<tr><td rowspan="6">布线</td><td>不按电路图接线</td><td>5 分</td><td></td><td></td><td></td><td></td></tr>
<tr><td>布线不符合要求</td><td>2 分</td><td></td><td></td><td></td><td></td></tr>
<tr><td>接点松动、露铜过长、压绝缘层、反圈等</td><td>5 分</td><td></td><td></td><td></td><td></td></tr>
<tr><td>漏套或错套编码套管</td><td>1 分</td><td></td><td></td><td></td><td></td></tr>
<tr><td>漏接接地线</td><td>1 分</td><td></td><td></td><td></td><td></td></tr>
<tr><td>导线的连接是否能够安全载流、绝缘是否安全可靠、放置是否合适</td><td>3 分</td><td></td><td></td><td></td><td></td></tr>
<tr><td rowspan="4">通电试车</td><td>电动机接线是否正常</td><td>2 分</td><td></td><td></td><td></td><td></td></tr>
<tr><td>第一次试车不成功</td><td>4 分</td><td></td><td></td><td></td><td></td></tr>
<tr><td>第二次试车不成功</td><td>2 分</td><td></td><td></td><td></td><td></td></tr>
<tr><td>第三次试车不成功</td><td>2 分</td><td></td><td></td><td></td><td></td></tr>
<tr><td colspan="2" rowspan="9">工作成果的检查</td><td>线槽是否平直、牢靠，接头、拐弯处是否处理平整美观</td><td>3 分</td><td></td><td></td><td></td><td></td></tr>
<tr><td>电器安装位置是否合理、规范</td><td>2 分</td><td></td><td></td><td></td><td></td></tr>
<tr><td>环境是否整洁干净</td><td>1 分</td><td></td><td></td><td></td><td></td></tr>
<tr><td>其他物品是否在工作中遭到损坏</td><td>1 分</td><td></td><td></td><td></td><td></td></tr>
<tr><td>整体效果是否美观</td><td>2 分</td><td></td><td></td><td></td><td></td></tr>
<tr><td>整定值是否正确，是否满足工艺要求</td><td>1 分</td><td></td><td></td><td></td><td></td></tr>
<tr><td>熔断器的熔体配置是否正确</td><td>1 分</td><td></td><td></td><td></td><td></td></tr>
<tr><td>是否在定额时间内完成</td><td>2 分</td><td></td><td></td><td></td><td></td></tr>
<tr><td>安全措施是否科学</td><td>2 分</td><td></td><td></td><td></td><td></td></tr>
</table>

续表

<table>
<tr><td colspan="3" rowspan="3">考核评比项目的内容</td><td colspan="5">项目分值</td></tr>
<tr><td rowspan="2">配分</td><td colspan="4">得分</td></tr>
<tr><td>自查</td><td>互查</td><td>教师评分</td><td>综合得分</td></tr>
<tr><td rowspan="13">综合能力40%</td><td rowspan="3">信息收集整理能力</td><td>收集和处理信息的能力</td><td>4分</td><td></td><td></td><td></td><td></td></tr>
<tr><td>独立分析和思考问题的能力</td><td>3分</td><td></td><td></td><td></td><td></td></tr>
<tr><td>完成工作报告</td><td>3分</td><td></td><td></td><td></td><td></td></tr>
<tr><td rowspan="2">交流沟通能力</td><td>安装、调试总结</td><td>3分</td><td></td><td></td><td></td><td></td></tr>
<tr><td>安装方案论证</td><td>3分</td><td></td><td></td><td></td><td></td></tr>
<tr><td rowspan="2">分析问题能力</td><td>线路安装调试基本思路、基本方法研讨</td><td>5分</td><td></td><td></td><td></td><td></td></tr>
<tr><td>工作过程中处理故障和维修设备</td><td>5分</td><td></td><td></td><td></td><td></td></tr>
<tr><td rowspan="3">深入研究能力</td><td>培养具体实例抽象为模拟安装调试的能力</td><td>3分</td><td></td><td></td><td></td><td></td></tr>
<tr><td>相关知识的拓展与提升</td><td>3分</td><td></td><td></td><td></td><td></td></tr>
<tr><td>车床的各种类型和工作原理</td><td>2分</td><td></td><td></td><td></td><td></td></tr>
<tr><td rowspan="2">劳动态度</td><td>快乐主动学习</td><td>3分</td><td></td><td></td><td></td><td></td></tr>
<tr><td>协作学习</td><td>3分</td><td></td><td></td><td></td><td></td></tr>
<tr><td colspan="8">强调项目成员注意安全规程及其工业标准
本项目以小组形式完成</td></tr>
</table>

学习情境 1.4　CA6140 车床电气控制电路的安装、调试与检修

学习目标

主要任务：通过 CA6140 车床电气控制线路的学习，熟悉继电接触控制系统在实际生产中的应用。了解整体用电系统和典型控制环节之间的关系；熟悉 CA6140 车床电气控制线路的分析方法和安装调试过程。

1．识读 CA6140 车床电气控制电路的原理图。

2．熟悉 CA6140 车床电气控制电路的安装和调试过程。

3．能对照 CA6140 车床电气控制电路的原理图、安装图分析典型故障。

4．综合利用所学知识解决实际问题。

工作任务单（NO.2-4）

图 1-70 所示为 CA6140 车床的电气原理图。

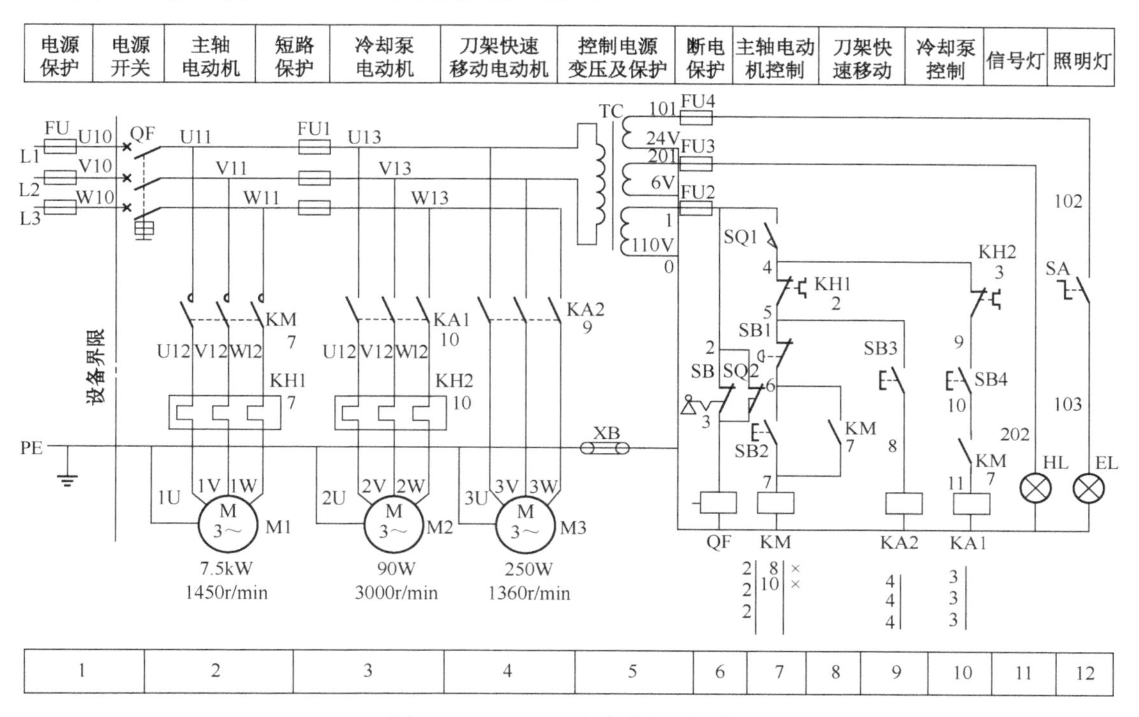

图 1-70　CA6140 车床电气原理图

CA6140 车床电力拖动控制要求如下。

（1）主轴的转动及刀架的移动由主拖动电机带动，主拖动电动机一般选用三相鼠笼式异步电动机，并采用机械变速。

（2）主拖动电机采用直接启动，启动、停止采用按钮操作，停止采用机械制动。

（3）为车削螺纹，主轴要求正/反转。CA6140 车床主轴正反转靠摩擦离合器来实现，电动机只作单向旋转。

（4）车削加工时，需用切削液对刀具和工件进行冷却。为此，设有一台冷却泵电动机，拖动冷却泵输出冷却液。

（5）冷却泵电动机与主轴电动机有着联锁关系，即冷却泵电动机应在主轴电动机启动后才可选择启动与否；而当主轴电动机停止时，冷却泵电动机立即停止。

（6）为实现溜板箱的快速移动，由单独的拖动，且采用点动控制。

针对 CA6140 车床的继电接触控制系统，按照提供的安装调试工作任务单，完成电气控制系统的安装调试。

二、引导文

需要学生查阅相关网站、产品手册、设计手册、电工手册、电工图集等参考资料完成引导文提出的问题。

（1）CA6140 车床的作用是什么？CA6140 车床主电路有哪几台电动机？

（2）主拖动电动机主要起什么作用？其电力拖动特点及控制要求是什么？

（3）冷却泵电动机的作用是什么？其电力拖动特点及控制要求是什么？

（4）快速移动电动机的作用是什么？其电力拖动特点及控制要求是什么？

（5）主拖动电动机的控制电路由哪些器件组成，其控制电路工作原理是什么？

（6）冷却泵电动机的控制电路由哪些器件组成，其控制电路工作原理是什么？

（7）主拖动电动机与冷却泵电动机有什么关系？由哪些器件来实现？

（8）快速移动电动机的控制电路由哪些器件组成，其控制电路工作原理是什么？

（9）从电动机的铭牌上能获取哪些信息？使用电动机前如何检测电动机？

（10）机床电气原理图所包含的电气元件和电气设备的符号较多，绘制规则有哪些？

（11）如何阅读 CA6140 车床的电气原理图？

（12）如何根据电动机容量和控制要求选择低压开关、接触器、中间继电器、时间继电器等低压电器的参数？

（13）如何对将要安装的电气元件进行检验、参数整定？

（14）在安装 CA6140 车床电气控制盘时，如何选择导线型号？

（15）CA6140 车床电气控制盘的线路安装工艺要求有哪些？

（16）CA6140 车床的主轴是如何实现正反转控制的？

（17）C6140 车床主回路试车时应包含哪些内容？C6140 车床主回路试车时应注意的问题有哪些？

（18）简述检修机床电气故障的步骤？检修机床电气故障时应注意哪些问题?

（19）试分析 CA6140 车床启动主轴，电动机 M1 不转故障的检修？步骤和方法有哪些？

（20）在 CA6140 车床中，若主轴电动机 M1 只能点动，则可能的故障原因是什么？在此情况下，冷却泵能否正常工作？

三、本次工作任务的准备工作

1. 工作环境及设施配备

工作环境：特种作业基地。

设施配备：配齐所需设备。

（1）根据所需工具及仪表完成表 1-51。

表 1-51　所需工具、仪表

工具	
仪表	

（2）根据所需元器件完成表 1-52。

表 1-52　元器件明细表

代号	名称	型号	规　　格	数量

（3）多媒体教学设施。

（4）产品手册、设计手册、电工手册、电工图集等参考资料。

2．制订工作计划

各组制订工作计划并完成表 1-53。

表 1-53　工作任务计划表

<table>
<tr><td colspan="3">学习内容</td><td colspan="3"></td></tr>
<tr><td>组号</td><td colspan="2"></td><td>组员</td><td colspan="2"></td></tr>
<tr><td>工序</td><td>工序名称</td><td>任务分解</td><td>完成所需时间</td><td>主要过程记录</td><td>责任人</td></tr>
<tr><td></td><td></td><td></td><td></td><td></td><td></td></tr>
<tr><td></td><td></td><td></td><td></td><td></td><td></td></tr>
<tr><td></td><td></td><td></td><td></td><td></td><td></td></tr>
<tr><td></td><td></td><td></td><td></td><td></td><td></td></tr>
<tr><td></td><td></td><td></td><td></td><td></td><td></td></tr>
<tr><td></td><td></td><td></td><td></td><td></td><td></td></tr>
</table>

知识链接 1　中间继电器

中间继电器（Intermediate Relay）用于继电保护与自动控制系统中，以增加触点的数量及容量。它在控制电路中传递中间信号。中间继电器的结构和原理与交流接触器基本相同，与接触器的主要区别在于：接触器的主触点可以通过大电流，而中间继电器的触点只能通过小电流。因此，它只能用于控制电路中或直接用它来控制小容量电动机或其他电气执行元件。中间继电器一般是没有主触点的，因为过载能力比较小，所以它用的全部都是辅助触点，数量比较多。一般是直流电源供电，少数使用交流供电。中间继电器主要有 JZ7 系列和 JZ8 系列两种，后者是交直流两用的。

中间继电器的文字符号是 KA，图形符号如图 1-71 所示。

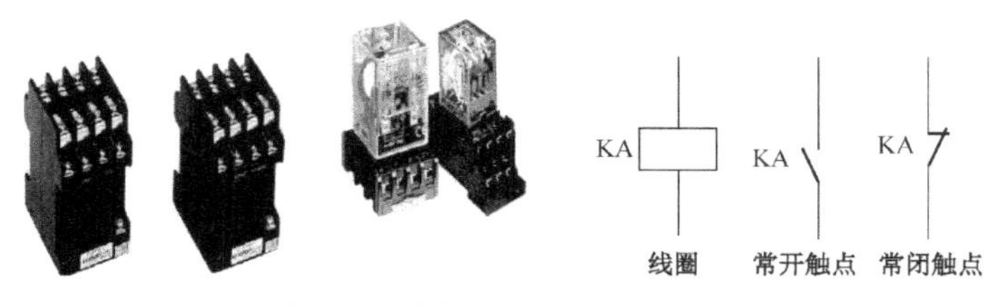

图 1-71　中间继电器及图形符号

一、中间继电器的结构

中间继电器原理和交流接触器一样，都是由固定铁芯、动铁芯、弹簧、动触点、静触点、线圈、接线端子和外壳组成的。中间继电器一般是没有主触点的，它用的全部都是辅助触点，数量比较多。当其他继电器的触点数或触点容量不够时，可借助中间继电器来扩大它们的触点数或触点容量，从而起到中间转换的作用。

在使用时，只要在线圈两端加上一定的电压，线圈通电，动铁芯在电磁力作用下动作吸合，带动动触点动作，使常闭触点分开，常开触点闭合；线圈断电，动铁芯在弹簧的作用下带动动触点复位。从而达到了控制电路中的导通、切断的目的。

二、中间继电器的作用

1．代替小型接触器

中间继电器的触点具有一定的带负荷能力，当负载容量比较小时，可以用来替代小型接触器使用，如电动卷闸门和一些小家电的控制。其优点是不仅可以起到控制的目的，而且可以节省空间，使电器的控制部分做得比较精致。

2．增加触点数量

当线路中触点不够用时，可以把触点接到中间继电器的线圈上，中间继电器线圈得电，其常闭、常开触点就可以用了，这样就增加了可用触点的数量。

3．增加触点容量

中间继电器的触点容量虽然不是很大，但也具有一定的带负载能力，同时其驱动所需要的电流又很小，因此可以用中间继电器来扩大触点容量。而在控制线路中使用中间继电器，通过中间继电器来控制其他负载，达到扩大控制容量的目的。

4．转换触点类型

在工业控制线路中，可以将一个中间继电器与原来的接触器线圈并联，用中间继电器的常闭触点去控制相应的元件，转换一下触点类型，可以实现需要使用接触器的常闭触点才能达到控制目的。例如，若想用小的直流开关去控制接触器吸合，但接触器是交流的，两者不能接在一个回路中，这时就可以用开关去控制中间继电器带电，让继电器的常开触点来控制交流接触器带电吸合。

5．用作开关

在一些控制线路中，一些电气元件的通断常常使用中间继电器，用其触点的开闭来控制。例如，彩色电视机或显示器中常见的自动消磁电路，三极管控制中间继电器的通断，从而达到控制消磁线圈通断的作用。

6．转换电压

在工业控制线路中电压是DC24V，而电磁阀的线圈电压是AC220V，安装一个中间继电器，可以将直流与交流、高压与低压分开，便于以后的维修并有利于安全使用。

7．消除电路中的干扰

在工业控制或计算机控制线路中，虽然有各种各样的干扰抑制措施，但干扰现象还是或多或少地存在着，在内部加入一个中间继电器，可以达到消除干扰的目的。

三、中间继电器的主要参数和技术性能

以 JZ7 系列中间继电器为例，说明中间继电器的主要参数和技术性能。

JZ7 系列中间继电器适用于交流 50Hz 或 60Hz，额定电压为 380V 或直流额定电压为 220V 的控制电路中，用来控制各种电磁线圈，以使信号扩大或将信号同时传送给有关控制元件。符合 GB14048.5 标准。中间继电器触点组合形成及其主要参数如表 1-54 和表 1-55 所示。

表 1-54　中间继电器触点组合形式

型号	JZ7-44	JZ7-53	JZ7-62	JZ7-71	JZ7-80
常开触点数	4	5	6	7	8
常闭触点数	4	3	2	1	0

表 1-55　中间继电器主要参数

使用类别	约定自由空气发热电流(A)	额定工作电压（V）	额定工作电流（A）	控制容量	线圈消耗功率（VA）	操作频率（h^{-p}）	电寿命次数×10^4	机械寿命次数×10^4
AC-15	5	380	0.47	180 VA	启动：75	1200	50	300
DC-13		220	0.15	33W	吸持 13			

（1）J27 系列中间继电器型号及含义如图 1-72 所示。

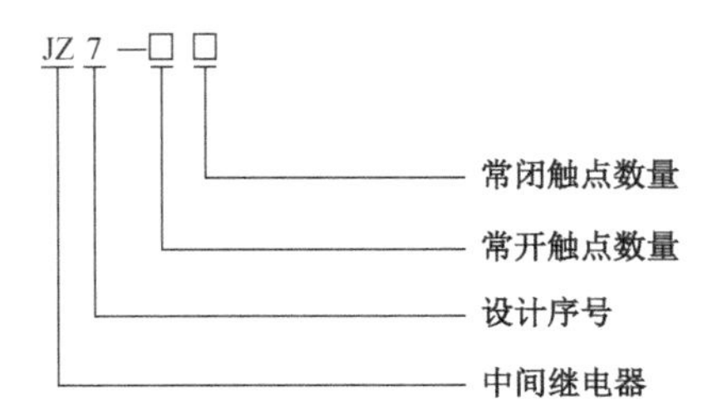

图 1-72　J27 系列中间继电器型号及含义

（2）线圈额定控制电压（U_s）：交流（50Hz）12V、24V、36V、110V、127V、220V、380V。

（3）约定自由空气发热电流：指在 8 个小时内不间断的情况下，不需要任何干预也不会超过极限温度的允许通过的最大电流。

（4）动作范围：吸合电压为 85%～110%；释放电压为 20%～75%。

（5）触点容量：是指继电器所控制的回路的功率，实际也就触点长期所允许的电流与电压的乘积。

（6）电气寿命：继电器在正常负荷下，电寿命不低于 50 万次。

（7）线圈功率消耗：启动 75VA，吸持 13VA。

四、中间继电器的选择及使用

选择中间继电器，主要依据控制电路的电压等级，同时还要考虑触点的数量、种类及容量满足控制电路的要求。

中间继电器安装前应检查继电器的额定电流是否符合要求。安装后应在触点不通电的情况下，使吸引线圈通电操作几次。使用中要定期检查继电器各零部件是否有松动及损坏现象。

知识链接 2　行程开关

当打开冰箱时，冰箱里面的灯就会亮起来，而关上门就又熄灭了，这是因为门框上有个开关，被门压紧时灯的电路断开，门一开就放松了，于是就自动把电路闭合使灯点亮。这个开关就是行程开关。

一、行程开关的作用

行程开关，又称限位开关或位置开关，它可以完成行程控制或限位保护。它的作用原理与按钮类似，区别在于它不是靠手的按压，而是利用机械运动的部件碰压而使触点动作来发出控制指令的电器。行程开关触点通过的电流一般不超过 5A。

在机床控制系统中，将行程开关安装在预先安排的位置，如工作台、机械手运动的极限位置等，当装于机械运动部件上的模块撞击行程开关时，行程开关的触点动作，实现电路的切换。因此，行程开关是一种根据运动部件的行程位置而切换电路的电器，被用来控制机械运动的位置或行程，使运动机械按一定的位置或行程实现自动停止、方向运动、变速运动或自动往返运动等。行程开关按其结构可分为直动式、滚轮式、微动式和组合式。常见的行程开关的外形与图形符号如图 1-73 所示。

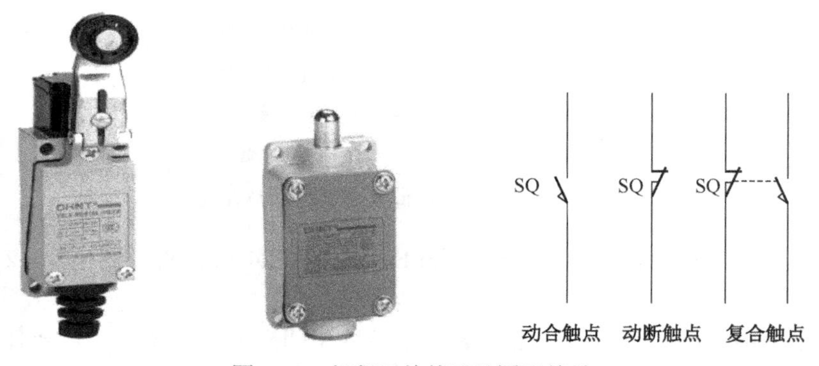

图 1-73　行程开关外形及图形符号

二、行程开关的结构

行程开关的结构分为 3 部分：操动机构、触点系统（开关芯子）和基座。

（1）直动式行程开关。其动作原理与控制按钮相同，但其触点的动作是依靠生产机械上的撞块压下的。生产机械的运行速度，不宜低于0.4m/min，否则触点分断过慢易被电弧烧坏。直动式行程开关结构示意图如图1-74所示。

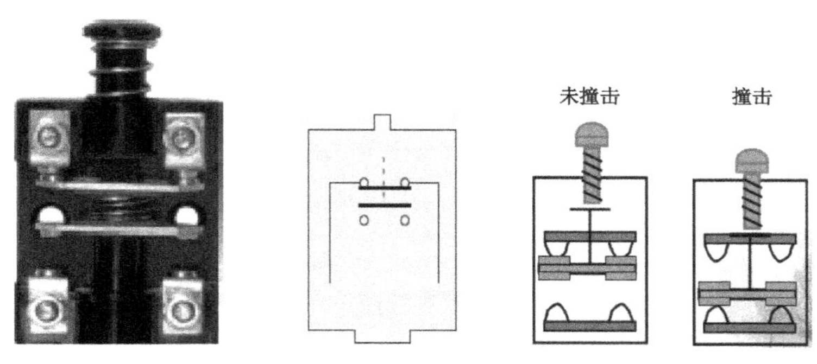

图1-74　直动式行程开关结构示意图

（2）滚轮式行程开关。当被控机械上的撞块撞击带有滚轮时，转臂动作，带动凸轮转动，顶下推杆并带动传动系统迅速移动，从而使微动开关中的动触点迅速与右边静触点分开，与左边的静触点闭合。当运动机械返回时，在复位弹簧的作用下，各部分动作部件复位。

三、行程开关的主要参数及技术性能

以YBLX-1行程开关为例，说明行程开关的主要参数及技术性能。

YBLX-1系列行程开关适用于交流50Hz、电压为380V及以下、直流电压为220V及以下的电气线路中，作运动机构的行程控制、运动方向或速度的变换、机床的自动控制、运动机构的限位动作及控制行程或程序之用。符合GB14048.5、IEC60947-5-1标准。行程开关主要参数如表1-56所示。

表1-56　行程开关主要参数

约定发热电流	5A
额定电压	AC380V　　DC220V
额定控制容量	AC200VA　　DC50W
操作频率	3次/分
机械寿命	60×10^4次
电气寿命	30×10^4次
环境温度	−5℃~+40℃
相对湿度	≤90%
海拔高度	≤2500m
动作行程	7±2mm
超行程	≥1mm
操动力	≤30N
耐电压	同极端子间（1140V）
	带电部件与地间（1890V）
	端子和非带电金属件间（2500V）
应用范围	控制速度≥0.1m/s的运动机构行程或变换其运动方向式速度
符合标准	GB 14048.5，IEC 60947-5-1

（1）YBLX-1 系列行程开关的型号及含义如图 1-75 所示。

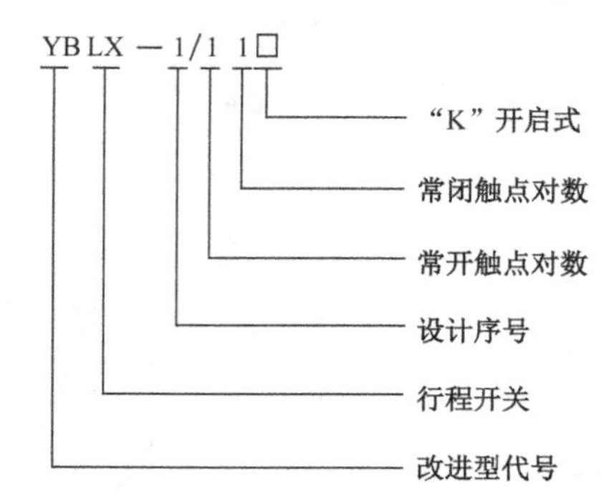

图 1-75　YBLX-1 系列行程开关的型号及含义

（2）约定发热电流：指在 8 个小时内不间断的情况下，不需要任何干预也不会超过极限温度的允许通过的最大电流。

（3）线圈额定电压（U_e）：交流电压为 380V，直流 220V。

（4）额定控制容量：是指的行程开关所控制的回路的功率，实际也就是触点长期所允许的电流与电压的乘积。

（5）电气寿命：继电器在正常负荷下，电气寿命不低于 30 万次。

（6）动作行程：开关动作所需要的行程。

（7）超行程：开作动作后，可以继续压缩的行程。

（8）操动力：使开关动作所需的最小力。

四、行程开关的选择

行程开关选用时，主要考虑动作要求、安装位置及触点数量。

（1）根据安装环境选择防护形式，是开启式还是防护式。

（2）根据控制回路的额定电压和额定电流选择行程开关的型号。

（3）根据机械与行程开关的传力与位移关系选择合适的头部结构形式。

五、常见故障处理方法

行程开关的常见故障及处理方法如表 1-57 所示。

表 1-57　行程开关的常见故障及处理方法

常见故障	故障分析	处理方法
挡铁碰撞位置开关后，触点不动作	安装位置不准确	调整安装位置
	触点接触不良或接线松脱	清理触点或紧固接线
	触点弹簧失效	更换弹簧
杠杆已经偏转，或无外界机械力作用，但触点不复位	复位弹簧失效	更换弹簧
	内部撞块卡阻	清除内部杂物
	调节螺钉太长，顶住按钮	检查调节螺钉

知识链接3　CA6140车床电气控制线路

一、车床型号

车床是一种应用极为广泛的金属切削机床。它能完成车内圆、外圆、端面、螺纹、钻孔、镗孔、倒角、割槽及切断等加工工序。例如，用于机械制造业的单件、小批生产车间，各行业的工具制造部门，机器设备修理部门及试验室等。车床可分为卧式车床和立式车床等不同的种类。下面以CA6140型卧式车床为例进行介绍。该车床型号及含义如图1-76所示。

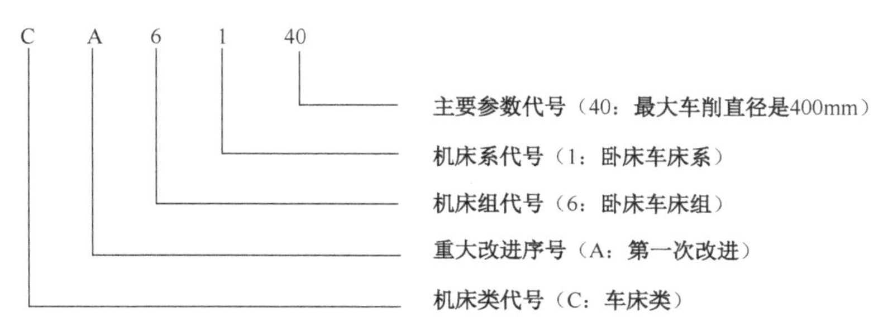

图1-76　CA6140型卧式车床的型号及含义

二、CA6140型车床主要结构与运动形式

CA6140型车床主要由床身、主轴箱、溜板箱、进给箱、刀架、丝杆、光杆、尾架等部分组成，如图1-77所示。车床的切削运动包括工件旋转的主运动和刀具的直线进给运动。

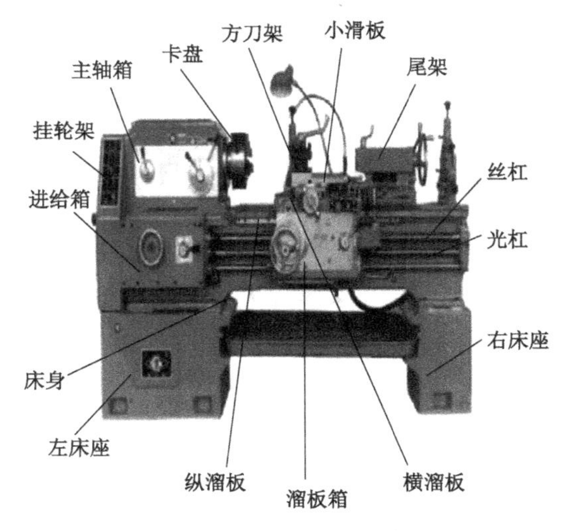

图1-77　CA6140车床

1．主运动

车床的主运动是工件的旋转运动，它是由主轴通过卡盘或顶尖带动工件旋转。电动机的动力通过主轴箱传给主轴，主轴一般只需要单方向的旋转运动，只有在车螺纹时才需要用反转来退刀。

CA6140 车床用操纵手柄通过摩擦离合器来改变主轴的旋转方向。

车削加工要求主轴能在很大的范围内调速，普通车床调速范围一般大于 70。主轴的变速是靠主轴变速箱的齿轮等机械有级调速来实现的，变换主轴箱外的手柄位置，可以改变主轴的转速。

2．进给运动

进给运动是溜板带动刀具作纵向或横向的直线移动，也就是使切削能连续进行的运动。纵向运动是指相对于操作者的左右运动，横向运动是指相对于操作者的前后运动。

车螺纹时要求主轴的旋转速度和进给的移动距离之间保持一定的比例，所以主运动和进给运动要由同一台电动机拖动，主轴箱和车床的溜板箱之间通过齿轮传动来连接，刀架再由溜板箱带动，沿着床身导轨作直线走刀运动。

3．辅助运动

车床的辅助运动包括刀架的快进与快退，尾架的移动与工件的夹紧与松开等。为了提高工作效率，车床刀架的快速移动由一台单独的进给电动机拖动。

三、CA6140 型车床的电动机的选择

1．主轴电动机

M1 主轴电动机，选择 Y 系列 Y132-4-B3 型电动机，具有体积小，重量轻，运行可靠，结构坚固等特点，启动性能好，效率高。Y 系列电动机适用于空气中不含易燃、易爆或腐蚀性气体的场所。Y132-4-B3 型电动机功率为 7.5kW，电压为 380V，频率为 50Hz，转速为 1450r/min，功率因数为 0.85，效率为 87%，堵转转矩为 2.2N • m。

2．冷却泵电动机

M2 冷却泵电动机选择了 AOB-25 机床冷却泵，它是一种浸渍式的三相电泵，由封闭式三相异步电动机与单极离心泵组合而成，具有安装简单方便，运行安全可靠，过负荷能力强，效率高，噪声低等优点，适合作为各种机床输送冷却液、润滑液的动力。电动机输出功率为 90W，扬程为 4m，流量为 25L/min，出口管径为 1/2 寸，能有效配合 M1 电动机使用。

3．刀架快速移动电动机

M3 快速移动电动机选择 AOS5634，功率为 250W，电压为 380V，频率为 50Hz，转速为 1360r/min，E 级绝缘。

四、CA6140 型车床电气原理图识读

1．阅读机床电气原理图的方法

查线阅读法是阅读分析机床电气原理图最基本也是应用广泛的方法。它采用“从主电路着眼，从控制电路着手”的方法。

（1）从主电路查看有哪些控制元件的主触点及它们的组合方式，就可大致了解电动机的工作状况（启动方式，是否有正反转、制动、调速等）。

（2）由主电路中主触点的文字符号，在控制电路中找到控制元件（接触器、继电器等）的控制支路（环节），按功能的不同划分为若干个局部控制电路来分析。

（3）假定按动操作按钮、行程开关，观察其触点是如何控制其他控制元件动作的和使电动机如何运转的。

（4）要注意各个环节相互的联系和制约关系，即电路的自锁、互锁、保护环节，以及与机械、液压部件的动作关系。

（5）初步分析每一局部电路的工作原理及各部分之间的控制关系后，还应理解整个控制电路，即从整体角度进一步理解其工作原理。

边阅读分析，边查线，边写出其工作过程。查线阅读法直观性强、易于掌握，因此得到广泛的应用。

2．机床电器控制要求

CA6140车床电气原理图参见图1-70，机床电气原理图所包含的电气元件和电气设备的符号较多，要正确阅读机床电气原理图，先要对电力拖动控制要求进行分析。对CA6140车床电气控制要求如下。

（1）主轴电动机M1:选用三相鼠笼式异步电动机，主轴电动机使用中，要求直接启动，运行中有正反转要求，如果正反转采用摩擦离合器实现，有调速要求；如果采用机械调速，有制动要求，但也是机械制动。由此，从电气控制的角度来讲，对M1的控制要求为，直接启动，启动后电动机只作单向旋转。

（2）冷却泵电动机M2：小容量三相异步电动机，要求冷却泵电动机应在主轴电动机启动后才可选择启动与否；而当主轴电动机停止时，冷却泵电动机立即停止。

（3）刀架快速移动电动机M3：采用点动控制。

3．识读CA6140车床电气原理图

（1）电源:三相交流电源L1、L2、L3，FU为电源短路保护。

（2）电源开关：低压断路器QF，QF同时作M1的短路保护器件。

（3）用电设备：3台三相异步电动机M1、M2、M3，三相、AC、380V；照明灯EL，AC、24V；信号灯HL，AC、6V。

（4）主回路有以下3条。

① M1主回路：控制开关KM——接通和断开M1；热继电器KH1——M1的过载保护。

② M2主回路：熔断器FU1——M2、M3的短路保护；控制开关KA1——接通和断开M2；热继电器KH2——M2的过载保护。

③ M3主回路：控制开关KA2——接通和断开M3。

（5）辅助回路电源：采用变压器TC给辅助回路供电，TC进线端电压为AC、380V（U13、V13），出线端电压有3个等级，即AC、110V——控制线路电源电压，AC、6V——信号灯电源电压，AC、24V——照明灯电源电压。

（6）控制回路：控制对象有QF线圈、KM线圈、KA1和KA2的线圈，FU2为控制回

路的短路保护器件。

① QF 线圈控制回路：1→2→3→0。

安全钥匙开关 SB——用钥匙控制，锁住配电箱门，SB（2，3）断开，用钥匙打开配电箱门 SB（2，3）闭合。此时，通过 SB 接通 QF 线圈，则 QF 不能合闸。

行程开关 SQ2——安装在配电箱壁龛门上，用 SQ2（2，3）的常闭触点，配电箱门打开，SQ2（2，3）闭合，此时，通过 SQ2 接通 QF 线圈，则 QF 不能合闸；配电箱门关闭，SQ2（2，3）断开。

② KM 线圈控制回路：1→4→5→6→7→0。

行程开关 SQ1——安装在车床皮带罩下，用 SQ1（1，4）的常开触点，正常工作时，皮带罩安装到位，SQ1（1，4）闭合，故障检修时，皮带罩打开，SQ1（1，4）断开，保证皮带罩打开时，控制回路不能带电。

热继电器常闭触点 KH1——M1 回路电流正常时，闭合。M1 回路过电流时，断开。

按钮 SB1——急停按钮。

按钮 SB2——M1 启动按钮。

KM（6，7）辅助常开触点——自锁触点。

③ KA2 线圈控制回路：1→4→5→8→0。

按钮 SB3——M3 点动控制按钮。

④ KA1 线圈控制回路：1→4→3→9→10→11→0。

热继电器常闭触点 KH2——M2 回路过载保护。

按钮 SB4——M2 启动按钮。

KM（10，11）辅助常开触点——用作主轴电动机和冷却泵电动机顺序控制。

（7）信号回路：201→202→0。

FU3——信号回路短路保护。

（8）照明回路：101→102→103→0。

刀形开关 SA——照明开关，FU4——照明回路短路保护。

4. 分析线路的工作过程

（1）正常工作情况下的控制过程分析。

① 正常工作的前提条件为：配电箱门关闭，则 SB 断开，SQ2 的常闭触点断开，QF 的线圈不带电，QF 可以手动操作；皮带罩安装到位，SQ1 的常开触点闭合。

② 当电动机 M 需要启动时，先合上低压断路器 QF，引入电源，信号灯 HL 亮，指示车床电源系统有电。

③ M1 的控制。

启动控制：按下启动按钮SB2 →KM线圈得电 → KM主触点闭合 → 电动机M1启动运行。
　　　　　　　　　　　　　　　　　　　　　└→ KM辅助触点闭合 ┘

当松开 SB2，因为接触器 KM 的常开辅助触点自锁，控制电路仍保持接通，所以接触器 KM 继续得电，电动机 M1 实现连续运转。

从图 1-70 中可以看到，KM 接触器在带电状态下，控制的触点有 2 图区的三对主触点，8 图区、10 图区的两对辅助常开触点。

停止过程：按下停止按钮SB1→KM线圈失电→KM主触点断开→电动机M停止运行。
　　　　　　　　　　　　　　　　　　　→KM辅助触点断开→

当松开SB1，因为接触器KM的自锁触点在切断控制电路时已分断，解除了自锁，SB2也是分断的，所以接触器KM不能得电，电动机M也不会转动。

④ M2的控制。M2通电的前提条件，KM线圈带电，KM辅助触点闭合，即M1启动运行后，M2才能启动运行。

启动控制：M1启动→按下刀形按钮SB4→KA1线圈得电→KA1主触点闭合→电动机M2启动运行。

停止过程：

a. 逆序停止：松开刀形按钮SB1→KM解除自锁→KM1主触点闭合→电动机M2启动运行。

b. 同时停止：按下停止按钮SB1→KM线圈失电→KM主触点断开→电动机M1停止运行。
松开SB1→KM解除自锁→
→KM（6、7）辅助触点断开→
→KM（10、11）辅助触点断开→KA1线圈失电→M2停止运行。

从图1-70中可以看出，KA1继电器在带电状态下，控制的触点有3图区的3对触点。

⑤ M3的控制。

启动过程：按下启动按钮SB3→继电器KA2线圈得电→KA2主触点闭合→电动机M3启动运行。

停止过程：松开按钮SB3→继电器KA2线圈失电→KA2主触点打开→电动机M3停止运行。

从图1-70中可以看出，KA2继电器在带电状态下，控制的触点有4图区的3对触点。

⑥ 断开电源开关QF。

（2）故障情况下保护过程分析。

① 短路保护。当主电路M1中有短路故障发生时，QF自动跳闸，断开总电源，实现保护。

当主电路M2、M3中有短路故障发生时，FU1熔断，断开主回路，实现保护。FU1同时作为辅助回路的短路后备保护。

当控制电路中有短路故障发生时，FU2熔断，KM线圈、KA1线圈、KA2线圈失电，断开3条主回路，实现保护。

当信号回路中有短路故障发生时，FU3熔断，断开信号回路，实现保护。

当照明电路中有短路故障发生时，FU4熔断，断开照明回路，实现保护。

② 失压、欠压保护。接触器、继电器自锁控制线路不但能使电动机连续运转，而且运行过程中，用接触器、继电器作控制开关，电路具有失压、欠压保护功能。

③ 过载保护。热继电器KH1的发热元件串联在M1主回路中，检测其工作电流是否过载，其常闭触点串联在KM线圈控制回路中，如果M1电动机正常工作，热继电器KH1不动作，此触点不影响控制回路的工作，一旦电动机M1出现过载状态，热继电器KH1动作，其常闭触点断开，使接触器线圈KM、继电器KA1线圈失电，电动机M1、M2停转，

起到过载保护的作用。

热继电器 KH2 的发热元件串联在 M2 主回路中，检测其工作电流是否过载，其常闭触点串联在 KA1 线圈控制回路中，如果 M2 电动机正常工作，热继电器 KH2 不动作，此触点不影响控制回路的工作，一旦电动机 M2 出现过载状态，热继电器 KH2 动作，其常闭触点断开，使继电器 KA1 线圈失电，电动机 M2 停转，起到过载保护的作用。

④ 电源开关保护。电路电源开关时带有开关锁 SB 的断路器 QF。机床接通电源时需要钥匙开关操作，才能合上 QF，增加了安全性。当需合上电源时，先用开关钥匙插入 SB 开关锁中并右旋，使 QF 线圈断电，再扳动断路器 QF 将其合上，机床电源接通。若将开关锁 SB 左旋，则触点 SB（2，3）闭合，QF 线圈通电，断路器跳开，机床断电。

在配电盘壁龛门上装有安全行程开关 SQ2，当打开配电盘壁龛门时，安全开关触点 SA2（2，3）闭合，使断路器线圈通电而自动跳闸，断开电源，确保人身安全。为满足打开机床控制电盘壁龛门进行带电检修的需要，可将 SQ2 安全开关传动杆拉出，使触点断开，此时 QF 线圈断电，QF 开关仍可合上。带电检修完毕，关上壁龛门后，将 SQ2 开关传动复位，SQ2 照常起保护作用。

⑤ 其他保护措施。机床床头皮带罩处设有开关 SQ1，当打开皮带罩时，安全开关触点 SQ1 断开，将接触器 KM1、KA1、KA2 线圈电路切断，电动机将全部停止旋转，确保人身安全。

五、CA6140 车床电气线路的安装

（1）绘制 CA6140 车床电气线路的电气原理图。

（2）根据控制要求和机床的实际要求，选择电气元件，填写电气元件明细表，如表 1-58 所示。

表 1-58　CA6140 车床元件明细表

代号	名称	型号及规格	数量	用途
M1	主轴电动机	Y132M-4-B3 7.5kW，1450r/min	1	主传动用
M2	冷却泵电动机	AOB-25　90W，3000r/min	1	输送冷却液用
M3	快速移动电动机	AOS5634 250W，1360r/min	1	溜板快速移动用
KH1	热继电器	JR16-20/2D，15.4A	1	M1 的过载保护
KH2	热继电器	JR16-20/2D，0.32A	1	M2 的过载保护
FU	熔断器	RL1-40，55×78，35A	3	总电路短路保护
FU1	熔断器	RL1-40，55×78，25A	3	M2、M3 短路保护
FU2	熔断器	RL1-15，5A	1	控制电路短路保护
FU3	熔断器	RL1-15，5A	1	信号电路短路保护
FU4	熔断器	RL1-15，5A	1	照明电路短路保护

续表

代号	名称	型号及规格	数量	用途
KM	交流接触器	CJ20-20，线圈电压为 110V	1	控制 M1
KA1	中间继电器	JZ7-44，线圈电压为 110V	1	控制 M2
KA2	中间继电器	JZ7-44，线圈电压为 110V	1	控制 M3
SB1	按钮	LAY3-01ZS/1	1	停止 M1
SB2	按钮	LAY3-10/3.11	1	启动 M1
SB3	按钮	LA9	1	启动 M3
SB4	按钮	LAY3-10X/2	1	控制 M2
SQ1、SQ2	行程开关	JWM6-11	2	断电保护
HL	信号灯	ZSD-0，6V	1	信号指示
QF	低压断路器	AM2-40，20A	1	电源引入
TC	控制变压器	JBK2-100　380V/110V/24V/6V	1	控制电路电源

所有电气控制器件，至少应具有制造厂的名称或商标、型号或索引号、工作电压性质和数值等标志。若工作电压标志在操作线圈上，则应使安装在器件的线圈标志是显而易见的。

安装接线前应对所使用的电气元件逐个进行检查。

（3）熟悉 CA6140 车床的结构，绘制电气元件布置图，如图 1-78 所示。

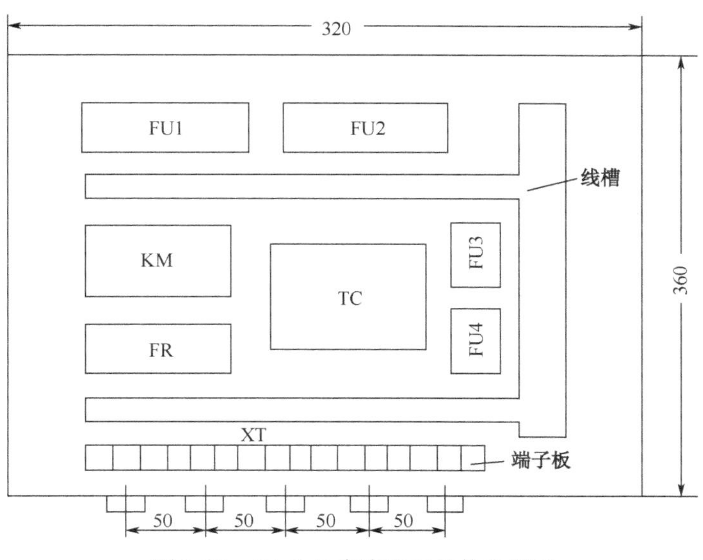

图 1-78　CA6140 车床电气元件布置图

（4）根据电气元件的布置图，绘制电气安装接线图，如图 1-79 所示。

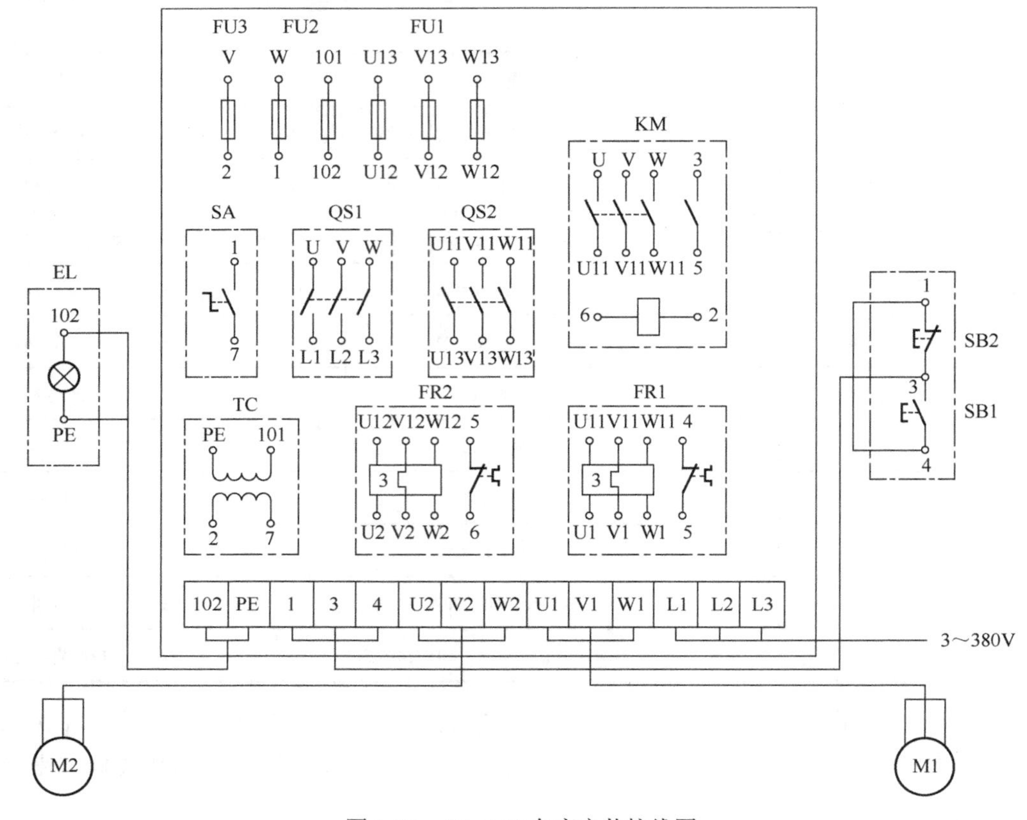

图 1-79　CA6140 车床安装接线图

（5）检查和调整电气元件。根据表 1-58 列出的 CA6140 型车床电气元件明细，配齐电气设备和电气元件。

① 核对各电气元件，并记录所用电气元件及电动机的铭牌。

② 逐件用万用表检验各电气元件的性能好坏。

（6）根据电动机的功率选配主电路的连接导线。

（7）根据具体情况按照安装规程设计电源开关和电气控制箱的安装尺寸及电线管的走向。

（8）根据电气控制图给各元件和连接导线作好编号标志，给接线板编号。

（9）安装控制箱，接线经检查无误后，通入三相电源对其校验。

（10）将连接导线穿管后，找出各线端并作标记，明敷安装电线管。引入车床的导线用软管加以保护。

（11）安装按钮、行程开关、转换开关和照明灯、指示灯。

（12）安装电动机并接线。

（13）安装接地线。

（14）测试绝缘电阻。

（15）清理安装场地。

（16）全面检查接线和安装质量。

（17）通电试车并观察电动机的转向是否符合要求。

（18）安装传动装置，试车并全面检查各电气元件、线路、电动机及传动装置的工作情况是否正常。

六、CA6140 型车床的调试

1．调试前的准备

（1）图样、资料。将有关 CA6140 车床的图样和安装、使用、维修、调试说明书准备好。

（2）工具、仪表。将电工工具、绝缘电阻表、万用表和钳形电流表准备好。

2．试车前的检查和测量

（1）测量电动机 M1、M2、M3 绕组间、对地绝缘电阻是否大于 0.5MΩ；测量线路对地电阻是否大于 0.5MΩ。检查电动机是否转动灵活，轴承有无缺油等异常现象。

（2）检查低压断路器、熔断器是否和电气元件明细表一致，热继电器调整是否合理。

（3）检查主回路、控制回路所有电气元件是否完好、动作是否灵活，有无接错、掉线、漏接和螺钉松动现象；接地系统是否可靠。

（4）检查电动机外壳、元器件外壳保护线及其他保护线是否接好。

（5）根据元器件布置图，检查元件的安装位置是否正确。

（6）根据平面布置图，检查线路走向和元件、设备的安装位置是否正确。

（7）用手转动电动机转轴，观察电动机转动是否灵活，有无噪声及卡滞现象。

（8）断开交流接触器下接线端子的电动机引线，接上启动和停止按钮。在电气柜电源进线端通上三相额定电压，按启动按钮，观察交流接触器是否吸合。松开启动按钮后能否自保持住，然后用万用表 500V 交流挡量程测量交流接触器下接线端有无三相额定电压，是否缺相。如果电压正常，按停止按钮，观察交流接触器是否能断开。一切动作正常后，断开总电源，将交流接触器下接线端头和电动机引线复原。

（9）检查导线接点是否符合要求，压接是否牢固。

3．通电试车

（1）验电，检查电源是否正常。

（2）根据原理图和调试方案进行线路功能检测。机床不带电机调试。

① 控制回路试车。先将电动机 M1、M2、M3 接线端的接线断开，并包好绝缘。接通低压断路器 QF，检查熔断器 FU1 前后有无 380V 电压。检查控制变压器一次和二次电压是否分别为 380V、24V、6V 和 110V。再检查 FU2、FU3 和 FU4 后面电压是否正常。电源指示灯 HL 应该点亮。

按下 SB2 按钮，接触器 KM1 应吸合，检查 U1、V1 和 W1 之间有无 380V 电压。按下 SB1 按钮，KM1 释放，同时 U1、V1 和 W1 之间无电压。接触器无异常响声。同样按下 SB3、SB4 可检查 KA1、KA2。

断开热继电器 KH1 或 KH2 的辅助触点，上述 3～5 项动作应不能进行，KM、KA1、KA2 也不吸合。

接通照明旋钮开关，照明灯 EL 点亮。

② 主回路加电空载试车。首先断开机械负载。分别连接电动机与端子 U1、V1、W1、U2、V2、W2、U3、V3 和 W3 之间的导线。按控制要求逐项试车。检查主轴电动机 M1、冷却泵电动机 M2 和刀架快速移动电动机 M3 运转是否正常。

检查电动机旋转方向是否与工艺要求相同。检查电动机空载电流是否正常。

经过一段时间试运行，观察电动机有无异常响声、异味、冒烟、振动和温升过高等异常现象。

（3）根据原理图进行线路功能检测。机床带负载调试。

① 合上总电源开关，检查电动机与生产机械的传动装置是否正常。

按启动按钮，电动机启动后，注意观察电动机有无异常声音及转向是否正确。如果有异常声音及转向不对，应立即按停止按钮，使电动机断电。断电后，电动机依靠惯性仍在转动。此时，应注意是否有异常声音，若仍有异常声音，则可判定是机械部分故障；若无异常声音，则可判定是电动机电气部分故障。有噪声时也应对电动机进行检修。电动机反转，可将接线盒打开，将电动机电源进线中的任意两相对调即可排除故障。

② 单个功能的调试，电动机的运行和转动方向是否正常，机构动作是否正常。

③ 机床的整体调试，观察机构动作顺序是否正确，运动形式是否满足工艺要求。

④ 调试机床满负荷运行是否工作可靠。

再次启动电动机前，应用钳形电流表夹住电动机 3 根引线其中的 1 根引线，测量电动机的启动电流。电动机的启动电流一般是额定电流的 5～7 倍。测量时钳形电流表的量程应该超过这一数值的 1.2～1.5 倍，否则容易损坏钳形电流表，或造成测量数据不准确。

电动机转入正常运转后，用钳形电流表依次卡住电动机 3 根引线，分别测量电动机三相电流，比较它们是否平衡，空载和有负载时电流是否超过额定值。

如果电流正常，使电动机运行 30min，运行中应经常测试电动机的外壳温度，检查长时间运行中的温升是否太高或太快。

（4）停车、断电。

以上各项调试完毕后，全部合格才能验收，交付使用。

七、CA6140 车床电气线路的故障检查与分析

（1）故障现象：合上电源开关 QF，电源指示灯 HL 不亮。

故障原因判断分析：可合上照明灯开关 SA，查看照明灯是否亮。

① 如果照明灯亮，则说明控制变压器 TC 之前的电路没有问题。

可检查熔断器 FU3 是否熔断；指示灯泡是否烧坏；灯泡与灯座之前接触是否良好。如果都没有问题，则需要检查有无 6V 电压。可用万用表的交流 10V 挡或用 6V 的试灯，从指示灯 HL 的灯座逆向往前测量到控制变压器 TC 的 6V 绕组输出接线端，也可顺向从变压器测量到灯座，通过测量即可确定是导线问题，还是控制变压器的 6V 绕组问题，或是某

处有接触不良的问题。

② 如果照明灯不亮，则故障很可能发生在控制变压器之前。

当然，也不能排除电源指示灯和照明灯电路同时出现问题的可能性。但发生这种情况的概率很小，一般应先从控制变压器前查起。

（2）故障现象：合上电源开关 QF，电源指示灯 HL 点亮，合上照明灯开关 SA，照明灯不亮。

故障原因判断分析：首先检查照明灯泡是否烧坏；熔断器 FU4 对公共端有无电压。

① 如果熔断器一端有电压一端无电压，说明熔断器熔丝与熔断器底座之间接触不良。

② 如果熔断器两端都无电压，应检查控制变压器 TC 的 24V 绕组输出端。如果有电压，则是变压器输出到熔断器之间的连线有问题；如果无电压，则是控制变压器 24V 绕组有问题。

③ 如果熔断器两端都有电压，再检查照明灯两端有无电压。如果有电压，说明照明灯泡与灯座之间接触不好；如果无电压，可继续检查照明灯开关两端的电压，从而判断出是连线问题还是开关的问题。

（3）故障现象：启动主轴，电动机 M1 不转。

故障原因判断分析：在电源指示灯亮的情况下，首先检查接触器 KM1 是否能吸合。

① 如果 KM1 不吸合，可检查热继电器触点 KH1、KH2 是否动作了未复位；熔断器 FU2 是否熔断。如果没有问题，可用万用表交流 250V 挡逐级检查接触器 KM1 线圈回路的 110V 电压是否正常，从而判断出是控制变压器 110V 绕组的问题，还是接触器 KM1 线圈烧坏，还是熔断器插座或某个触点接触不良，或是回路中的连线有问题。

② 如果 KM1 吸合，电动机 M1 还不转，则应用万用表交流 500V 挡检查接触器 KM1 主触点的输出端有无电压。如果无电压，可再测量 KM1 主触点的输入端，如果还没有电压，则只能是 U、V、W 到接触器 KM1 输入端的连线有问题；如果 KM1 输入端有电压，则是由于 KM1 的主触点接触不良；如果接触器 KM1 的输出端有电压，则应检查电动机 M1 有无进线电压，如果无电压，说明接触器 KM1 输出端到电动机 M1 进线端之间有问题（包括热继电器 KH1 和相应的导线）；如果电动机 M1 进线电压正常，则只能是电动机本身的问题。

另外，如果电动机 M1 断相，或者因为负载过重，也可引起电动机不转，应进一步检查判断。

（4）故障现象：主轴电动机能启动，但不能自锁，或工作中突然停转。

故障原因判断分析：首先检查接触器 KM1 的自锁触点接触是否良好，自锁回路连线是否接好。如果接触不良，按主轴启动按钮 SB2 后，接触器 KM1 吸合，主轴电动机转动，但启动按钮 SB2 松开，由于 KM1 的自锁回路有问题而不能自锁，KM1 马上释放，主轴电动机停转。也可能主轴启动时，KM1 的自锁回路起作用，KM1 能够自锁，但由于自锁回路有接触不良的现象存在，在工作中瞬间断开，就会使 KM1 释放而使主轴停转。

另外，当接触器 KM1 的控制回路（启动按钮 SB2 除外）的任何地方有接触不良的现象，都可能出现主轴电动机工作中突然停转的现象。

（5）故障现象：按停止按钮 SB1，主轴不停转。

故障原因判断分析：断开电源开关 QF，查看接触器 KM1 是否能释放。如果能释放，说明 KM1 的控制回路有短路现象，应进一步排查；如果 KM1 仍然不释放，说明接触器内部有机械卡死现象，或接触器主触点因“熔焊”而黏合，需拆开修理。

（6）故障现象：合上冷却泵开关，冷却泵电动机 M2 不转。

故障原因判断分析：冷却泵必须在主轴运转时才能运转，首先启动主轴电动机，在主轴正常运转的情况下，检查中间继电器 KA1 是否吸合。

① 如果继电器 KA1 不吸合，应进一步检查继电器 KA1 线圈两端有无电压。如果有电压，说明继电器 KA1 的线圈损坏；如果无电压，应检查接触器 KM1 的辅助触点、冷却泵开关 SA1 接触是否良好，相关连线是否接好。

② 如果继电器 KA1 吸合，应检查电动机 M2 的进线电压有无断相，电压是否正常。如果正常，说明冷却泵电动机或冷却泵有问题；如果电压不正常，应进一步检查热继电器 KH2 是否烧坏、KA1 的主触点是否接触不良、熔断器 FU1 是否熔断，以及相关的连线是否连接好。

（7）故障现象：按下刀架快速移动按钮，刀架不移动。

故障原因判断分析：启动主轴和冷却泵，如果都运转正常，首先检查继电器 KA2 是否吸合。如果 KA2 吸合，应进一步检查 KA2 的主触点是否接触不良、相关连线是否连接好、刀架快速移动电动机 M3 是否有问题、机械负载是否有卡滞现象；如果 KA2 不吸合，则应进一步检查 KA2 的线圈是否烧坏、刀架快速移动按钮是否接触不良，以及相关连线是否连接好。

技能实训

一、资讯

根据工作任务要求，各工作小组通过工作任务单、引导文及参考文献，查阅资料获取工作任务相关信息，熟悉 CA6140 车床电气原理图及安装过程。

二、制订工作计划

各组讨论完成工作任务所需步骤及任务具体分解。

（1）根据工作任务要求填写所用电工工具及电工仪表。

（2）根据 CA6140 车床控制线路电气原理图完成元件明细表。

（3）填写工作计划表。

三、讨论决策

各小组绘制 CA6140 车床的电气控制系统图并讨论方案可行性。

（1）观摩普通机床。
（2）熟悉机床电气控制的原理图。
（3）器材和工具的准备与检验及辅助材料的准备。
（4）确定线路走向、布线方式、安装方式、位置。
（5）绘制图纸。
（6）根据图纸安装线路。
（7）编写调试方案、进行线路调试。
（8）编写检修方案、进行机床检修。
（9）编制技术文件（原理图、接线图、平面布置图、元件材料清单）。
（10）检查评估、展示。

四、工作任务实施

学生完成 CA6140 电气控制盘的电气系统图的绘制与安装任务。
教师指导检查学生安装及检修并记录各类操作完成情况。
（1）工具、仪表及器材。
① 工具：旋具、尖嘴钳、斜口钳、剥线钳、电工刀等。
② 仪表：ZC7（500V）型兆欧表、MF30 型万用表。
③ 器材：配电盘（标准）、元器件。
（2）按照安装要求完成电路安装任务。
（3）控制电路接线检查。
① 用万用表的交流电压挡检测电路是否正确。
检测电源线电压是否为 380V。
检测变压器输出电压 110V、24V、6V 是否正确。
当 SQ1、SQ2 闭合，SB 分断时，按下 SB2（此前应检查整个电路是否正确无误）启动电路。
② 用万用表测电压。回路标号 1～7 之间电压应为 0V。回路标号 0～7 之间应为 110V，否则线圈可能出现了断路。
电动机 M1 任意两相之间电压为 380V，相电压为 220V。
用以上方法分别测量电动机 M2、M3 及 9、10 两图区的电路。
③ 用兆欧表检查线路的绝缘电阻应不得小于 0.5MΩ。
④ 编写调试方案进行线路调试。
（4）技术方案的编写。

五、工作任务完成情况考核

根据任务完成情况填写表 1-59。

表 1-59　工作任务考核表

考核评比项目的内容				项目分值				
				配分	得分			
					自查	互查	教师评分	综合得分
专业能力50%	安装前准备与检查		元器件和工具、仪表准备数量是否齐全	1分				
			电动机质量检查	3分				
			电气元件漏检或错检	6分				
	工作过程	安装元件	安装的顺序安排是否合理	4分				
			工具的使用是否正确、安全	4分				
			电气、线槽的安装是否牢固、平整、规范	2分				
		布线	不按电路图接线	5分				
			布线不符合要求	2分				
			接点松动、露铜过长、压绝缘层、反圈等	3分				
			漏套或错套编码套管	1分				
			漏接接地线	1分				
			导线的连接是否能够安全载流、绝缘是否安全可靠、放置是否合适	3分				
		通电试车	电动机接线是否正常	2分				
			第一次试车不成功	4分				
			第二次试车不成功	2分				
			第三次试车不成功	2分				
	工作成果的检查		线槽是否平直、牢靠，接头、拐弯处是否处理平整美观	3分				
			电器安装位置是否合理、规范	2分				
			环境是否整洁干净	1分				
			其他物品是否在工作中遭到损坏	1分				
			整体效果是否美观	2分				
			整定值是否正确，是否满足工艺要求	1分				
			熔断器的熔体配置是否正确	1分				
			是否在定额时间内完成	2分				
			安全措施是否科学	2分				

续表

考核评比项目的内容			项目分值				
			配分	得分			
				自查	互查	教师评分	综合得分
综合能力50%	信息收集整理能力	收集和处理信息的能力	4分				
		独立分析和思考问题的能力	3分				
		完成工作报告	3分				
	交流沟通能力	安装、调试总结	5分				
		安装方案论证	5分				
	分析问题能力	线路安装调试基本思路、基本方法研讨	5分				
		工作过程中处理故障和维修设备	5分				
	深入研究能力	培养具体实例抽象为模拟安装调试的能力	3分				
		相关知识的拓展与提升	5分				
		车床的各种类型和工作原理	2分				
	劳动态度	快乐主动学习	5分				
		协作学习	5分				
强调项目成员注意安全规程及其工业标准 本项目以小组形式完成							

学习情境 2　X62W 型万能铣床电气控制电路的安装、调试与检修

工作任务单（NO.3）

图 2-1 所示为 X62W 型万能铣床的电气原理图。

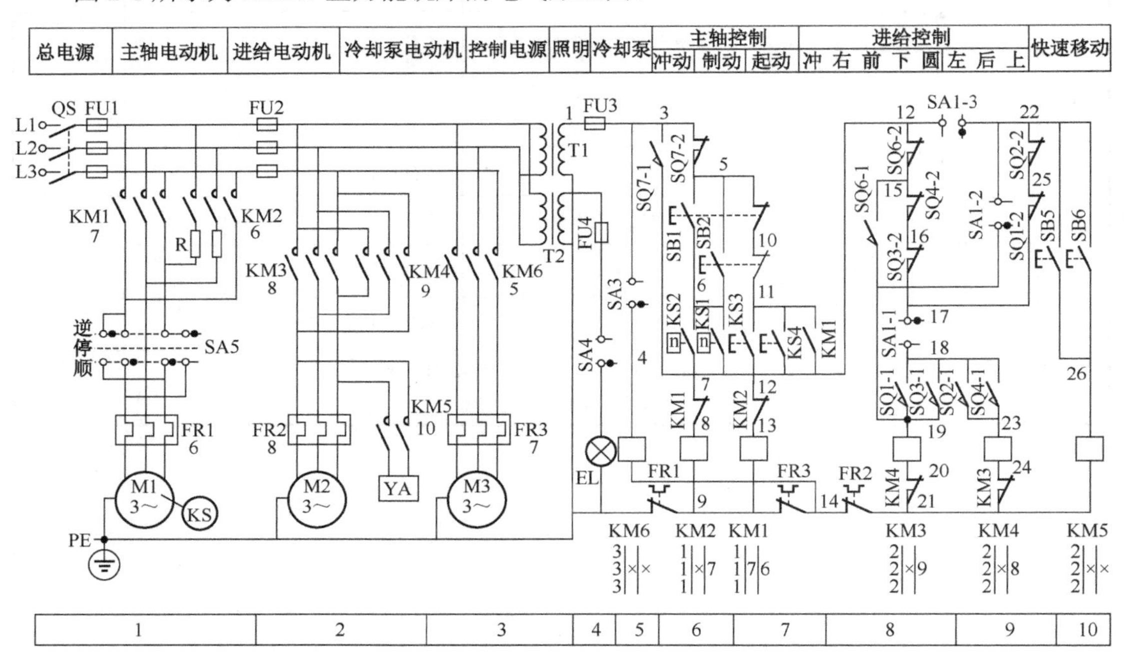

图 2-1　X62W 型万能铣床电气原理图

X62W 型万能铣床共有 3 台三相异步电动机，即主轴电动机 M1，工作台进给电动机 M2，冷却泵电动机 M3，快速牵引电磁铁 YA。从加工工艺出发，对铣床的控制要求如下。

（1）主轴电动机正反转运行，以实现顺铣、逆铣。

（2）主轴具有停车反接制动。

（3）主轴变速箱在变速时具有变速冲动，即短时点动。

（4）进给电动机双向运行。

（5）工作台的工进和快进由快速牵引电磁铁 YA 的动作来控制。YA 线圈带电，工作台快速运行。

（6）主轴电动机与进给电动机具有联锁，以防在主轴没有运转时，工作台进给损坏刀

具或工件。

（7）圆工作台进给与长工作台进给具有互锁，以防损坏刀具或工件。

（8）长工作台各进给方向具有互锁，以防损坏工作台进给机构。

（9）工作台进给变速箱在变速时同样具有变速冲动。

（10）具有完善的电气保护。

根据 X62W 型万能铣床的继电接触控制系统，完成控制系统的分析、安装和调试检修工作。

按照 X62W 型万能铣床电气控制的具体内容，有针对性的将学习过程划分为以下 5 个教学子情境，根据教学情境的不同，应用不同的教学方法实施教学过程。

情境	情境 2.1	情境 2.2	情境 2.3	情境 2.4	情境 2.5
情境名称	进给电动机的正反转控制线路	进给电动机的多地及自动往返控制线路	电动机 Y-△降压启动控制线路	主轴电动机反接制动控制线路	X62W 型万能铣床电气控制电路的安装、调试与检修

学习情境 2.1　进给电动机的正反转控制

学习目标

主要任务：通过进给电动机正反转控制线路的学习，熟悉正反转的实现、互锁环节的应用；学习如何根据控制要求进行电气线路的设计。

（1）电动机如何反转。

（2）互锁的概念。

（3）电动机正反转电路的分析。

（4）两个控制电路如何进行设计上的修正，从而达到合二为一的目的。

（5）能够根据控制要求，完成电气控制线路的设计。

工作任务单（NO.3-1）

一、工作任务

X62W 型万能铣床的进给电动机是一台三相异步电动机。

K_{st}=7，进给电动机需要正、反两个方向通电运行，要求用继电接触控制系统实现进给电动机的正反转控制。

试：（1）确定继电接触电气控制方案。

（2）识读电气控制原理图、安装接线图。

（3）完成电气原理图、电气元件布置图、安装接线图的绘制。

（4）选择电气元件，制定元器件明细表。

（5）按照电气系统图完成电气控制盘的安装、调试及故障排查。

（6）编写电气原理说明书和使用操作说明书。

二、引导文

需要学生查阅相关网站、产品手册、设计手册、电工手册、电工图集等参考资料完成引导文提出的问题。

（1）一台三相异步电动机如何使其顺时针、逆时针两个方向旋转？

（2）在正反转控制过程中如何实现相序的交换？

（3）用倒顺开关控制电动机正反转时，为什么不允许把手柄从“顺”的位置直接扳到“倒”的位置？

（4）在正反转控制的主电路中，两个接触器各起到什么作用？它们在使用上、安装接线上有什么不同？

（5）什么是互锁？其作用是什么？如何实现互锁？

（6）试分析图 2-2 中的电路能否实现互锁？

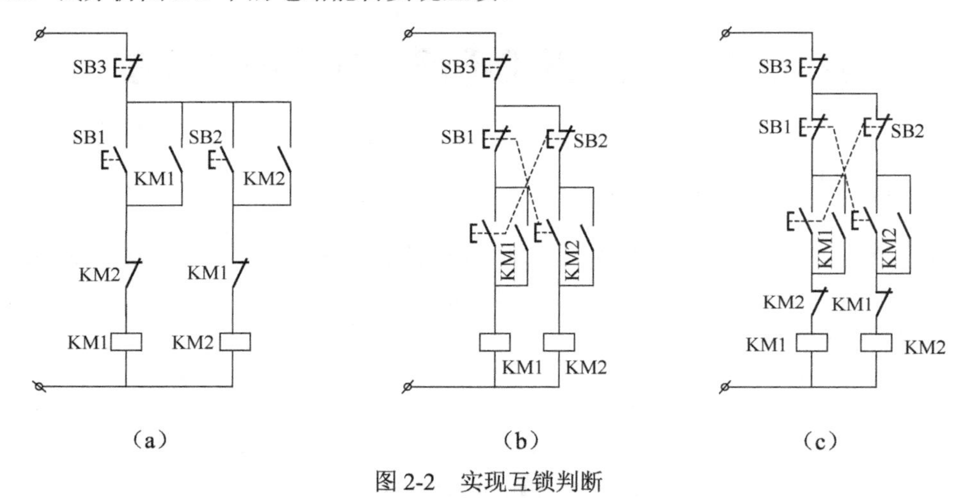

图 2-2　实现互锁判断

（7）接触器互锁、按钮互锁、双重互锁各有什么特点？

（8）正反转控制电路和单方向旋转控制电路在主回路上有什么不同？

（9）正反转控制电路和单方向旋转控制电路在控制回路上有什么不同？

（10）判断图 2-3 所示的主电路或控制电路能否实现正反转控制？若不能，试说明原因。

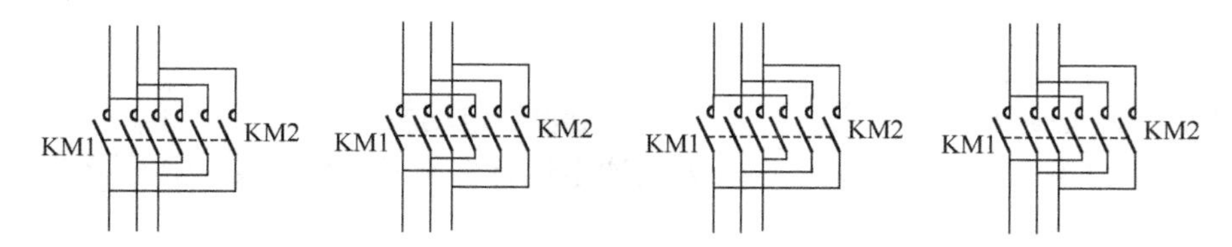

图 2-3　实现正反转控制判断

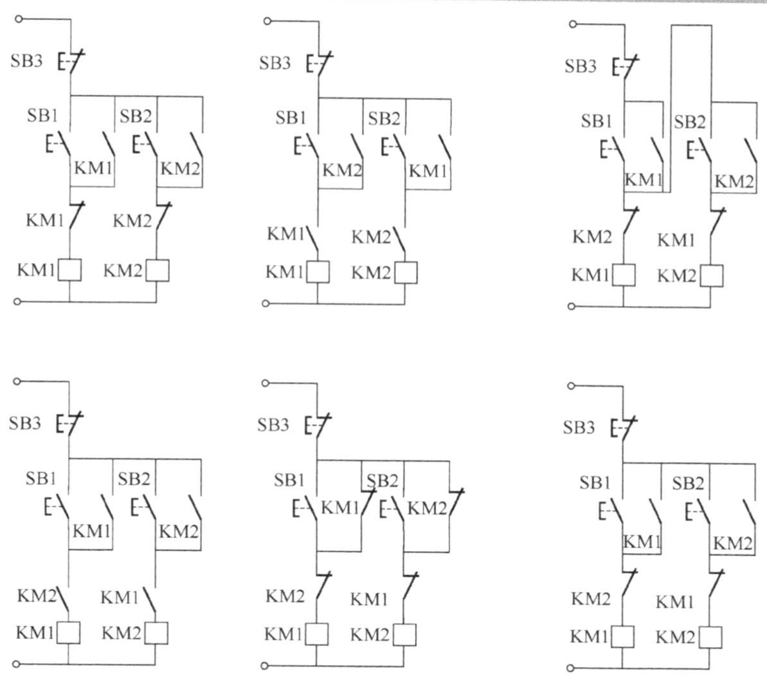

图 2-3　实现正反转控制判断（续）

（11）在安装正反转控制电路的主回路时应注意什么问题？

（12）为什么在控制过程中，正向、反向控制的停止按钮可以共用，而启动按钮却不可以？

（13）正转和反转的过热保护需要单独设置吗？

（14）如何在两个控制电路进行设计上的修正，从而达到合二为一的目的？

（15）在电路的正确接线情况下，三位按钮的出线有几根，若接线不合理，最多有几根？

（16）如果电路出现只有正转控制而没有反转控制，试分析接线时可能发生的故障。

（17）某车间有两台电动机，一台是主轴电动机，要求能正反转控制；另一台是冷却泵电动机，只要求正转；两台电动机都要求有短路、过载、欠压和失压保护，试设计出满足要求的电路图。

三、本次工作任务的准备工作

1. 工作环境及设施配备

工作环境：特种作业基地。

设施配备：配齐所需设备。

（1）根据所需工具及仪表完成表 2-1。

表 2-1　所需工具、仪表

工具	
仪表	

（2）根据所需元器件完成表 2-2。

表 2-2 元件明细表

代号	名称	型号	规　格	数量

（3）多媒体教学设施。

（4）产品手册、设计手册、电工手册、电工图集等参考资料。

2．制订工作计划

各组制订工作计划并完成表 2-3。

表 2-3 工作任务计划表

学习内容					
组号			组员		
工序	工序名称	任务分解	完成所需时间	主要过程记录	责任人

知识链接 1 电动机如何实现正反转

生产机械需要前进、后退、上升、下降等，这就要求拖动生产机械的电动机能够改变旋转方向，也就是对电动机要实现正、反转控制。

一、电动机的正反转

三相异步电动机接通三相电源后，电动机会旋转，一般若电动机的转子顺时针旋转，称为电动机正转，若电动机的转子逆时针旋转，称为电动机反转。电动机正转还是反转取决于三相电源进入电动机的相序，任意对调交流电动机的两相电源相序，就可以实现电动机的正转向反转的转换。在继电接触控制系统中，通常采用两个接触器 KM1、KM2 改变三相电源的任意两相相序，从而实现电动机的正转和反转控制，如图 2-4 所示。

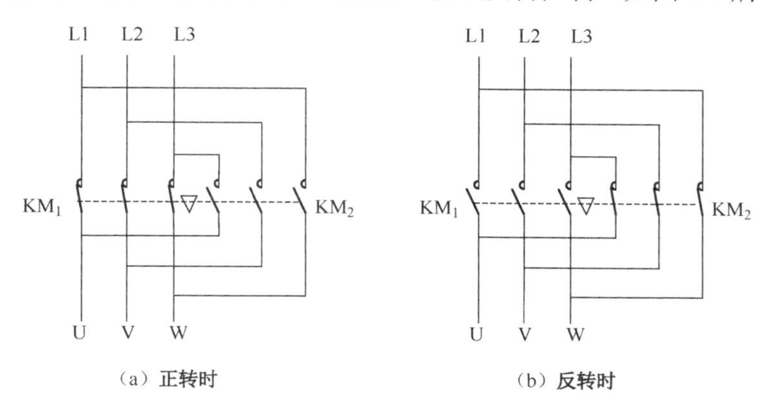

（a）正转时　　（b）反转时

图 2-4　电动机正转和反转的实现

从图 2-4 可知，正转时，KM1 接通，L1—U、L2—V、L3—W；反转时，KM2 接通，L1—W、L2—V、L3—U，交换两相相序后，电动机实现反转。KM1、KM2 在接入电路时，注意相序的交换，一般是交换一、三相相序。

图 2-5 所示为用接触器控制的电动机正反转控制线路。

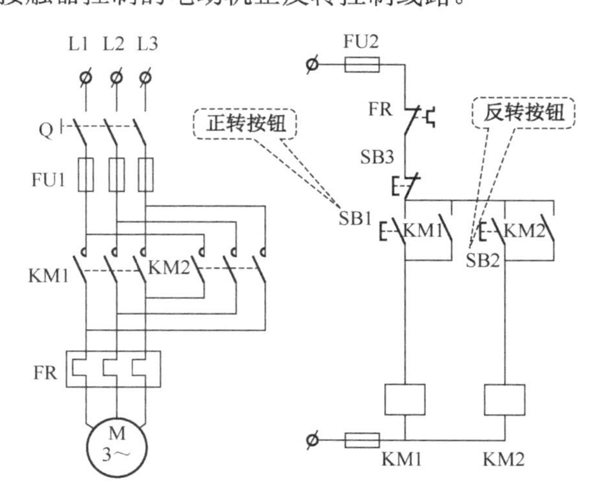

图 2-5　用接触器控制的电动机的正反转控制线路

（1）按下 SB1→KM1 带电→KM1 自锁（$\begin{matrix} L1 & L2 & L3 \\ U & V & W \end{matrix}$）→M 正转。

（2）按下 SB3→M 停止正转运行。

（3）按下 SB2→KM2 带电→KM2 自锁（$\begin{matrix} L1 & L2 & L3 \\ W & V & U \end{matrix}$）→M 反转。

（4）按下 SB3→M 停止反转运行。

电路可以完成正反转的控制，但此电路存在一个问题，即 KM1、KM2 若同时闭合，将会造成三相电源之间相间短路故障，严重影响人身安全和设备安全。因此，要求 KM1、KM2 绝不允许同时闭合。

解决办法：用互锁的方式保证 KM1、KM2 不同时闭合。

1．互锁

自锁和互锁的控制统称为电气的联锁控制，是最基本的控制。

互锁是指接触器在控制过程中，几个回路之间，利用某一回路的辅助触点，控制对方的线圈回路，进行状态保持或功能限制。例如，在电动机正反转的控制中，需要满足 KM1、KM2 不能同时接通的限制条件，利用 KM1 的辅助常闭触点，将其串联在 KM2 线圈回路中，实现 KM1 线圈一旦带电，则其辅助常闭触点断开，保证 KM2 的线圈不能带电，同理，将 KM2 的辅助常闭触点串联在 KM1 线圈回路中，保证 KM2 线圈带电时，KM1 的线圈不能带电。这种利用自己的辅助触点串联在对方的线圈回路中，相互锁定对方不带电的状态不改变的一种控制方式，就是互锁。实际应用中，互锁的实现有电气互锁和机械互锁。

2．用接触器实现电气互锁的正反转控制系统

电气互锁是指接触器的常闭触点串接在对方的控制回路中，相互锁定工作状态的连接方式，如图 2-6 所示。

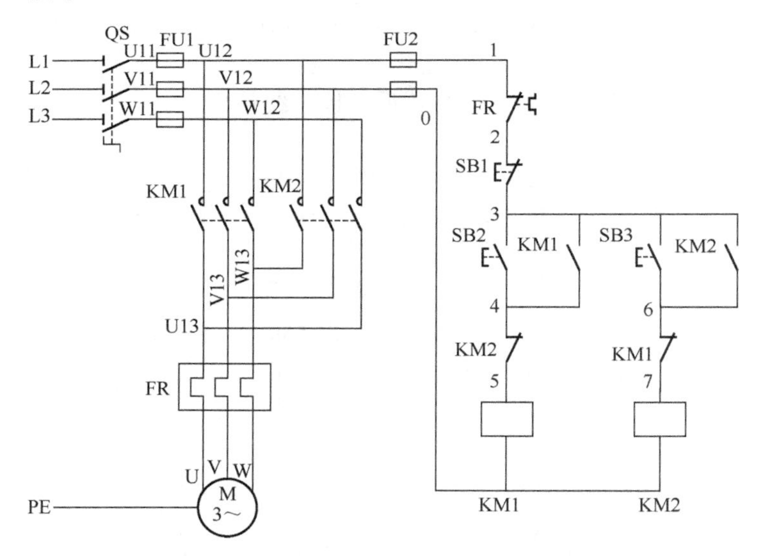

图 2-6　用接触器实现电气互锁的正反转控制系统

（1）接触器实现电气互锁的正反转控制系统中用到的低压元器件。

以 X62W 型万能铣床进给电动机的正反转控制为例，进行分析。

电源为三相交流电源 L1、L2、L3；电源开关为刀开关 QS；用电设备为一台三相异步电动机。

控制过程中用到的低压元器件有主回路控制开关 KM1、KM2，控制回路控制开关 SB1、SB2、SB3，FR 热继电器，FU1、FU2 两组熔断器。

在X62W型万能铣床进给电动机的正反转控制线路中，刀开关QS作电源隔离开关，FU1一组3个熔断器作主电路短路保护。KM1作主回路正转的控制开关；KM2作主回路反转的控制开关；将热继电器的发热元件串联在主回路中检测主回路工作电流是否过载。

利用FU2作控制回路的短路保护；将热继电器的常闭触点串联在控制回路中，达到过载保护目的；选择按钮作控制回路的主令开关，SB1是停止按钮，SB2是正转启动按钮，SB3是反转启动按钮；并联在启动按钮SB2、SB3两端的接触器的辅助常开触点KM1、KM2分别是正转和反转控制的自锁触点，串联在KM1线圈回路中的KM2常闭触点是一个互锁触点，它的功能是在KM2线圈带电状态下，此常闭触点断开，保证KM1线圈不能带电。串联在KM2线圈回路中的KM1常闭触点也起到同样的作用。

（2）分析线路的工作过程。

① 正常工作情况下的控制过程分析。当电动机M需要启动时，先合上电源开关QS，引入电源，此时电动机M尚未接通电源。按下正转启动按钮SB2，接触器KM1的线圈得电，使衔铁吸合，同时带动接触器KM1的3对主触点闭合，电动机M便接通电源启动运转。同时，并联在SB2两端的KM1辅助常开触点闭合，实现自锁，电动机可以连续通电。串联在KM2线圈回路中的KM1辅助常闭触点断开，实现互锁，保证KM1有电的情况下，KM2线圈不可能带电，防止KM1、KM2同时通电时的相间短路现象发生。电动机需要停转时，只要按下停止按钮SB1，使接触器KM1的线圈失电，衔铁在复位弹簧作用下复位，带动接触器KM1的3对主触点、辅助常开触点、辅助常闭触点恢复各自不带电的状态，电动机M失电停转，自锁、互锁解除。反转的控制过程和正转控制类似，只不过反转启动按钮为SB3。

a．合上电源开关QS。

b．正转启动过程：

按下启动按钮SB2 → KM1线圈得电 ----→ KM1主触点闭合 ---→ 电动机M启动正转运行。
　　→ KM1辅助常开触点闭合 →（与主触点闭合共同）
　　→ KM1辅助常闭触点断开 → 互锁KM2线圈回路

当松开SB2，因为接触器KM1的常开辅助触点自锁，控制电路仍保持接通，所以接触器KM1继续得电，电动机M实现连续正转运转。在M正转过程中，由于串联在KM2线圈回路中的KM1常闭触点的互锁作用，KM2不能接通。

c．正转停止过程：

按下停止按钮SB1 → KM1线圈失电 ---→ KM1主触点断开 ---→ 电动机M停止运行。
　　→ KM1辅助常开触点断开 → 自锁
　　→ KM1辅助常闭触点闭合 → 解除互锁

当松开SB1，因为接触器KM1的自锁触点在切断控制电路时已分断，解除了自锁，SB2也是分断的，所以接触器KM1不能得电，同时，接触器KM1的互锁触点闭合，解除了对KM2的互锁，为电动机的再次启动做好准备。

d．断开电源开关QS。

可以以同样的方法分析电动机反转启动过程和反转停止过程。

接触器互锁正反转控制电路的特点是电动机从正转变为反转时，必须先按下停止按钮后，才能按反转启动按钮，否则由于接触器的联锁作用，不能实现反转。

② 故障情况下保护过程分析。

a．短路保护：当主电路中有短路故障发生时，FU1 熔断，同时断开主回路、控制回路，实现保护。

当控制电路中有短路故障发生时，FU2 熔断，KM1 或 KM2 线圈失电，KM1 或 KM2 主触点断开主回路，实现保护。

b．失压、欠压保护：接触器互锁正反转控制线路不但能使电动机连续运转，而且运行过程中，用 KM1、KM2 作正反转的控制开关，因此，电路具有失压、欠压保护功能。

c．过载保护：热继电器的发热元件串联在主回路中检测主回路工作电流是否过载，其常闭触点串联在控制回路中，如果电动机正常工作，热继电器不动作，此触点不影响控制回路的工作，一旦电动机出现过载状态，热继电器动作，其常闭触点断开，使接触器线圈失电，电动机停转，起到过载保护的作用。

3．双重互锁的正、反转控制线路

从理论上讲，互锁也可以通过机械互锁来实现。利用复合按钮的常闭触点串接在对方线圈回路中形成的相互制约的控制方式称为机械互锁。但单一的机械互锁电路是不能在控制中应用的。因为仅有机械互锁控制电路中若出现熔焊或衔铁卡在吸合状态的故障时，虽然线圈已失电但其主触点无法断开。此时另一接触器一旦得电动作，主电路就会发生短路。可以将电气互锁、机械互锁同时应用于电路，形成双重互锁控制电路，如图 2-7 所示。

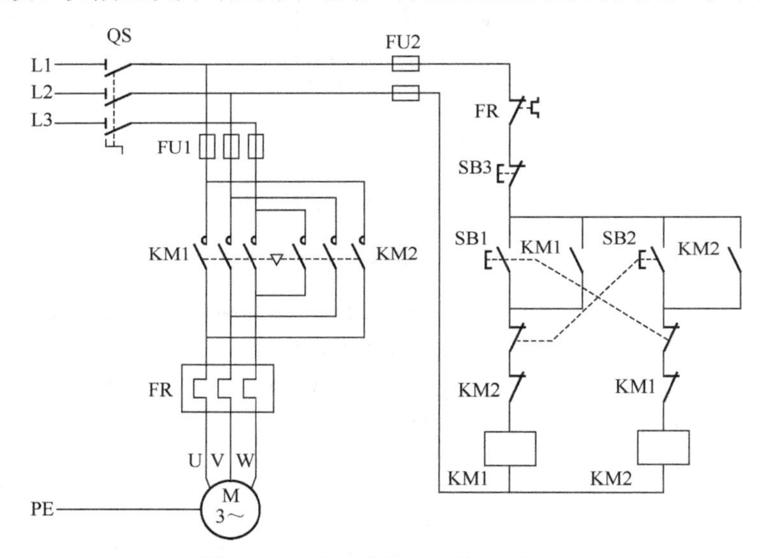

图 2-7　双重互锁的正反转控制线路

接触器、按钮双重互锁的正、反转控制线路是在 KM1 和 KM2 线圈各自的支路中相互串接了对方的一副常闭辅助触点，以保证 KM1 和 KM2 不会同时通电，同时通过 SB1、SB2 实现按钮互锁，SB1 动作时 KM2 线圈不能通电，SB2 动作时 KM1 线圈不能通电。此控制线路的特点为安全可靠、操作方便。

（1）正常工作情况下的控制过程分析。

① 合上电源开关 QS。

② 正转控制：按下按钮 SB2→SB2 常闭触点先分断对 KM2 联锁（切断反转控制电路）→SB2 常开触点后闭合→KM1 线圈得电→KM1 主触点闭合→电动机 M 启动连续正转。KM1

联锁触点分断对 KM2 联锁（切断反转控制电路）。

③ 反转控制：按下按钮 SB3→SB3 常闭触点先分断→KM1 线圈失电→KM1 主触点分断→电动机 M 失电→SB3 常开触点后闭合→KM2 线圈得电→KM2 主触点闭合→电动机 M 启动连续反转。KM2 联锁触点分断对 KM1 联锁（切断正转控制电路）。

④ 停止控制：按停止按钮 SB1→整个控制电路失电→KM1（或 KM2）主触点分断→电动机 M 失电停转。

⑤ 断开电源开关 QS。

（2）故障情况下保护过程与接触器互锁电路一致。

双重互锁电路和单重互锁电路相比较，可以直接由电动机正转状态切换到电动机反转状态，而不必经过中间的停止过程。但这种正反转之间的直接切换，对用电系统冲击很大，只允许在小容量的电动机的控制过程中采用。

二、X62W 型万能铣床进给电动机的正反转控制线路的安装

1. 阅读原理图

明确原理图中的各种元器件的名称、符号、作用，理清电路图的工作原理及其控制过程。

2. 选择元器件

按元件明细表配齐电气元件，并进行检验。X62W 型万能铣床进给电动机的正反转控制线路的元件明细表如表 2-4 所示。

表 2-4　X62W 型万能铣床进给电动机的正反转控制线路元件明细表

代号	名称	型号	规　　格	数量
M	三相异步电动机	Y112M-4	4kW、380V、△接法、8.8A、1 440r/min	1
QS	刀开关	HZ10-25/3	三相、额定电流为 25A	1
KM1、KM2	接触器	CJ20-16	16A、线圈电压为 380V	1
FR	热继电器	JR36-20/3D	20A，整定电流为 8.8A、断相保护	1
SB1、SB2、SB3	按钮	LA18-3H	保护式、按钮数为 3	1
FU1	熔断器	RT14-32/25	380V、32A、熔体为 25A	3
FU2	熔断器	RT14-32/2	380V、32A、熔体为 2A	2
XT1	端子板	TB1512	690V、15A、12 节	1
导线	主电路	BV-1.5	$1.5mm^2$	若干
导线	控制电路	BV-1.0	$1.0mm^2$	若干
导线	按钮线	BVR-0.75	$0.75mm^2$	若干

所有电气控制器件，至少应具有制造厂的名称或商标、型号或索引号、工作电压性质和数值等标志。若工作电压标志在操作线圈上，则应使安装在器件的线圈的标志是显而易见的。

安装接线前应对所使用的电气元件逐个进行检查。

3．配齐工具、仪表选择导线

按控制电路的要求配齐工具，仪表，按照图纸设计要求选择导线类型、颜色及截面积等。

4．安装电气控制线路

按照 X62W 型万能铣床进给电动机的正反转控制线路的电气元件布置图，对所选组件（包括接线端子）进行安装接线，如图 2-8 所示。

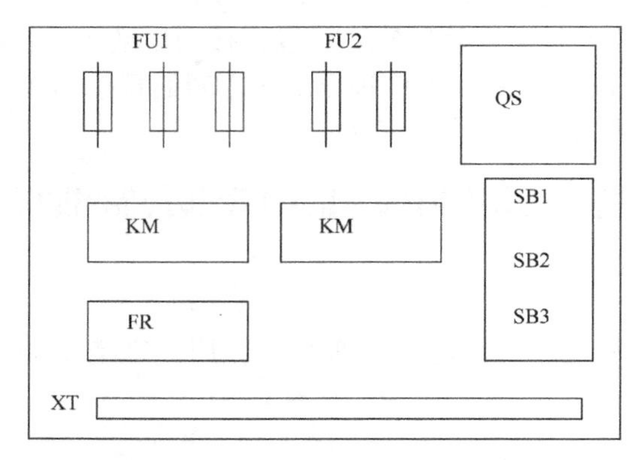

图 2-8 X62W 万能铣床进给电动机的正反转控制线路的电气元件布置图

5．按接线图布线

按照 X62W 型万能铣床进给电动机的正反转控制线路的安装接线图进行布线，如图 2-9 所示。

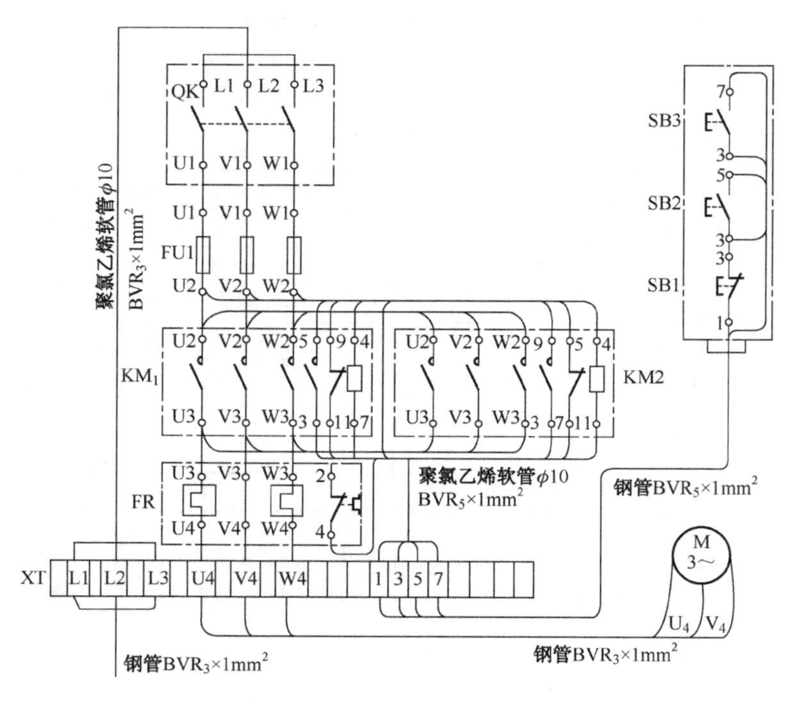

图 2-9 X62W 万能铣床进给电动机的正反转控制线路的安装接线图

6. 检查线路

连接好的控制线路必须经过认真检查后才能通电调试，检查线路应按以下步骤进行。

（1）对照电气原理图、电气安装接线图，从电源开始逐段核对端子接线的线号是否正确。重点检查按钮盒内的接线盒接触器的自锁、互锁触点的位置，防止接错。

万用表导通法检查。用万用表电阻挡检查控制电路接线情况。检查时，应选用倍率适当的电阻挡，并将欧姆调零。

控制电路的检查，可将表笔分别搭在U1、V1线端上，读数应为"∞"。按下SB2或SB3时，万用表读数应为接触器线圈的直流电阻值（如CJ10-10线圈的直流电阻值约为1 800Ω），松开SB2（或SB3），万用表读数为"∞"。

自锁的检查，按下接触器KM1或KM2触点时，万用表读数应为接触器线圈的直流电阻值，按下接触器试验按钮的同时按下SB1，万用表读数应为"∞"。

互锁的检查，同时按下KM1和KM2触点，万用表读数为"∞"。

停车控制检查。按下启动按钮SB2（SB3）或KM1（KM2）触点，测得接触器线圈的直流电阻值，同时按下停止按钮SB1，万用表读数由线圈的直流电阻值变为"∞"。

检查主电路有无开路或短路现象。3条主回路逐次进行测试检查，可用手动控制接触器的触点来代替接触器通电进行检查。

（2）用兆欧表检查线路的绝缘电阻应不小于0.5MΩ。

7. 通电调试

（1）调试前的准备：在调试前，需要先根据调试的实际情况，出具调试报告。

（2）检查低压断路器、熔断器、交流接触器、热继电器、按钮等元件位置是否正确，有无损坏，导线规格是否符合设计要求，操作按钮和接触器是否灵活可靠，热继电器的整定值是否正确，电源信号和指示是否正确。

（3）调试过程：先检查电源，再调试控制回路，最后将主回路、控制回路联合调试。

电源检查：用万用表的交流电压挡检测电路电源是否和用电设备额定电压符合。

接通控制电路电源，按下正转启动按钮SB2，检查接触器KM1是否正常吸合，按下反转启动按钮SB3，检查接触器KM2是否正常吸合，同时按下SB2、SB3检查接触器KM1和KM2的互锁功能是否正常。

接通主电路和控制电路的电源，检查电动机能否启动、启动过程是否平稳，正向和反向转速是否正常，正常后，在电动机转轴上加负载，检查热继电器是否有过负荷保护作用。

（4）根据调试具体情况，完善调试报告。

8. 故障排查

（1）故障检修是本次任务的一个重点内容，学生应根据调试过程中出现的问题，修改完善控制线路，检修训练时应注意以下几点。

① 要认真听取和仔细观察指导教师在示范过程中的讲解和检修操作。

② 要熟练掌握电路图中各个环节的作用。

③ 在排除故障过程中，故障分析的思路和方法要正确。

④ 工具和仪表使用要正确。

⑤ 带电检修故障时，必须有指导教师在现场监护，并要确保用电安全。

（2）电动机正反转调试中出现的典型故障如下。

① 按下 SB2，电动机不转；按下 SB3，电动机运转正常。故障原因可能是 KM1 线圈断路；或 SB1 损坏产生断路。

② 按下 SB2 或 SB3 电动机都不动，按下 SB1 后再按 SB2 或 SB3 则工作正常。原因是 SB1 损坏或接错。

③ 合上 QS 后，熔断器 FU2 马上熔断。原因可能是 KM1 或 KM2 线圈、触点短路。

④ 合上 QS 后，熔断器 FU1 马上熔断。原因可能是 KM1 或 KM2 短路，或电动机相间短路，或正反转主电路换相线接错。

⑤ 按下 SB2 后电动机正常运行，再按下 SB3，FU1 马上熔断。原因是正反转主电路换相线接错或 KM1、KM2 常闭辅助触点联锁不起作用。

知识链接 2　电气控制线路的设计

电气设计的基本任务是根据控制要求设计和编制出设备制造和使用维修过程中所必需的各种图纸、资料，其中包括电气系统的组件划分与电气元件布置图、安装接线图、电气原理图、控制面板布置图等，编制设备清单、电气控制系统操作使用及维护说明书等资料。

一、电气控制线路设计的基本内容

电气控制线路的设计包括原理设计和工艺设计，电气原理设计是整个系统设计的核心，它是工艺设计和制定其他技术资料的依据，这里只简单说明原理设计。

电气控制系统原理设计内容主要包括以下几部分。

（1）拟定电气设计任务书。电气设计任务书是整个电气控制线路设计的依据，拟定电气设计任务书，应聚集电气、机械工艺、机械结构 3 方面的人员，得出一份合理的设计任务书。

（2）确定电力拖动方案及控制方式。电力拖动方案与控制方式的确定是电气控制线路各部分设计内容的基础和前提条件。

电力拖动方案是指依据生产工艺过程要求，生产机械设备的结构，运动部件的数量、运动要求、负载特性、调速要求及经济要求等条件，来选择电动机的类型、数量、拖动方式及电动机的各种控制特性要求。电力拖动方案是电气控制原理图设计及电气元件选择的依据。

有几种电路结构及控制形式均能满足相同的控制技术指标的情况下，究竟选择哪一种控制方案，就要综合考虑各个控制方案的性能、设备投资、使用周期、维护检修、发展等方面的因素。控制系统的控制方式，力求在经济、安全可靠的前提下，能最大限度地满足生产工艺过程的要求；此外，控制方案的确定，还应考虑采用联锁、限位保护、故障报警、信号指示等。

（3）确定电动机的类型、电压等级、容量及转速，并选择出具体型号。

（4）设计电气控制原理框图，确定电气控制原理图所包括的主电路、控制电路和辅助控制电路各部分之间的控制关系。

（5）设计并绘制电气控制原理图，选择相关主要技术参数。

（6）选择电气元件，拟定电气设备和电气元件明细表，以及装置易损件及备用件清单。

（7）在上述完成的基础上，编制出符合设计要求的原理设计说明书。

二、电气控制线路设计的基本方法

以一个具体的控制系统为例，说明电气控制线路的基本方法。

某专用机床电气控制系统控制要求如下。

（1）专用机床的滑台采用三相异步电动机M1拖动，M1功率为1.1kW，需要正反转。

（2）启动后，滑台由原位快速移动到加工位置，到指定位置后自动切换到慢速进给。滑台速度的改变由齿轮变速机构和电磁铁来实现。电磁铁吸合时为快速，释放时为慢速。

（3）铣削完毕，自动停车。

（4）人工操作滑台快速退回原位后自动停车。

（5）专用机床采用左右两动力头进行铣削加工，两动力头分别采用三相异步电动机M2、M3拖动，M2、M3的功率都是4.5kW，只需要单向旋转。

（6）系统具有短路、过载、欠压及失压保护。

电气控制线路的设计方法有两种：经验设计法和逻辑设计法。经验设计法又称一般设计法或分析设计法，它是根据生产机械设备的工艺要求，选择适当的基本环节，如单元电路或典型电路综合而成的电气控制线路。对于一般不太复杂的（继电接触式)电气控制线路都可以按照经验设计法进行设计。该方案易于掌握和使用。但在设计的过程中需要反复修改设计草图，以得到最佳设计方案，因此设计速度慢，且必要时还需对整个电气控制线路进行模拟试验。

专用机床的电气控制系统的设计可以采用经验设计法进行设计，其电气控制线路设计包括主电路、控制电路和辅助电路等的设计。

1. 主电路设计

主电路设计主要考虑电动机的启动、正反转、制动和调速要求。主电路的设计过程如图2-10所示。

在本例中，主电路有3条，分别是滑台电动机M1、两动力头电动机M2、M3。M1主电路电动机功率只有1.1kW，可以直接启动，运行中需要正反转控制，调速是机械调速。M2、M3两条主电路电动机功率均为4.5kW，可以直接启动，运行中需要单向旋转控制。

图2-10（a）所示为只考虑主电路启动、正反转等基本控制环节的初次设计电路，图2-10（b）所示为在初次设计的基础上，综合考虑各台电动机相互之间的连锁控制、主电路保护要求等条件后，经过修改、完善得到的电路图。

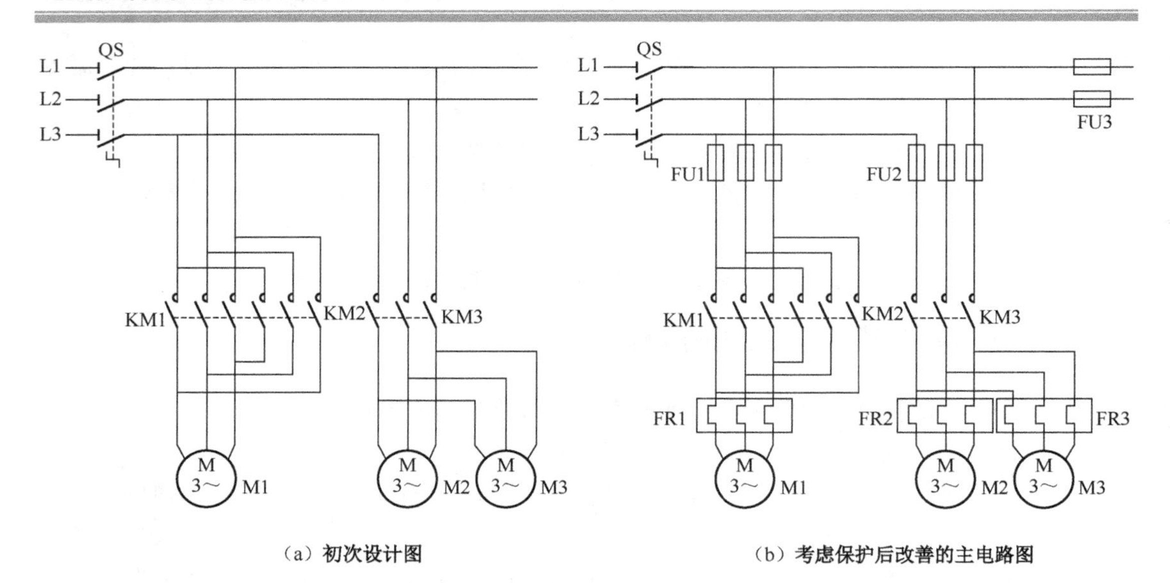

（a）初次设计图
（b）考虑保护后改善的主电路图

图 2-10　主电路设计

2．控制及保护电路设计

控制电路主要考虑如何满足电动机各种运转功能和生产工艺的要求。包括基本控制线路和照明、信号等控制线路特殊部分的设计。联锁保护环节主要考虑如何完善整个控制线路的设计，其中包括各种联锁环节及短路、过载、过流、失压等保护环节，如图 2-11 所示。

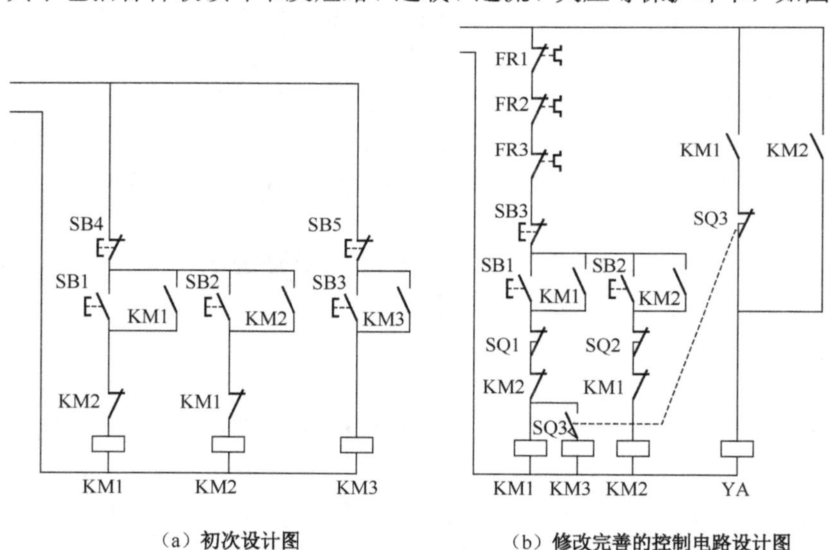

（a）初次设计图
（b）修改完善的控制电路设计图

图 2-11　控制电路的设计

专用机床中，对控制过程提出了要求。

（1）M1 的控制：

正转控制——在原位（SQ2）按下启动按钮 SB1，KM1 线圈、电磁铁线圈同时带电，到达 SQ3，断开电磁铁线圈。同时接通 KM3 线圈。到达 SQ1，断开 KM1 线圈。滑台停止前进。

反转控制——按下 SB2，KM2 线圈带电，到达 SQ2，断开 KM2 线圈。

（2）M2、M3 的控制：滑台到达指定位置，压下 SQ3，KM3 线圈带电，到达 SQ2，断开电磁铁线圈。到达 SQ1，断开 KM1、KM3 线圈。

反转控制——按下 SB2，KM2 线圈带电，到达 SQ2，断开 KM2 线圈。

过载保护——将 FR1、FR2、FR3 常闭触点串联在公共支路上。

停止按钮——任意时刻，按下 SB3，全部设备应该停止用电。

3．线路的综合审查

控制电路初步设计完成后，可能还有不合理、不可靠、不安全的地方，应当根据经验和控制要求对线路进行反复审查，确保设计的电路满足设计原则和生产工艺要求，在条件允许的情况下，进行模拟试车，逐步完善整个电气控制线路的设计，直到满足生产工艺要求。最后修改的专用机床电气控制原理图如图 2-12 所示。

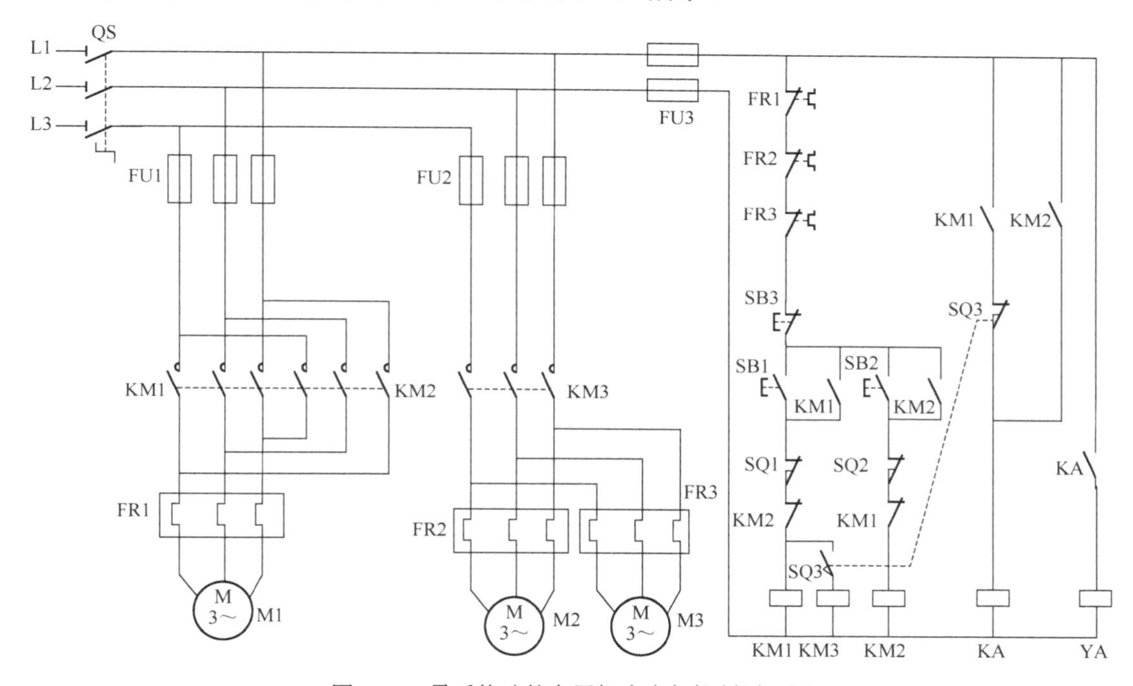

图 2-12　最后修改的专用机床电气控制原理图

技能实训

一、资讯

根据工作任务要求，各工作小组通过工作任务单、引导文及参考文献，查阅资料获取工作任务相关信息，熟悉 X62W 型万能铣床进给电动机的正反转控制线路电气原理图及安装过程。

二、制订工作计划

各组讨论完成工作任务所需步骤及任务具体分解。

（1）根据工作任务要求填写所用电工工具及电工仪表。

（2）根据 X62W 型万能铣床进给电动机的正反转控制线路电气原理图完成元件明细表。

（3）填写工作计划表。

三、讨论决策

各小组绘制 X62W 型万能铣床进给电动机的正反转控制线路的电气控制系统图并讨论方案可行性。

四、工作任务实施

（1）学生完成进给电动机接触器联锁正反转控制线路电气控制盘的电气系统图的绘制与安装等任务。

（2）检修训练。

① 教师示范检修。用试验法来观察故障现象；用逻辑分析法缩小故障范围，并在电路图上用虚线标出故障部位的最小范围；用测量法正确、迅速地找出故障点。

②学生检修。教师示范检修后，让学生进行检修。在学生检修的过程中，教师可进行启发性的示范指导。

（3）技术方案的编写。

五、工作任务完成情况考核

根据任务的完成情况填写表 2-5。

表 2-5　工作任务考核表

<table>
<tr><th colspan="4" rowspan="3">考核评比项目的内容</th><th colspan="5">项目分值</th></tr>
<tr><th rowspan="2">配分</th><th colspan="4">得分</th></tr>
<tr><th>自查</th><th>互查</th><th>教师评分</th><th>综合得分</th></tr>
<tr><td rowspan="10">专业能力60%</td><td colspan="2" rowspan="3">安装前准备与检查</td><td>元器件和工具、仪表准备数量是否齐全</td><td>1 分</td><td></td><td></td><td></td><td></td></tr>
<tr><td>电动机质量检查</td><td>1 分</td><td></td><td></td><td></td><td></td></tr>
<tr><td>电气元件漏检或错检</td><td>2 分</td><td></td><td></td><td></td><td></td></tr>
<tr><td rowspan="7">工作过程</td><td rowspan="3">安装元件</td><td>安装的顺序安排是否合理</td><td>2 分</td><td></td><td></td><td></td><td></td></tr>
<tr><td>工具的使用是否正确、安全</td><td>2 分</td><td></td><td></td><td></td><td></td></tr>
<tr><td>电器、线槽的安装是否牢固、平整、规范</td><td>2 分</td><td></td><td></td><td></td><td></td></tr>
<tr><td rowspan="4">布线</td><td>不按电路图接线</td><td>5 分</td><td></td><td></td><td></td><td></td></tr>
<tr><td>布线不符合要求</td><td>2 分</td><td></td><td></td><td></td><td></td></tr>
<tr><td>接点松动、露铜过长、压绝缘层、反圈等</td><td>3 分</td><td></td><td></td><td></td><td></td></tr>
<tr><td>漏套或错套编码套管</td><td>1 分</td><td></td><td></td><td></td><td></td></tr>
</table>

续表

考核评比项目的内容				项目分值				
				配分	得分			
					自查	互查	教师评分	综合得分
专业能力60%	工作过程	布线	漏接接地线	1分				
			导线的连接是否能够安全载流、绝缘是否安全可靠、放置是否合适	3分				
		通电试车	电动机接线是否正常	2分				
			第一次试车不成功	2分				
			第二次试车不成功	1分				
			第三次试车不成功	1分				
	线路改造	改画接线图	根据原理图改画接线图	2分				
		改装线路板	按布置图安装	3分				
			元件安装	2分				
			损坏元件	1分				
		布线	编码套管	1分				
			改装不符合要求	2分				
			改装不正确	2分				
		通电试车	通电试车	1分				
	工作成果的检查		线槽是否平直、牢靠，接头、拐弯处是否处理平整美观	3分				
			电器安装位置是否合理、规范	2分				
			环境是否整洁干净	1分				
			其他物品是否在工作中遭到损坏	1分				
			整体效果是否美观	2分				
			整定值是否正确，是否满足工艺要求	1分				
			熔断器的熔体配置是否正确	1分				
			是否在定额时间内完成	2分				
			安全措施是否科学	2分				
综合能力40%	信息收集整理能力		收集和处理信息的能力	4分				
			独立分析和思考问题的能力	3分				
			完成工作报告	3分				
	交流沟通能力		安装、调试总结	3分				
			安装方案论证	3分				
	分析问题能力		线路安装调试基本思路、基本方法研讨	5分				

续表

考核评比项目的内容			项目分值				
			配分	得分			
				自查	互查	教师评分	综合得分
综合能力40%	分析问题能力	工作过程中处理故障和维修设备	5分				
	深入研究能力	培养具体实例抽象为模拟安装调试的能力	3分				
		相关知识的拓展与提升	3分				
		车床的各种类型和工作原理	2分				
	劳动态度	快乐主动学习	3分				
		协作学习	3分				
强调项目成员注意安全规程及其工业标准 本项目以小组形式完成							

学习情境 2.2 进给电动机的多地及自动往返控制

学习目标

主要任务：通过进给电动机控制线路的学习，熟悉多地控制、位置控制线路；熟悉自动往返电气控制线路。

1．能够实现多地控制。
2．能够识读和绘制自动往返控制电气控制系统图。
3．能根据电气原理图进行位置控制线路的安装与检测维护。
4．能够排除电路故障。
5．培养学生良好的职业道德、安全生产、规范操作、质量及效益意识。

工作任务单（NO.3-2）

一、工作任务

X62W 型万能铣床的进给电动机是一台三相异步电动机。

K_{st}=7，进给电动机控制要求如下。

（1）工作台可以在任意位置停止。且为了控制方便在床身和工作台各装有控制按钮，即实现两地控制。

（2）工作台前进的极限位置为甲地，后退的极限位置为乙地。

① 工作台到达极限位置后，自动停止运行。

② 工作台到达极限位置后，自动向反方向运行。

试：

（1）确定继电接触电气控制方案。

（2）识读电气控制原理图、安装接线图。

（3）完成电气原理图、电气元件布置图、安装接线图的绘制。

（4）选择电气元件，制定元器件明细表。

（5）按照电气系统图完成电气控制盘的安装、调试及故障排查。

（6）编写电气原理说明书和使用操作说明书。

二、引导文

需要学生查阅相关网站、产品手册、设计手册、电工手册、电工图集等参考资料完成引导文提出的问题。

（1）什么是电动机的多地控制？线路的接线特点是什么？

（2）试画出能在两地控制同一台电动机正反转点动控制电路图。

（3）什么是位置控制？

（4）行程开关的作用是什么？

（5）行程开关在结构上有什么特点？

（6）行程开关的触点动作方式有哪几种？各有什么特点？

（7）同属主令电气，按钮和行程开关的异同点有哪些？

（8）什么是接近开关？它有什么特点？

（9）自动往返控制电路与常规正、反转控制电路的主要区别是什么？

（10）限位开关安装在哪里？

（11）为了避免由于操作或接线错误而烧毁元件或设备，需要增加哪些安全措施？

（12）板面布置上要求同类性质的元件置于同一处，请列出板面上哪些元件是同一类？

（13）若行程开关失灵会出现什么后果（行程开关的机械结构决定它肯定会出现这些问题）？如何解决？

（14）如果 KM1 接触器不能自锁，试分析工作现象如何。

（15）若小车到达停止点后需要延时进行人工装卸，如何解决延时问题？若装卸是由电动机控制的，如何解决延时？

（16）试设计一小车运行电路，要求如下。

① 小车由原位开始前进，到终点后自动停止。

② 小车在终点停留两分钟后自动返回到原位停止。

③ 要求能在前进或后退中任一位置均可停止或启动。

（17）当电动机功率确定后，请确定在自动往返控制线路中用到的元器件型号、规格。写出其确定的依据和计算公式。

三、本次工作任务的准备工作

1．工作环境及设施配备

工作环境：特种作业基地。

设施配备：配齐所需设备。

（1）根据所需工具及仪表完成表 2-6。

表 2-6　所需工具、仪表

工具	
仪表	

（2）根据所需元器件完成表 2-7。

表 2-7　元器件明细表

代号	名称	型号	规　格	数量

（3）多媒体教学设施。

（4）产品手册、设计手册、电工手册、电工图集等参考资料。

2．制订工作计划

各组制订工作计划并完成表 2-8。

表 2-8　工作任务计划表

学习内容					
组号			组员		
工序	工序名称	任务分解	完成所需时间	主要过程记录	责任人

知识链接 1　多地控制

有些生产设备为了操作方便，需要在两地或多地控制一台电动机，如普通铣床的控制电路，就是一种多地控制电路。这种能在两地或多地控制一台电动机的控制方式，称为电动机的多地控制。在实际应用中，大多为两地控制。

一、多地控制

如图 2-13 所示为两地控制的具有过载保护接触器自锁正转控制电路图。其中 SB12、SB11 为安装在甲地的启动按钮和停止按钮；SB22、SB21 为安装在乙地的启动按钮和停止按钮。线路的特点是：两地的启动按钮 SB12、SB22 要并联在一起；停止按钮 SB11、SB21 要串联在一起。这样就可以分别在甲、乙两地启动或停止同一台电动机，达到操作方便的目的。对三地或多地控制，只要把各地的启动按钮并接、停止按钮串接就可以实现。

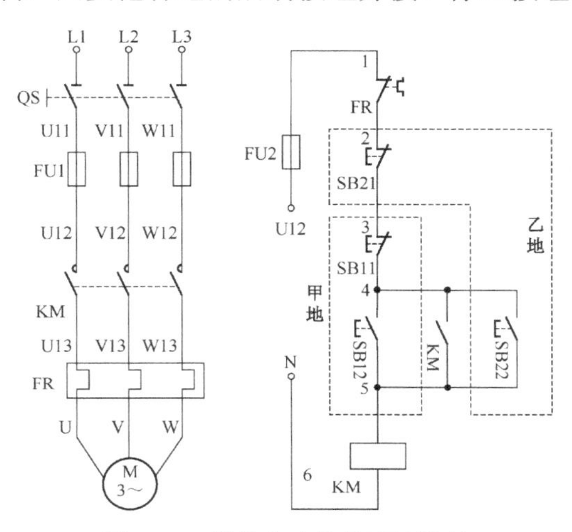

图 2-13　进给电动机的两地控制

二、多地控制工作过程

线路工作过程如下。

（1）合上电源开关 QS。

（2）按下甲地启动按钮 SB12（或乙地启动按钮 SB22）→KM 线圈得电→KM 主触点及其常开自锁触点闭合→电动机 M 启动连续运转。实现甲、乙两地都可以启动。

（3）按下甲地停车按钮 SB11（或乙地停车按钮 SB21）→KM 线圈失电→KM 主触点及其常开自锁触点断开→电动机 M 停止运转。实现甲、乙两地都可以停车。

（4）断开电源开关 QS。

知识链接 2　三相异步电动机的自动往返控制

根据生产机械的运动部件的位置或行程进行控制的方式称为行程控制。行程控制是机床和自动生产线应用最为广泛的控制方式之一。行程控制的具体应用线路根据不同的场合有不同的控制方法。应用最为广泛用的行程控制线路是限位控制和自动往返控制。

一、限位控制

限位断电控制线路运动部件在电动机拖动下，到达预先指定点即自动断电停车。行车

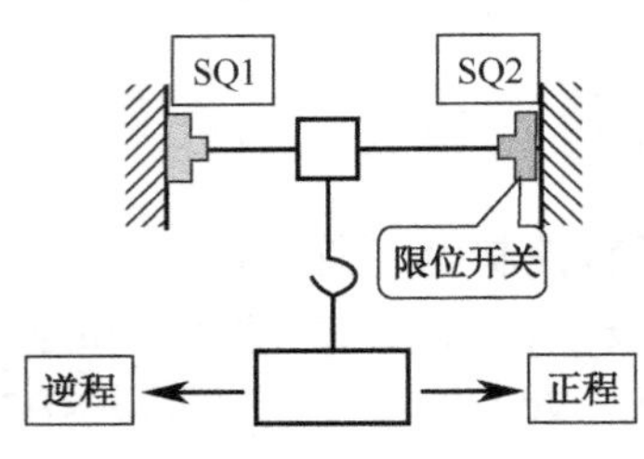

图 2-14 行车限位控制示意图

的控制线路就是一个典型的限位控制线路。行车向前、向后运行，是由电动机正转和反转驱动的，其控制线路的主体就是正反转控制线路。接触器联锁的正反转控制工作原理就是行车向前、向后的控制原理。为了防止由于操纵者失误（未及时按停止按钮），使行车超越两端的极限位置，在行车的两头终点处，各安装一个位置开关 SQ1 和 SQ2，将它们的常闭触点分别串联在正转控制电路和反转控制电路中。行车前后装有挡铁 1、挡铁 2，行车的行程位置可通过移动位置开关的安装位置来调节，如图 2-14 所示。

行车限位控制电气原理图如图 2-15 所示。

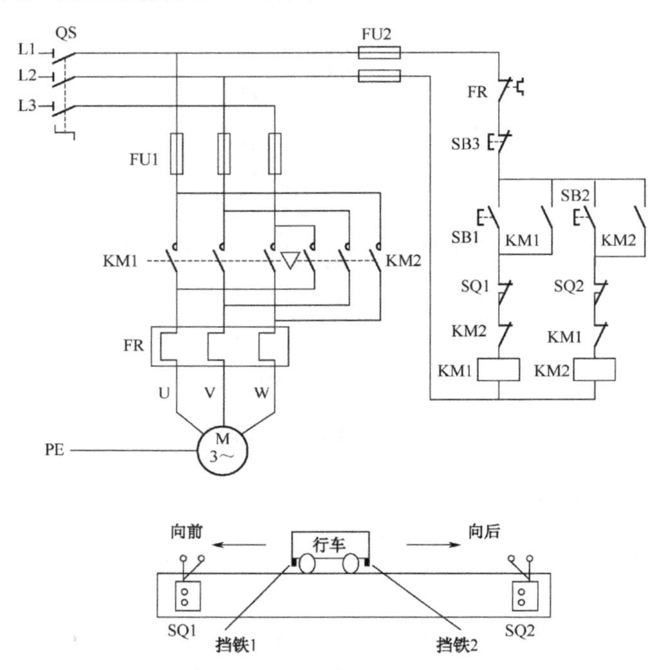

图 2-15 行车限位控制电气原理图

控制过程如下。

（1）先合上电源开关 QS。

（2）行车向前运动：

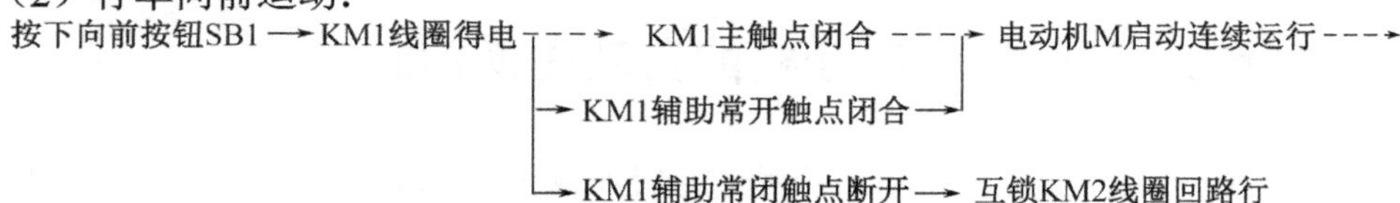

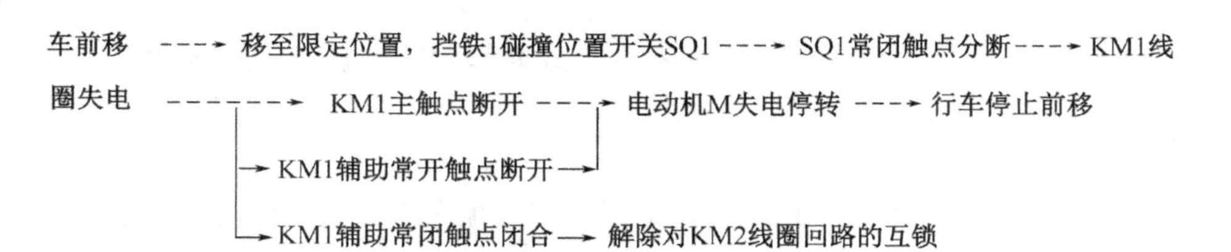

（3）行车向后运动：（原理分析同上）。

（4）在任意位置停车时只需按下 SB3 即可。

（5）断开电源开关 QS。

这种控制线路常使用在行车或提升设备的行程终端保护上，以防止由于故障电动机无法停车而造成事故。

二、机床工作台的自动往返控制

有些生产机械（如万能铣床），要求工作台在一定的行程内能自动往返运动，以便实现对工件的连续加工，提高生产效率。即要求工作台到达指定位置时，不但要求工作台停止原方向运动，而且还要求其自动改变方向，向相反的方向运动。利用行程开关也可以实现被控对象在极限位置之间的自动循环控制。

这种线路是在工作台需要限位的两端，各安装一个位置开关，将它们的常闭触点分别串联在正转控制电路和反转控制电路中。把它们的常开触点分别并联在相反方向的启动按钮两端。当位置开关动作后，常闭触点先分断，工作台停止运动；常开触点后闭合，工作台反向启动运行。图 2-16 所示的是铣床工作台自动循环控制示意图，工作台由电动机拖动运行，前进的极限位置设置为 SQ2，后退的极限位置设置为 SQ1，当工作台前进到达 SQ2，停止前进，开始后退，后退运行到达 SQ1，停止后退，开始前进，周而复始。SQ3、SQ4 被用来作越位保护，以防止 SQl、SQ2 失灵，工作台越过限定位置而造成事故。

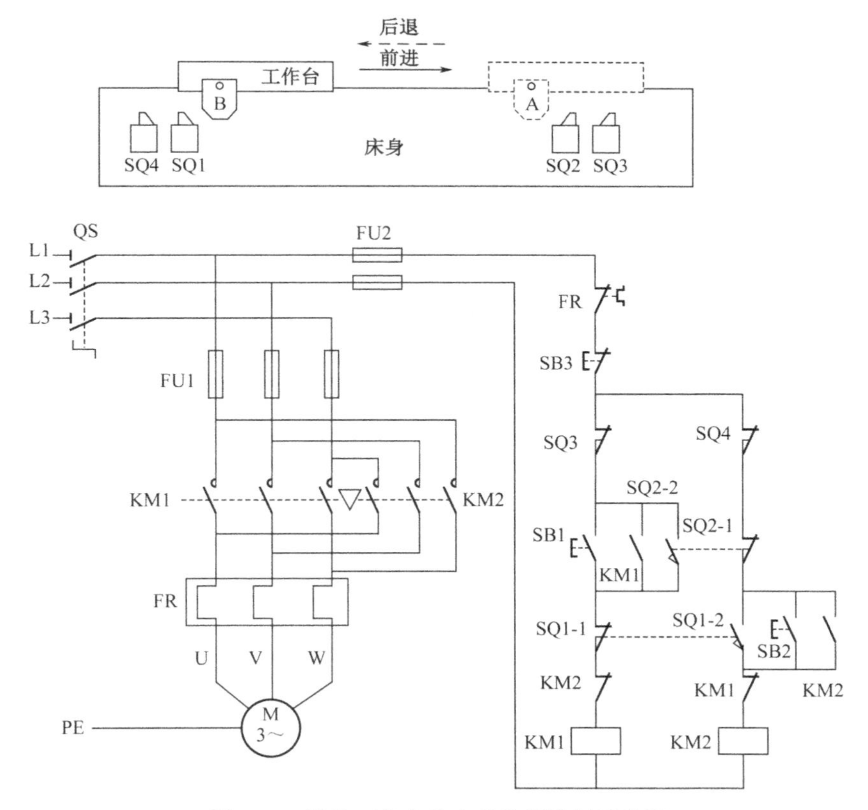

图 2-16　进给工作台的自动往返控制示意图

线路的工作原理如下。

（1）先合上电源开关 QS。

（2）工作台后退：

按下向后按钮SB1→KM1线圈得电→KM1主触点闭合→电动机M启动连续运行→

→KM1辅助常开触点闭合→

→KM1辅助常闭触点断开→互锁KM2线圈回路→

行车后退→移至限定位置，挡铁B碰撞位置开关SQ1→

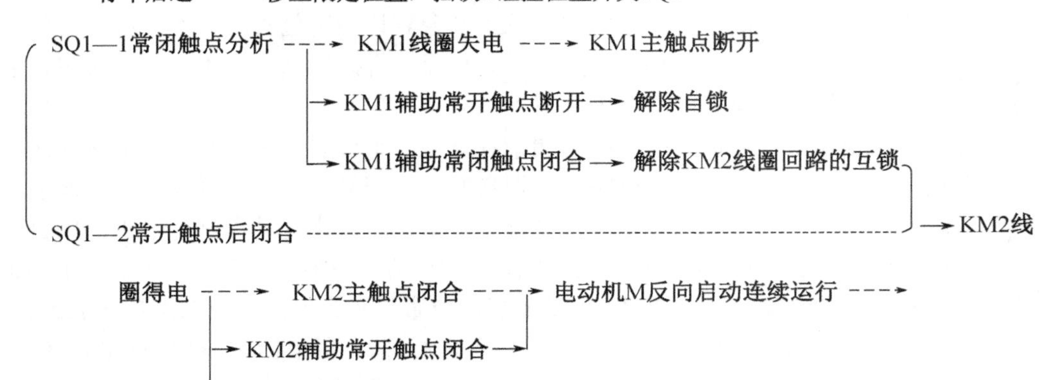

→KM2辅助常闭触点断开→互锁KM1线圈回路→

行车前进→移至限定位置，挡铁A碰撞位置开关SQ2→行车后退。

（3）工作台前进（请自行分析）。

（4）停止控制：

按下停止按钮SB3→KM1（KM2）线圈失电→KM1（KM2）主触点断开→工作台停止运动。

→KM1（KM2）辅助常开触点断开→解除自锁

→KM1（KM2）辅助常闭触点闭合→解除互锁

当松开 SB3，因为接触器 KM1（KM2）的自锁触点在切断控制电路时已分断，解除了自锁，SB1、SB2 也是分断的，所以接触器 KM1（KM2）不能得电，同时，接触器 KM1（KM2）的互锁触点闭合，解除了对 KM2（KM1）的互锁，为电动机的再次启动做好准备。

（5）断开电源开关 QS。若 SQ1、SQ2 失灵，则由极限限位开关 SQ3、SQ4 实现保护，避免工作台因超出极限位置而发生事故。

三、X62W 型万能铣床进给电动机的自动往返控制线路的安装

1．阅读原理图

明确原理图中的各种元器件的名称、符号、作用，理清电路图的工作原理及其控制过程。

2．选择元器件

按元件明细表配齐电气元件，并进行检验。

X62W 型万能铣床进给电动机的自动往返控制线路的元件明细表如表 2-9 所示。

表 2-9　进给电动机自动往返控制线路元件明细表

代号	名称	型号	规　格	数量
M	三相异步电动机	Y112M-4	4kW、380V、△接法、8.8A、1 440r / min	1
QS	刀开关	HZ10-25/3	三相、额定电流为 100A	1
KM1、KM2	接触器	CJ20-16	16A、线圈电压为 380V	1
FR	热继电器	JR36-20/3D	20A，整定电流为 8.8A、断相保护	1
SB1、SB2、SB3	按钮	LA18-3H	保护式、按钮数 3	1
FU1	熔断器	RT14-32/25	380V、32A、熔体为 25A	3
FU2	熔断器	RT14-32/2	380V、32A、熔体为 2A	2
SQ1～SQ4	行程开关	YBLX-1/11	380V、5A	4
XT1	端子板	TB1512	690V、15A、12 节	1
导线	主电路	BV-1.5	$1.5mm^2$	若干
导线	控制电路	BV-1.0	$1.0mm^2$	若干
导线	按钮线	BVR-0.75	$0.75mm^2$	若干

所有电气控制器件，至少应具有制造厂的名称或商标、型号或索引号、工作电压性质和数值等标志。若工作电压标志在操作线圈上，则应使安装在器件的线圈的标志是显而易见的。

安装接线前应对所使用的电气元件逐个进行检查。

3．配齐工具仪表，选择导线

按控制电路的要求配齐工具，仪表，按照图纸设计要求选择导线类型、颜色及截面积等。

4．安装电气控制线路

按照 X62W 型万能铣床进给电动机的自动往返控制线路的电气元件布置图，对所选组件（包括接线端子）进行安装接线，如图 2-17 所示。

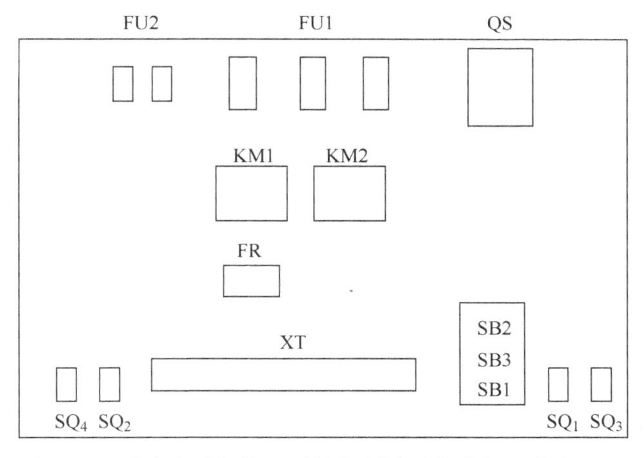

图 2-17　进给电动机的正反转控制线路的电气元件布置图

5．按接线图布线

绘制自动往返控制线路的安装接线图并进行布线，如图 2-18 所示。

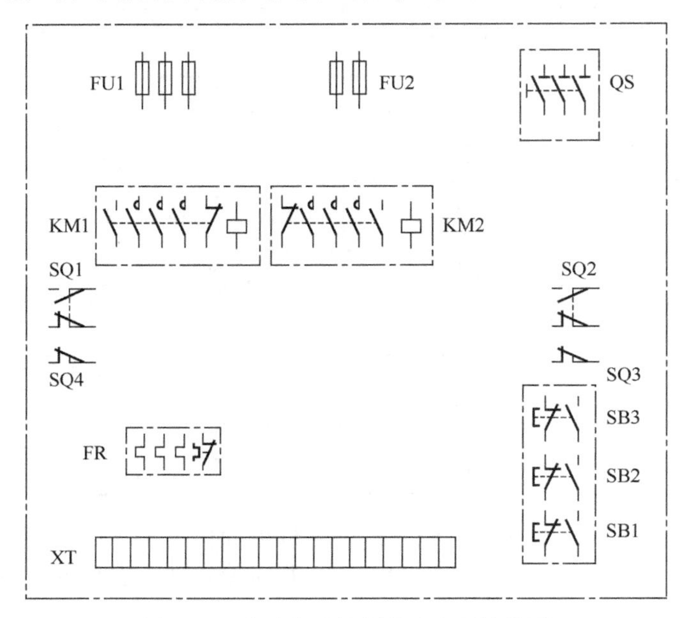

图 2-18　自动往返控制线路安装接线图

6．检查线路

按电路图或接线图从电源端开始，逐段核对接线及接线端子处线号是否正确，有无漏接、错接之处。检查导线接点是否符合要求，压接是否牢固，避免带负载运行时产生闪弧现象。

（1）控制电路接线检查。用万用表电阻挡检查控制电路接线情况。检查时，应选用倍率适当的电阻挡，并将欧姆调零。

检查控制电路通断。断开主电路，将表笔分别搭在 U11、V11 线端上，读数应为“∞”。按下电动机启动按钮 SB1、SB2 时，万用表读数应为接触器线圈的直流电阻值，松开 SB1、SB2，万用表读数应为“∞”。

自锁控制线路的控制电路检查。松开 SB2，按下 KM1、KM2 触点，使其常开辅助触点闭合，万用表读数应为接触器线圈的直流电阻值。

检查互锁，同时按下 KM1、KM2 触点，万用表读数为“∞”。按下 KM1 触点，再按 SB2，万用表读数为接触器线圈的直流电阻值。

检查行程开关，按下 SB1（SB2），再按下 SQ1（SQ2）或 SQ3（SQ4），万用表读数应为“∞”。

（2）检查主电路有无开路或短路现象。3 条主回路逐次进行测试检查，可用手动来代替接触器通电。

（3）用兆欧表检查线路的绝缘电阻应不小于 0.5MΩ。

7．通电调试

技能实训

一、资讯

根据工作任务要求，各工作小组通过工作任务单、引导文及参考文献，查阅资料获取工作任务相关信息，熟悉 X62W 型万能铣床进给电动机的自动往返控制线路电气原理图及安装过程。

二、制订工作计划

各组讨论完成工作任务所需步骤及任务具体分解。

（1）根据工作任务要求填写所用电工工具及电工仪表。

（2）根据 X62W 型万能铣床进给电动机的自动往返线路电气原理图完成元件明细表。

（3）填写工作计划表。

三、讨论决策

各小组绘制 X62W 型万能铣床进给电动机的自动往返控制线路的电气控制系统图并讨论方案可行性。

四、工作任务实施

1．行程开关的认识和应用

2．运料小车自动往返系统的设计

工作流程为：运料小车在右端装料，左端卸料。小车启动后先向右行，到右端停下装料，装料结束后开始左行，到左端停下卸料，卸料完毕又开始右行。如此自动往复循环，直到按下停止按钮，小车才停止工作。

（1）能够按照工艺要求正确安装运料小车自动往返系统的控制电路。

（2）能够正确识读电路图、装配图。

（3）理解 4 个行程开关的作用。

（4）根据故障现象，检修电路出现的问题。

3．知识扩展与讨论

要求小车运行有以下几种运行方式。

（1）手动：即每个动作均由按钮操作。

（2）单周期：即小车往复运行一个工作周期后停在后端，等待下次再启动。

（3）连续：即小车启动后自动往复运行，并不断循环。

（4）单步：即每次启动一次只完成一步动作。

（5）若行程开关失灵会出现什么后果（行程开关的机械结构决定它肯定会出现这些问题）？如何解决？

（6）若小车到达停止点后需要延时进行人工装卸，如何解决延时问题？

（7）若装卸是由电动机控制的，如何解决延时问题？

五、工作任务完成情况考核

根据任务完成情况填写表 2-10。

表 2-10　工作任务考核表

<table>
<tr><th colspan="4" rowspan="3">考核评比项目的内容</th><th colspan="5">项目分值</th></tr>
<tr><th rowspan="2">配分</th><th colspan="4">得分</th></tr>
<tr><th>自查</th><th>互查</th><th>教师评分</th><th>综合得分</th></tr>
<tr><td rowspan="25">专业能力60%</td><td colspan="2">行程开关识别</td><td>名称型号</td><td>2 分</td><td></td><td></td><td></td><td></td></tr>
<tr><td colspan="2" rowspan="2">行程开关性能测试</td><td>仪表使用方法</td><td>2 分</td><td></td><td></td><td></td><td></td></tr>
<tr><td>测量结果</td><td>2 分</td><td></td><td></td><td></td><td></td></tr>
<tr><td colspan="2" rowspan="2">行程开关使用</td><td>行程开关在主电路中的使用</td><td>2 分</td><td></td><td></td><td></td><td></td></tr>
<tr><td>行程开关在控制电路中的使用</td><td>2 分</td><td></td><td></td><td></td><td></td></tr>
<tr><td colspan="2" rowspan="3">安装前准备与检查</td><td>元器件和工具、仪表准备数量是否齐全</td><td>1 分</td><td></td><td></td><td></td><td></td></tr>
<tr><td>电动机质量检查</td><td>1 分</td><td></td><td></td><td></td><td></td></tr>
<tr><td>电气元件漏检或错检</td><td>2 分</td><td></td><td></td><td></td><td></td></tr>
<tr><td rowspan="13">工作过程</td><td rowspan="3">安装元件</td><td>安装的顺序安排是否合理</td><td>2 分</td><td></td><td></td><td></td><td></td></tr>
<tr><td>工具的使用是否正确、安全</td><td>2 分</td><td></td><td></td><td></td><td></td></tr>
<tr><td>电器、线槽的安装是否牢固、平整、规范</td><td>2 分</td><td></td><td></td><td></td><td></td></tr>
<tr><td rowspan="6">布线</td><td>不按电路图接线</td><td>5 分</td><td></td><td></td><td></td><td></td></tr>
<tr><td>布线不符合要求</td><td>2 分</td><td></td><td></td><td></td><td></td></tr>
<tr><td>接点松动、露铜过长、压绝缘层、反圈等</td><td>3 分</td><td></td><td></td><td></td><td></td></tr>
<tr><td>漏套或错套编码套管</td><td>1 分</td><td></td><td></td><td></td><td></td></tr>
<tr><td>漏接接地线</td><td>1 分</td><td></td><td></td><td></td><td></td></tr>
<tr><td>导线的连接是否能够安全载流、绝缘是否安全可靠、放置是否合适</td><td>3 分</td><td></td><td></td><td></td><td></td></tr>
<tr><td rowspan="4">通电试车</td><td>电动机接线是否正常</td><td>2 分</td><td></td><td></td><td></td><td></td></tr>
<tr><td>第一次试车不成功</td><td>4 分</td><td></td><td></td><td></td><td></td></tr>
<tr><td>第二次试车不成功</td><td>2 分</td><td></td><td></td><td></td><td></td></tr>
<tr><td>第三次试车不成功</td><td>2 分</td><td></td><td></td><td></td><td></td></tr>
<tr><td colspan="2" rowspan="3">工作成果的检查</td><td>线槽是否平直、牢固，接头、拐弯处是否处理平整美观</td><td>3 分</td><td></td><td></td><td></td><td></td></tr>
<tr><td>电器安装位置是否合理、规范</td><td>2 分</td><td></td><td></td><td></td><td></td></tr>
<tr><td>环境是否整洁干净</td><td>1 分</td><td></td><td></td><td></td><td></td></tr>
</table>

续表

考核评比项目的内容			项目分值				
			配分	得分			
				自查	互查	教师评分	综合得分
专业能力60%	工作成果的检查	其他物品是否在工作中遭到损坏	1 分				
		整体效果是否美观	2 分				
		整定值是否正确，是否满足工艺要求	1 分				
		熔断器的熔体配置是否正确	1 分				
		是否在定额时间内完成	2 分				
		安全措施是否科学	2 分				
综合能力40%	信息收集整理能力	收集和处理信息的能力	4 分				
		独立分析和思考问题的能力	3 分				
		完成工作报告	3 分				
	交流沟通能力	安装、调试总结	3 分				
		安装方案论证	3 分				
	分析问题能力	线路安装调试基本思路、基本方法研讨	5 分				
		工作过程中处理故障和维修设备	5 分				
	深入研究能力	培养具体实例抽象为模拟安装调试的能力	3 分				
		相关知识的拓展与提升	3 分				
		车床的各种类型和工作原理	2 分				
	劳动态度	快乐主动学习	3 分				
		协作学习	3 分				
强调项目成员注意安全规程及其工业标准 本项目以小组形式完成							

学习情境 2.3　电动机 Y-△降压启动控制

学习目标

主要任务：通过水泵启动控制线路的学习，熟悉时间继电器的应用、大容量电动机启动的问题及解决办法；特别是电动机 Y-△降压启动控制线路的实现。

1．能够识读和绘制星形—三角形降压启动电气控制原理图。

2．能结合控制电路器件进行规范、合理的布局并能正确绘制、识读接线图。

3．结合控制对象选择相关控制器件并能正确使用与安装，能够使用常用检测工具和仪表。

4．能够规范地进行降压电路的接线与检测维护，并能将所学典型控制环节运用于实际控制电路中。

5．培养学生良好的职业道德、安全生产、规范操作、质量及效益意识。

工作任务单（NO.3-3）

一、工作任务

由于泵类负载和风机负载启动电流一般可达额定电流的 4～7 倍，过大的启动电流会降低电动机的寿命，并影响同一供电网路中其他设备的正常工作，为了减小电动机启动时对电网的冲击，减小启动电流，泵类负载和风机负载常采用 Y-△降压启动。如图 2-19 所示的是水泵及其铭牌。要求采用 Y-△降压启动控制。

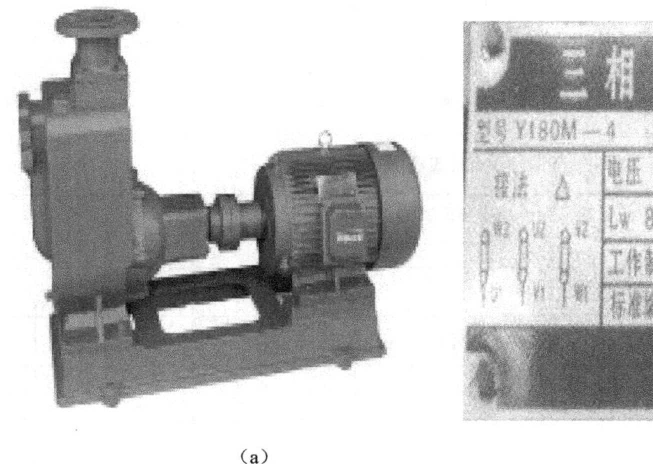

（a）

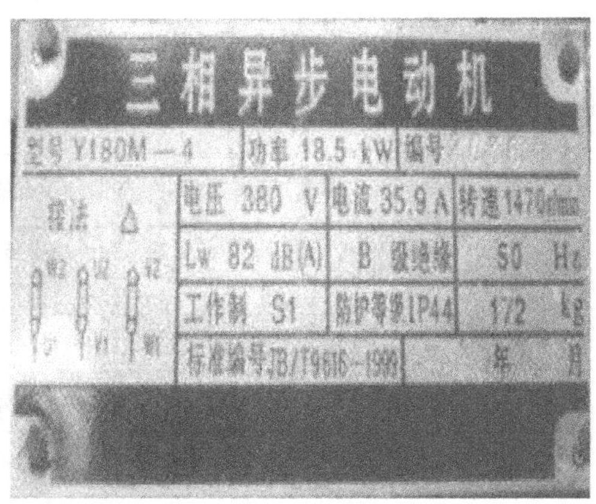

（b）

图 2-19　水泵及铭牌

试：

（1）确定继电接触电气控制方案。

（2）识读电气控制原理图、安装接线图。

（3）完成电气原理图、电气元件布置图、安装接线图的绘制。

（4）选择电气元件，制定元器件明细表。

（5）按照电气系统图完成电气控制盘的安装、调试及故障排查。

（6）编写电气原理说明书和使用操作说明书。

二、引导文

需要学生查阅相关网站、产品手册、设计手册、电工手册、电工图集等参考资料完成引导文提出的问题。

（1）中间继电器与交流接触器有什么区别？什么情况下可用中间继电器代替交流接触器使用？

（2）简述空气阻尼式时间继电器的结构。

（3）晶体管时间继电器适用于什么场合？

（4）如果JS7-A系列时间继电器的延时时间变短，可能的原因有哪些？如何处理？

（5）什么是电流继电器？与电压继电器相比，其线圈有何特点？

（6）什么是凸轮控制器？其主要作用是什么？如何选择凸轮控制器？

（7）简述频敏变阻器的工作原理。

（8）频敏变阻器有什么优点？如何选用频敏变阻器？

（9）画出下列电气元件的图形符号，并标出对应的文字符号。

① 熔断器；②复合按钮；③复合位置开关；④通电延时型时间继电器；⑤断电延时型时间继电器；⑥交流接触器；⑦接近开关；⑧中间继电器；⑨欠电流继电器。

（10）什么是降压启动？三相鼠笼异步电动机常见的降压启动方法有哪4种？

（11）什么是Y-△启动？三相电机为什么采用Y-△启动？

（12）Y-△启动有什么条件？

（13）Y-△降压启动可以将启动电流降低多少？

（14）Y-△启动为什么不可以在重载下启动？

（15）主电路和辅助电路各供电电路中的控制器件是哪个？

（16）电路中采用了什么保护？由哪些器件实现？

（17）图2-20所示为正反转串电阻降压启动控制电路图，试分析叙述其工作原理。

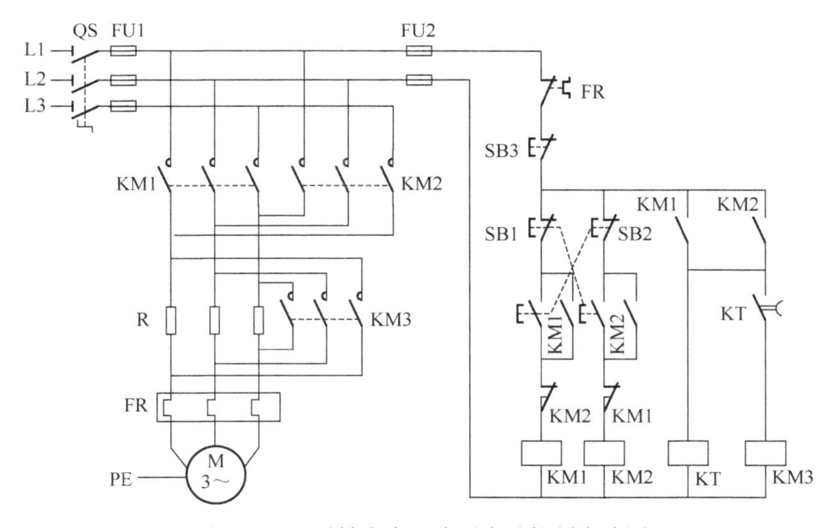

图2-20　正反转串电阻降压启动控制电路图

三、本次工作任务的准备工作

1．工作环境及设施配备

工作环境：特种作业基地。

设施配备：配齐所需设备。

（1）根据所需工具及仪表完成表2-11。

表2-11　所需工具仪表

工具	
仪表	

（2）根据所需元器件完成表2-12。

表2-12　元器件明细表

代号	名称	型号	规　　格	数量

（3）多媒体教学设施。

（4）产品手册、设计手册、电工手册、电工图集等参考资料。

2. 制订工作计划

各组制订工作计划并完成表2-13。

表2-13　工作任务计划表

学习内容					
组号			组员		
工序	工序名称	任务分解	完成所需时间	主要过程记录	责任人

知识链接1　时间继电器

一、时间继电器

在电气控制中，有时需要按一定的时间间隔来进行某种控制。例如，某润滑泵需要定时启动、定时运行，以控制润滑油量，这类自动控制称为时间控制。简单的方法可利用时间继电器来实现控制。

时间继电器是从得到输入信号(线圈通电或断电)起，经过一段时间延时后触点才动作的继电器。时间继电器广泛用于需要按时间顺序进行控制的电气控制线路中。按其动作原理与构造不同，可分为电磁式、空气阻尼式、电动式和晶体管式等类型；按工作方式分通电延时型和断电延时型。一般具有瞬时触点和延时触点两种触点。机床控制线路中应用较多的是空气阻尼式时间继电器，目前晶体管式时间继电器也获得了越来越广泛的应用。

二、空气阻尼式时间继电器

1. 空气阻尼通电延时型时间继电器的结构

空气阻尼式时间继电器根据触点延时的特点，可分为通电延时动作型和断电延时复位型两种，如图 2-21 所示。

（a）通电延时动作型　　（b）断电延时复位型

图 2-21　空气阻尼式时间继电器

空气阻尼式时间继电器通电延时动作型和断电延时复位型组成元件相同，电磁机构反转 180° 安装。其主要结构如图 2-22 所示。

图 2-22　空气阻尼式时间继电器结构

（1）电磁系统：由线圈、定铁芯和动铁芯组成。

（2）触点系统。

① 两对瞬动触点，一对常开、一对常闭。其特点是：只要线圈带电，常开触点瞬时闭

合，常闭触点瞬时断开；只要线圈失电，常开、常闭触点瞬时恢复常态。

② 两对延时触点，一对常开、一对常闭。延时触点的特点是：延时分通电延时和断电延时。

通电延时触点：当线圈带电时，常开触点延时一段时间闭合，常闭触点延时一段时间断开。延时的时间在允许的范围内可以根据控制要求进行调整；当线圈失电时，通电延时触点的常开、常闭触点瞬时恢复常态。

断电延时触点：当线圈带电时，断电延时触点的常开、常闭触点瞬时动作，常开闭合，常闭断开；当线圈失电时，断电延时的触点要延时一段时间才恢复常态，即常开触点延时断开，常闭触点延时闭合。延时的时间同样也可以调整。

（3）空气室：空气室为一空腔，由橡皮膜、活塞等组成。橡皮膜可随空气的增减而移动，顶部的调节螺钉可调节延时时间。

（4）传动机构：由推杆、活塞杆、杠杆及各种类型的弹簧等组成。

（5）基座：用金属板制成，用以固定电磁机构和气室。

2. 空气阻尼通电延时型时间继电器的动作原理

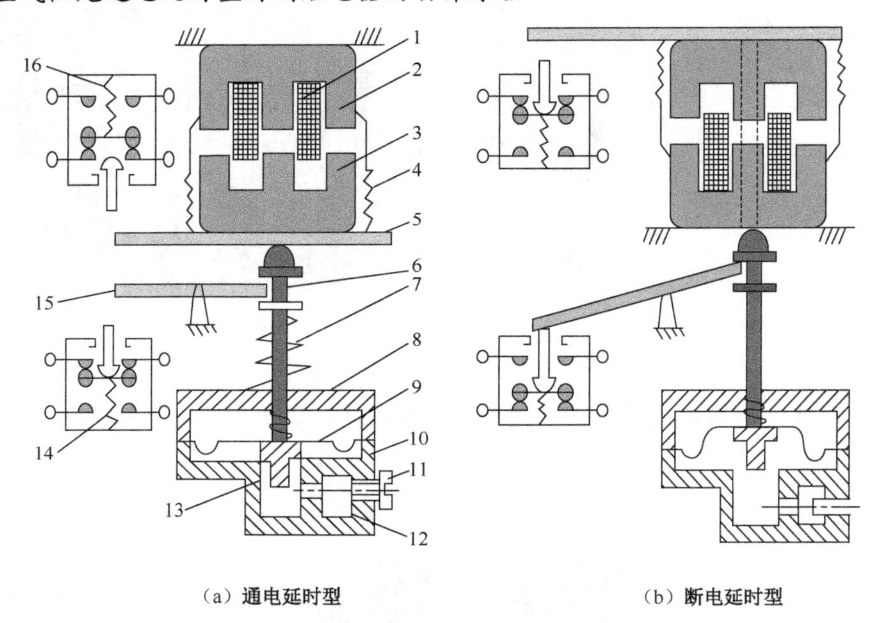

（a）通电延时型　　（b）断电延时型

1—线圈；2—铁芯；3—衔铁；4—反力弹簧；5—推板；6—活塞杆；7—塔型弹簧；8—弱弹簧；9—橡皮膜；10—空气室壁；11—调节螺钉；12—进气孔；13—活塞；14、16—微动开关；15—杠杆

图 2-23　JS7-A 系列空气阻尼式时间继电器结构原理图

空气阻尼式时间继电器的结构原理图如图 2-23 所示。

当时间继电器线圈通电后，定铁芯产生吸力，动铁芯恢复弹簧的阻力与定铁芯吸合，带动托板动作，托板动作时，使瞬动常闭触点瞬时断开，常开触点瞬时闭合。同时活塞杆在塔形释放弹簧的作用向下移动，带动与活塞相连的橡皮膜向下运动，运动的速度受进气孔进气速度的限制。这时橡皮膜上面形成空气较稀薄的空间，与橡皮膜下面的空气形成压力差，对活塞的移动产生阻尼作用。活塞杆带动杠杆只能缓慢地移动。经过一段时间，活塞才完成全部行程而使延时触点动作，其常闭触点断开，常开触点闭合，延时时间的长短取决于进气的快慢，旋动调节螺钉可调节进气孔的大小，即可达到调节延时时间长短的目的。常用的JS7-A系列时间继电器的延时范围有0.4～60s和0.4～180s两种。

当线圈断电时，动铁芯在恢复弹簧的作用下，通过托板将活塞杆向上推，这时橡皮膜上方腔内的空气通过排气孔排掉，使时间继电器的各对触点均瞬时复位。

空气阻尼式时间继电器的优点是，延时范围较大(0.4～180s)，且不受电压和频率波动的影响；可以做成通电和断电两种延时形式；结构简单、寿命长、价格低。其缺点是，延时误差大，难以精确地整定延时值，且延时值易受周围环境温度、尘埃等的影响。因此，对延时精度要求较高的场合不宜采用。

时间继电器文字符号为KT，在电路图中的图形符号如图2-24所示。

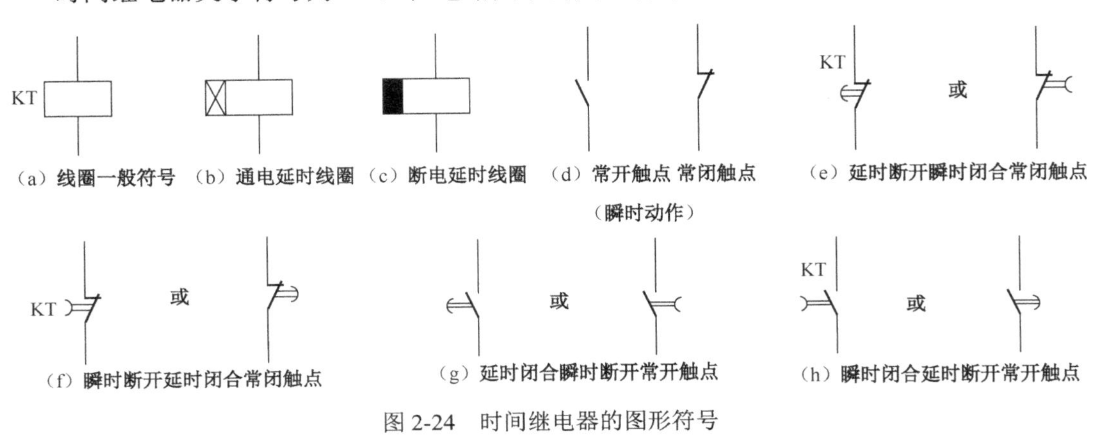

图2-24 时间继电器的图形符号

3. 空气阻尼式通电延时型时间继电器的主要技术参数

JS7-A系列空气阻尼式时间继电器适用于交流50Hz，电压为380V的电路中，通常用在自动或半自动控制系统中，按预定时间使被控制元件动作。符合JB/T54302标准。

(1) JS7系列空气阻尼式时间继电器的型号及其含义，如图2-25所示。

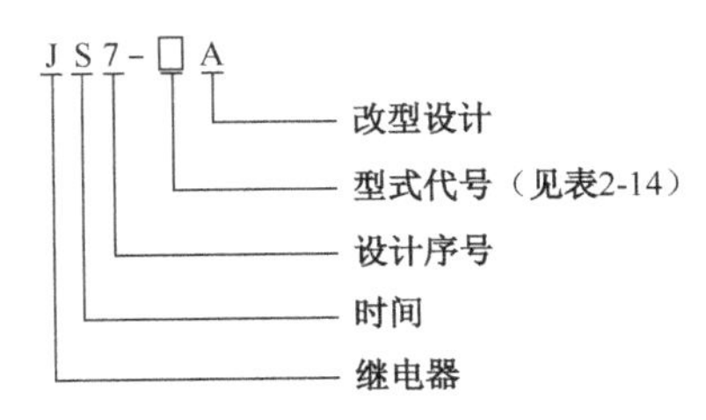

图2-25 JS7系列空气阻尼式时间继电器的型号及其含义

该空气阻尼式时间继电器额定电压为380V，约定发热电流为3A，额定控制容量为100VA。继电器按其所具有延时的与不延时的触点的组成可分为如表2-14所示的4种型号：JS7-1A，JS7-2A，JS7-3A，JS7-4A。

每种型号的继电器可分类如下。

按延时范围可分0.4～60s和0.4～180s两种。

按吸引线圈的额定频率及电压可分为交流50Hz、24V、36V、110V、127V、220V、380V

6 种。

表 2-14　JS7-A 系列时间继电器形式代号

<table>
<tr><th rowspan="3">产品型号</th><th colspan="4">延时动作触点数量</th><th colspan="2" rowspan="2">瞬时动作
触点数量</th><th rowspan="3">延时范围（s）</th></tr>
<tr><th colspan="2">线圈通电延时</th><th colspan="2">线圈断电延时</th></tr>
<tr><th>动合</th><th>动断</th><th>动合</th><th>动断</th><th>动合</th><th>动断</th></tr>
<tr><td>JS7-1A</td><td>1</td><td>1</td><td>—</td><td>—</td><td>—</td><td>—</td><td rowspan="4">0.4～60 或
0.4～180</td></tr>
<tr><td>JS7-2A</td><td>1</td><td>1</td><td>—</td><td>—</td><td>1</td><td>1</td></tr>
<tr><td>JS7-3A</td><td>—</td><td>—</td><td>1</td><td>1</td><td>-</td><td>-</td></tr>
<tr><td>JS7-4A</td><td>—</td><td>—</td><td>1</td><td>1</td><td>1</td><td>1</td></tr>
</table>

（2）主要技术参数如下。

① 额定工作电压（U_e）：380V。

② 额定工作容量（P_e）：100VA。

③ 约定发热电流（I_{th}）：3A。

④ 控制电源电压（U_s）：交流 50Hz，24V、36V、110V、127V、220V、380V。

⑤ 动作条件：继电器线圈吸合电压为 85%～110%U_s；释放电压为 20%～70%U_s。

⑥ 寿命：继电器的机械寿命和电寿命均不低于 50 万次。

⑦ 操作频率：继电器按 AC-15 使用类别正常操作情况下，其操作频率为 600 次/小时。

⑧ 使用类别：继电器的使用类别为 AC-15。

⑨ 额定工作制：8 小时工作制，断续周期工作制或断续工作制，且负载因数（通电持续率）为 40%。

⑩ 继电器延时精度：经整定后其重复误差小于 15%。

三、电子式时间继电器

电子式时间继电器按其构成可分为 RC 式晶体管时间继电器和数字式时间继电器，多用于电力传动、自动顺序控制及各种过程控制系统中，并以其延时范围广、精度高、体积小、工作可靠的优势逐步取代传统的电磁式、空气阻尼式等时间继电器。

1. 晶体管式时间继电器

晶体管式时间继电器是以 RC 电路电容充电时，电容器上的电压逐步上升的原理为延时基础制成的。其结构由稳压电源、分压器、延时电路、触发器和执行机构（继电器）5 部分组成，接通电源后，电路中由电位器、钽电容组成的 R、C 延时电路立即充电经一段延迟时间后，延时电路中钽电容 C 的电压略高于触发器的门限电位，触发器被触发，推动电磁继电器动作。从而接通或断开外电路，达到被控制电路的定时动作的目的。晶体管式时间继电器一般适用的场合为：当电磁式时间继电器不能满足要求时；当延时的精度较高时；控制回路相互协调需要无触点输出等。

常用的晶体管式时间继电器有 JS14A、JS5、JS20、JSJ、JSB、JS14P 等系列。其中，JS20 系列晶体管时间继电器是全国统一设计产品，延时范围有 0.1～180s、0.1～300s、0.1～3600s 三种。

（1）JS20 系列晶体管时间继电器。JS20 系列晶体管时间继电器适用于交流 50Hz、额定电压 380V 及以下或直流 24V 及以下的控制电路中作延时元件，按预定的时间接通或分断电路。其主要参数如表 2-15 所示。

表 2-15　JS20 系列晶体管时间继电器主要参数

型号	JS20	JS20-D
工作方式	通电延时	断电延时
触点数量	延时 2 转换	
触点容量	AC220V 5A cosϕ=1；DC28V 5A	AC220V　1A　cosϕ=1
工作电压	AC50Hz 36V、110V、127V、220V、380V、DC24V（其他电压可定制）	
重复误差	≤2.5%	
电寿命	1×10^5	
机械寿命	1×10^6	
环境温度	-15℃～+40℃	
安装方式	装置式　面板式　外接式	
延时范围		
延时范围代号	1　5　10　30　60　180　120　300　600　900　1200　1800　3600	
延时范围	0.1～1s　0.5～5s　1～10s　3～30s　6～60s　18～180s　12～120s　30～300s　60～600s　90～900s　120～1200s　180～1800s　360～3600s	

① JS20 系列晶体管时间继电器的型号及含义，如图 2-26 所示。

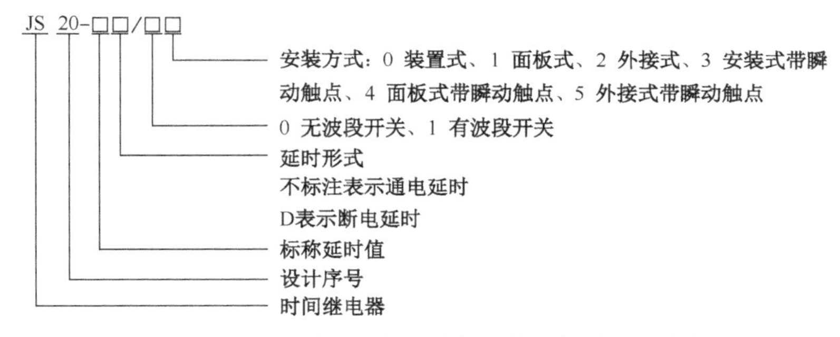

图 2-26　JS20 系列晶体管时间继电器的型号及含义

② 额定电压：AC50Hz，36V、110V、127V、220V、380V；DC24V、27V、30V、36V、110V、220V，动作电压为 85%～110%额定控制电源电压。

③ 触点电寿命：交流 10 万次，直流 6 万次。

④ 触点额定控制量：AC15：100VA；DC13：20W。

（2）晶体管时间继电器的特点。

① 体积小、重量轻，便于安装。

② 外壳全封闭，安全、整洁，较为适合本车间工作环境。

③ 底座式安装，更换方便。

④ 旋钮式调节，方便快捷。

2. 数字式时间继电器

RC晶体管时间继电器是利用R、C充放电原理制成的。由于受延时原理的限制，不容易做成长延时，且延时精度易受电压、温度的影响，精度较低，延时过程也不能显示，因而影响了它的使用。随着半导体技术、特别是集成电路技术的进一步发展，采用新延时原理的时间继电器——数字式时间继电器便应运而生，各种性能指标得到大幅度的提高。目前最先进的数字式时间继电器内部装有微处理器。

目前市场上的数字式时间继电器型号很多，有DH48S、DH14S、DH11S、JSS1、JS14S系列等。其中，JS14S系列与JS14、JS14P、JS20系列时间继电器兼容，取代方便。DH48S系列数字时间继电器，为引进技术及工艺制造，替代进口产品，延时范围为0.01s至99h99min，任意预置。另外，还有从日本富士公司引进生产的ST系列等。

四、时间继电器的选用

时间继电器在选用时应考虑延时方式（通电延时或断电延时）、延时范围、延时精度要求、外形尺寸、安装方式、价格等因素。

（1）根据系统的延时范围和精度选择时间继电器的类型和系列。在延时精度要求不高、电源电压波动大的场合，一般可选用价格较低的JS7-A系列空气阻尼式时间继电器，反之，对要求延时范围大、精度要求较高的场合，可选用晶体管式时间继电器。

（2）根据控制线路的要求选择时间继电器的延时方式（通电延时或断电延时）。同时，还必须考虑线路对瞬时动作触点的要求。

（3）根据控制线路电压选择时间继电器吸引线圈的电压。

五、时间继电器的安装与使用

（1）时间继电器应按说明书规定的方向安装。无论是通电延时型还是断电延时型，都必须使继电器在断电后，释放时衔铁的运动方向垂直向下，其倾斜度不超过5°情况下安装。

（2）时间继电器的整定值，应预先在不通电时整定好，并在试车时校正。

（3）时间继电器金属底板上的接地螺钉必须与接地线可靠连接。

（4）通电延时型和断电延时型可在整定时间内自行调换。

（5）使用时，应经常清除灰尘及油污，否则延时误差将更大。

（6）常见故障及处理方法如表2-16所示。

表2-16　JS7-A系列时间继电器常见故障及处理方法

常见故障	可能的原因	处理方法
延时触点不动作	（1）电磁线圈断线 （2）电源电压过低 （3）传动机构卡住或损坏	（1）更换线圈 （2）调高电源电压 （3）排除卡住故障或更换部件
延时时间缩短	（1）气室装配不严，漏气 （2）橡皮膜损坏	（1）修理或更换气室 （2）更换橡皮膜
延时时间变长	气室内有灰尘，使气道阻塞	清除气室内灰尘，使气道畅通

知识链接 2　降压启动

一、三相异步电动机的启动及存在问题

三相鼠笼式电动机具有结构简单、价格便宜、坚固耐用、维修方便等优点，获得广泛应用。电动机接通电源后，由静止状态逐渐加速到稳定运行状态的过程，称为电动机的启动。

电动机的主要启动特性是：启动大电流，启动电流 $I_{st} \geqslant 4 \sim 7I_N$，直接启动电动机会影响到同一电网中其他电动机的正常运行。

一台电动机可否直接启动，应根据电源变压器容量、电动机容量、电动机启动频繁程度和电动机拖动的机械设备等来分析是否可以采用直接启动，也可用下面经验公式来确定：

$$\frac{I_{st}}{I_N} \leqslant \frac{3}{4} + \frac{S}{4P}$$

式中　I_{st} ——电动机直接启动时启动电流（A）；

I_N ——电动机额定电流（A）；

S ——电源变压器容量（kVA）；

P ——电动机额定功率（kW）。

若电动机不能满足上述条件，则必须采取降压启动。降压启动，是借助启动设备将电源电压适当降低后加在定子绕组上进行启动，待电动机转速升高到接近稳定时，再使电压恢复到额定值，转入正常运行。降压启动意在启动时减小加在定子绕组上的电压，从而减小启动电流，避免启动大电流对电网的不良影响；鼠笼式异步电动机降压启动的方法通常有定子绕组回路串联电阻或电抗器降压启动、自耦变压器降压启动、Y-△变换降压启动、延边三角形降压启动 4 种方法。4 种方法中，定子绕组回路串联电阻或电抗器降压启动启动效果不好，尤其串联电阻时，启动大电流会在启动电阻上产生较大的热量损耗，降低了整个系统的效率；自耦变压器降压启动启动效果好，但需要配备自耦变压器为启动设备，增加了系统的整体投入；Y-△变换降压启动启动效果一般，使用的前提条件是电动机额度连接方法为三角形，由于该方法不需要额外增加启动设备，因此，在实际应用中得到了广泛的使用。

二、Y-△降压启动

1. Y-△降压启动的原理

电动机 Y-△降压启动是指把正常工作时电动机三相定子绕组作△形连接的电动机，启动时换接成按 Y 形连接，待电动机启动好之后，再将电动机三相定子绕组按△形连接，使电动机在额定电压下工作。电动机的接线盒及其接法如图 2-27 和图 2-28 所示。

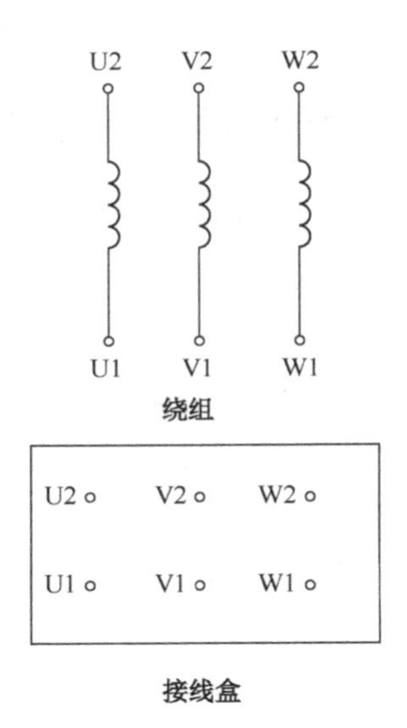

图 2-27　电动机的接线盒

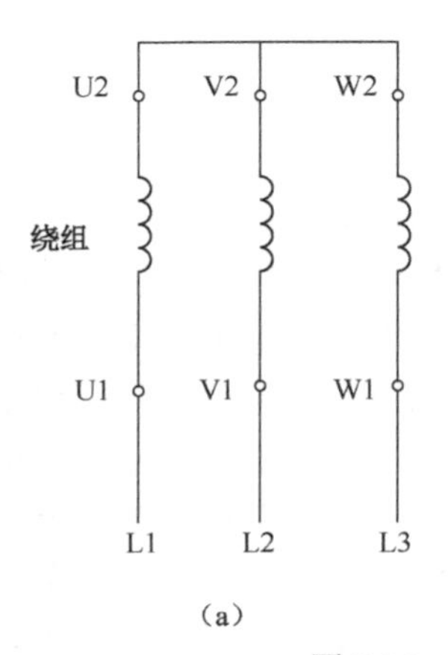

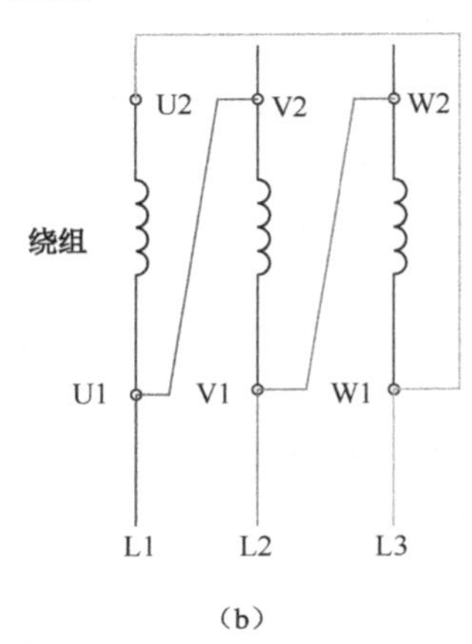

图 2-28　电动机的 Y 形接法和△接法

电动机 3 个绕组采用 Y 形接法时，每相绕组上承受电源相电压为 220V，线电流等于相电流，此时在电动机相线上流动的电流为：

$$I_{lv} = \frac{220}{|Z|}$$

电动机 3 个绕组采用三角形接法时，每相绕组上承受电源线电压为 380V，线电流等于 $\sqrt{3}$ 相电流，此时在电动机相线上流动的电流为：

$$I_{i\Delta} = \sqrt{3}\frac{380}{|Z|}$$

可见，采用 Y-△降压启动，可以减少启动电流，其启动电流仅为直接启动时的 1/3，启动转矩也为直接启动时的 1/3，这种启动电路适用于轻载或空载启动的电动机。大多数功率较大△形接法的三相异步电动机降压启动都采用此方法。

2．Y-△降压启动控制原理图的识读

Y-△降压启动控制线路如图 2-29 所示。

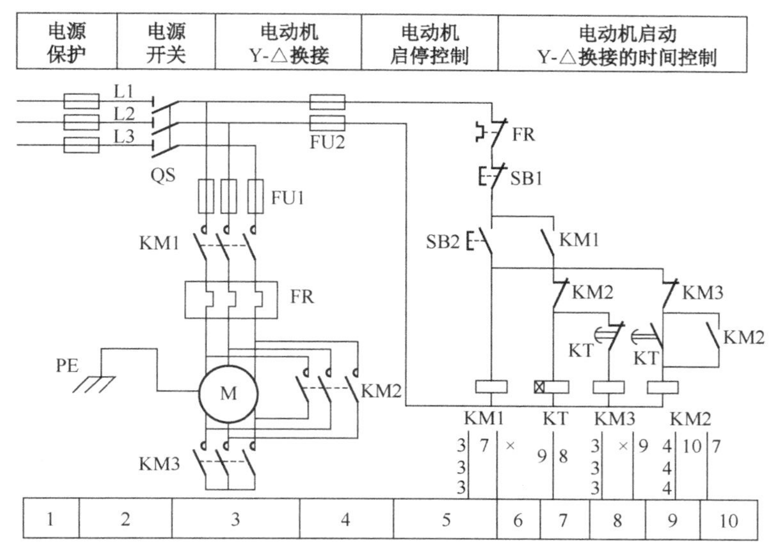

图 2-29 Y-△降压启动

识读电气原理图：电源为三相交流电源 L1、L2、L3；电源开关为刀开关 QS；用电设备为一台三相异步电动机。

控制过程中用到的低压元器件有：Y-△启动降压主电路使用了 3 个交流接触器，其中 KM1 为电源引入接触器，KM3 为 Y 形启动接触器，KM2 为△形运行接触器；控制回路中按钮 SB2 为启动按钮，SB1 为停止按钮；FU1、FU2 两组熔断器；FR 为热继电器；KT 为时间继电器。

3．分析线路的工作过程

（1）正常工作情况下的控制过程分析。当电动机 M 需要启动时，先合上刀开关 QS，引入电源，此时电动机 M 尚未接通电源。按下启动按钮 SB2，接触器 KM1、KM3、KT 的线圈得电，当 KM1、KM3 线圈通电吸合时，其主触点闭合，定子绕组接成 Y 形，同时时间继电器开始计时；当 KT 计时时间到时，KM3 线圈断电，KM2 线圈得电，同时互锁 KT、KM3 的线圈，使其失电。当 KM1、KM2 线圈通电吸合时，其主触点闭合，定子绕组接成△形。两种接线方式的切换由控制电路中的时间继电器定时自动完成。

当电动机需要停转时，只要按下停止按钮 SB1，使接触器 KM1、KM2 的线圈失电，衔铁在复位弹簧作用下复位，带动接触器 KM1、KM2 的 3 对主触点恢复分断，电动机 M 失电停转。其控制过程分析如下。

① 先合上 QS。

② Y 形启动，△形运行：

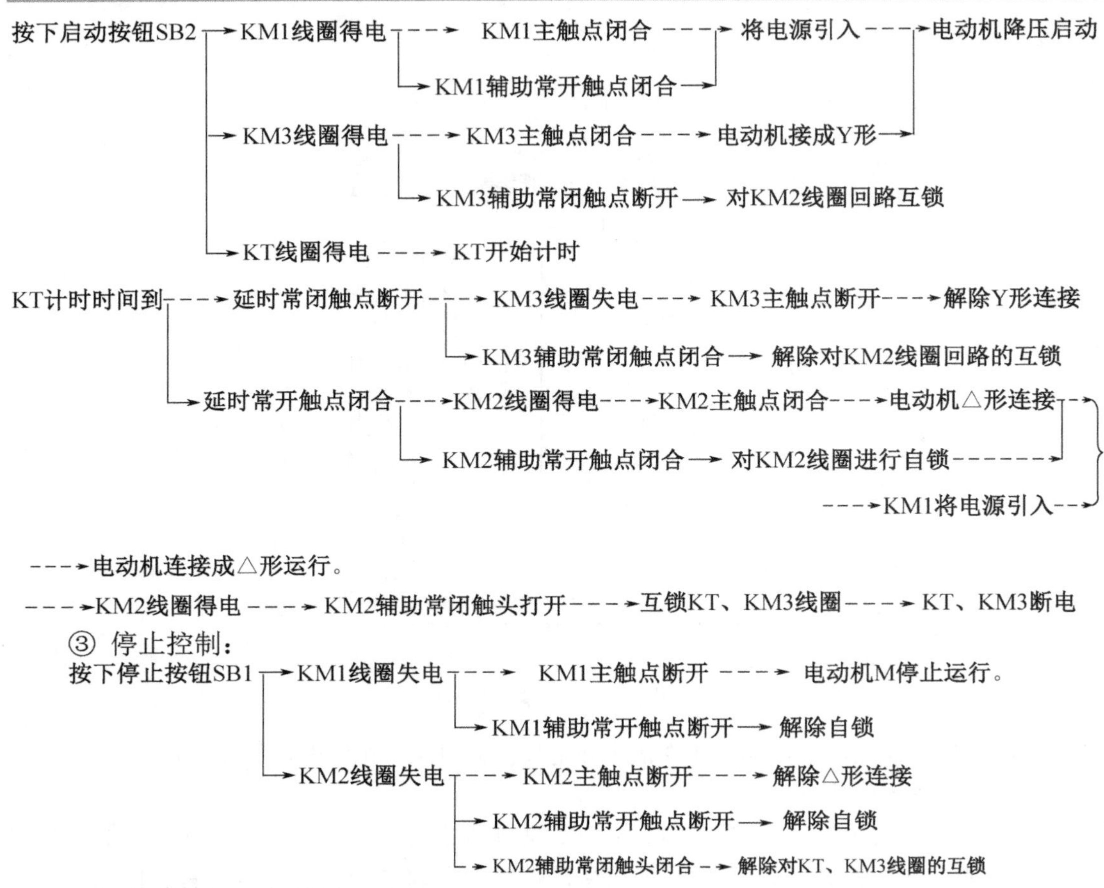

（2）故障情况下保护过程分析。

① 短路保护：当主电路中有短路故障发生时，FU1 熔断，断开主回路，实现保护；当控制电路中有短路故障发生时，FU2 熔断，全部线圈失电，接触器主触点断开主回路，实现保护。

② 失压、欠压保护：Y-△降压启动控制线路运行过程中，用 KM1、KM2、KM3 作主电路的控制开关，用按钮作控制回路的开关，因此，电路具有失压、欠压保护功能。

③ 过载保护：热继电器的发热元件串联在主回路中检测主回路工作电流是否过载，其常闭触点串联在控制回路中，如果电动机正常工作，热继电器不动作，此触点不影响控制回路的工作，一旦电动机出现过载状态，热继电器动作，其常闭触点断开，使全部线圈失电，电动机停转，起到过载保护的作用。

特别提示：

（1）Y-△降压启动电路，只适用于△形接法的异步电动机。进行 Y-△启动接线时应先将电动机接线盒的连接片拆除，必须将电动机的 6 个出线端子全部引出。

（2）接线时要注意电动机的三角形接法不能接错，应将电动机定子绕组的 U1、V1、W1 通过 KM2 接触器分别与 W2、U2、V2 相连，否则会产生短路现象。

（3）KM3 接触器的进线必须从三相绕组的末端引入，若误将首端引入，则 KM3 接触器吸合时，会产生三相电源短路事故。

（4）接线时应特别注意电动机的首尾端接线相序不可有错误，如果接线有错误，通电运行会出现启动时电动机正转，运行时电动机反转，导致电动机突然反转电流剧增烧毁电动机或造成掉闸事故。

三、Y-△降压启动控制线路的安装步骤和工艺要求

1. 阅读原理图

明确原理图中的各种元器件的名称、符号、作用，理清电路图的工作原理及其控制过程。

2. 选择元器件

按元件明细表配齐电气元件，并进行检验。Y-△降压启动控制线路的元件明细表如表2-17所示。

表2-17　Y-△降压启动控制线路元件明细表

代号	名称	型号	规　　格	数量
M	三相异步电动机	Y180M-4	22.2kW、380V、△接法、35.9A、1470r / min	1
QS	刀开关	HZ10-100/3	三相380V、额定电流为100A	1
KM1、KM2、KM3	接触器	CJ20-63	63A、线圈电压为380V	1
KT	时间继电器	JS7-2A	线圈电压为380V	1
FR	热继电器	JR36-63/3D	63A，整定电流为35.9A、断相保护	1
SB1、SB2	按钮	LA18-3H	保护式、按钮数为3	1
FU1	熔断器	RT14-63/63	380V、63A、熔体为63A	3
FU2	熔断器	RT14-20/2	380V、20A、熔体为2A	2
XT1	端子板	TB4512	690V、45A、12节	1
导线	主电路	BV-4	$4mm^2$	若干
导线	控制电路	BV-1.0	$1.0mm^2$	若干
导线	按钮线	BVR-0.75	$0.75mm^2$	若干

所有电气控制器件，至少应具有制造厂的名称或商标、型号或索引号、工作电压性质和数值等标志。若工作电压标志在操作线圈上，则应使安装在器件的线圈的标志是显而易见的。

安装接线前应对所使用的电气元件逐个进行检查。

3. 配齐工具、仪表，选择导线

按控制电路的要求配齐工具、仪表，按照图纸设计要求选择导线类型、颜色及截面积等。

4. 安装电气控制线路

按照Y-△降压启动控制线路的电气元件布置图，对所选组件（包括接线端子）进行安

装接线，如图 2-30 所示。

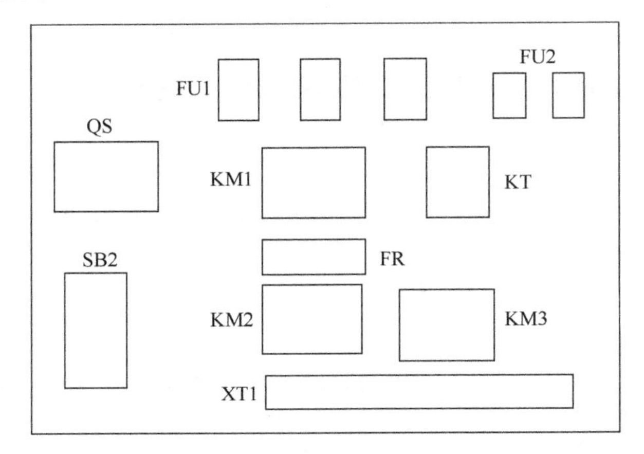

图 2-30　Y-△降压启动控制线路的电气元件布置图

5．按接线图布线

按照 Y-△降压启动控制线路的安装接线图进行布线。安装接线图如图 2-31 所示。

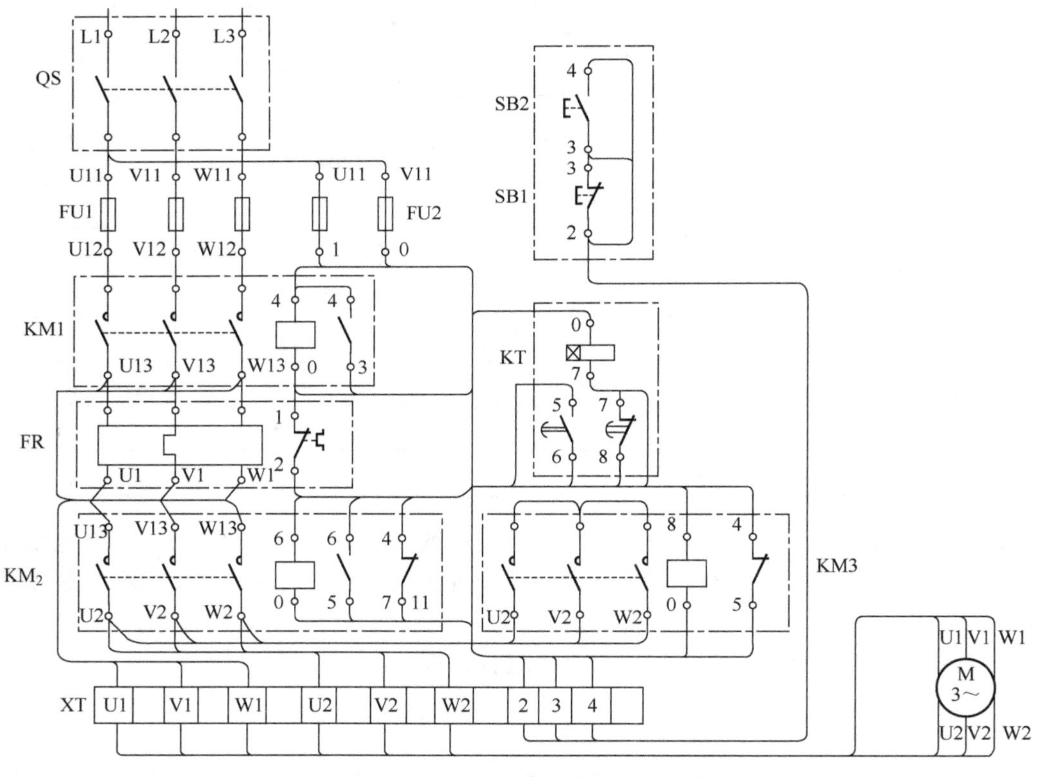

图 2-31　Y-△降压启动控制线路的安装接线图

6．检查线路

（1）按电路图或接线图从电源端开始，逐段核对接线及接线端子处线号是否正确，有无漏接、错接之处。检查导线接点是否符合要求，压接是否牢固，以免带负载运行时产生闪弧现象。

检查 KM1 的控制作用：将万用表笔分别接 L1 和 U2 端子，应测得断路；而按下 KM1 触点架时，应测得电动机一相绕组的电阻值。再用同样的方法检测 L2～V2、L3～W2 之间的电阻值。

检查 Y 形启动线路：将万用表笔接 L1、L2 端子，同时按下 KM1 和 KM3 的触点架，应测得电动机两相绕组串联的电阻值。用同样的方法测量 L2～L3 及 L1～L3 之间的电阻值。

检查△形运行线路：将万用表笔接 L1、L2 端子，同时按下 KM1 和 KM3 的触点架，应测得电动机两相绕组串联后再与第三相绕组并联的电阻值（小于一相绕组的电阻值）。

（2）用万用表检查控制线路的通断情况。检查启动控制：将万用表笔接 L1、L2 端子，按下 SB2 应测得 KM1、KM3、KT 3 个线圈的并联电阻值；按下 KM1 的触点支架，也应测得上述 3 个线圈的并联电阻值。

检查联锁线路：将万用表笔接 L1、L2 端子，按下 KM1 触点架，应测得线路中 3 个线圈的并联电阻值；再轻按 KM2 触点架使其 KM2 常闭触点分断（不要放开 KM1 触点架），切除了 KM3、KT 线圈，KM2 常开触点闭合，接通 KM2 线圈，此时应测得两只线圈的并联电阻值，测量的电阻值应增大。

检查 KT 的控制作用：将万用表的表笔放在 KT 常闭触点两端，此时应为接通，用手按下时间继电器的电磁机构不放，经过 5s 的延时，万用表断开。同样的方法检查 KT 常开触点。

（3）用兆欧表检查线路的绝缘电阻应不小于 0.5MΩ。

7. 通电调试

8. 故障排查

电动机 Y-△降压启动控制电路常见故障有如下。

（1）按下启动按钮 SB2，电动机不能启动。

分析：主要原因可能是接触器接线有误，自锁、互锁没有实现。

（2）由 Y 形接法无法正常切换到△形接法，要么不切换，要么切换时间太短。

分析：主要原因是时间继电器接线有误或时间调整不当。

（3）启动时主电路短路。

分析：主要原因是主电路接线错误。

（4）Y 形启动过程正常，但△形运行时电动机发出异常声音转速也急剧下降。

分析：接触器切换动作正常，表明控制电路接线无误。问题出现在接上电动机后，从故障现象分析，很可能是电动机主回路接线有误，使电路由 Y 形接转到△形接时，送入电动机的电源顺序改变了，电动机由正常启动突然变成了反序电源制动，强大的反向制动电流造成了电动机转速急剧下降和异常声音。

处理故障：核查主回路接触器及电动机接线端子的接线顺序。

（5）线路空载试验工作正常，接上电动机试车时，一启动电动机，电动机就发出异常声音，转子左右颤动，立即按 SB1 停止，停止时 KM2 和 KM3 的灭弧罩内有强烈的电弧现象。

分析：空载试验时接触器切换动作正常，表明控制电路接线无误。问题出现在接上电动机后，从故障现象分析是由于电动机缺相所引起的。电动机在 Y 启动时有一相绕组为接入电路，电动机造成单相启动，由于缺相绕组不能形成旋转磁场，使电动机转轴的转向不定而左右颤动。

处理故障：检查接触器触点闭合是否良好，接触器及电动机端子的接线是否紧固。

技能实训

一、资讯

根据工作任务要求，各工作小组通过工作任务单、引导文及参考文献，查阅资料获取工作任务相关信息，熟悉 Y-△降压启动控制线路电气原理图及安装过程。

二、制订工作计划

各组讨论完成工作任务所需步骤及任务具体分解。

（1）根据工作任务要求填写所用电工工具及电工仪表。

（2）根据 Y-△降压启动控制线路电气原理图完成元件明细表。

（3）填写工作计划表。

三、讨论决策

各小组绘制 Y-△降压启动控制线路的电气控制系统图并讨论方案可行性。

四、工作任务实施

（1）学生完成 Y-△降压启动电路的分析。

（2）学生完成 Y-△降压启动控制线路的电气系统图的绘制与安装等任务。

（3）技术方案的编写。

五、工作任务完成情况考核

根据工作任务完成情况填写表 2-18。

表 2-18　工作任务考核表

考核评比项目的内容			项目分值				
			配分	得分			
				自查	互查	教师评分	综合得分
专业能力 60%	时间继电器识别	名称型号	2 分				
	时间继电器性能测试	仪表使用方法	2 分				
		测量结果	2 分				
	时间继电器使用	时间继电器在主电路中的使用	2 分				
		时间继电器在控制电路中的使用	2 分				

续表

考核评比项目的内容				项目分值				
				配分	得分			
					自查	互查	教师评分	综合得分
专业能力60%	安装前准备与检查		元器件和工具、仪表准备数量是否齐全	1分				
			电动机质量检查	1分				
			电气元件漏检或错检	2分				
	工作过程	安装元件	安装的顺序安排是否合理	2分				
			工具的使用是否正确、安全	2分				
			电器、线槽的安装是否牢固、平整、规范	2分				
		布线	不按电路图接线	5分				
			布线不符合要求	2分				
			接点松动、露铜过长、压绝缘层、反圈等	3分				
			漏套或错套编码套管	1分				
			漏接接地线	1分				
			导线的连接是否能够安全载流、绝缘是否安全可靠、放置是否合适	3分				
		通电试车	电动机接线是否正常	2分				
			第一次试车不成功	4分				
			第二次试车不成功	2分				
			第三次试车不成功	2分				
	工作成果的检查		线槽是否平直、牢靠，接头、拐弯处是否处理平整美观	3分				
			电器安装位置是否合理、规范	2分				
			环境是否整洁干净	1分				
			其他物品是否在工作中遭到损坏	1分				
			整体效果是否美观	2分				
			整定值是否正确，是否满足工艺要求	1分				
			熔断器的熔体配置是否正确	1分				
			是否在定额时间内完成	2分				
			安全措施是否科学	2分				
综合能力40%	信息收集整理能力		收集和处理信息的能力	4分				
			独立分析和思考问题的能力	3分				
			完成工作报告	3分				

续表

<table>
<tr><td colspan="3" rowspan="3">考核评比项目的内容</td><td colspan="5">项目分值</td></tr>
<tr><td rowspan="2">配分</td><td colspan="4">得分</td></tr>
<tr><td>自查</td><td>互查</td><td>教师评分</td><td>综合得分</td></tr>
<tr><td rowspan="9">综合能力40%</td><td rowspan="2">交流沟通能力</td><td>安装、调试总结</td><td>3 分</td><td></td><td></td><td></td><td></td></tr>
<tr><td>安装方案论证</td><td>3 分</td><td></td><td></td><td></td><td></td></tr>
<tr><td rowspan="2">分析问题能力</td><td>线路安装调试基本思路、基本方法研讨</td><td>5 分</td><td></td><td></td><td></td><td></td></tr>
<tr><td>工作过程中处理故障和维修设备</td><td>5 分</td><td></td><td></td><td></td><td></td></tr>
<tr><td rowspan="3">深入研究能力</td><td>培养具体实例抽象为模拟安装调试的能力</td><td>3 分</td><td></td><td></td><td></td><td></td></tr>
<tr><td>相关知识的拓展与提升</td><td>3 分</td><td></td><td></td><td></td><td></td></tr>
<tr><td>车床的各种类型和工作原理</td><td>2 分</td><td></td><td></td><td></td><td></td></tr>
<tr><td rowspan="2">劳动态度</td><td>快乐主动学习</td><td>3 分</td><td></td><td></td><td></td><td></td></tr>
<tr><td>协作学习</td><td>3 分</td><td></td><td></td><td></td><td></td></tr>
<tr><td colspan="8">强调项目成员注意安全规程及其工业标准
本项目以小组形式完成</td></tr>
</table>

学习情境 2.4　主轴电动机反接制动控制

学习目标

主要任务是：通过 X62W 万能铣床主轴电动机制动控制线路的学习，熟悉速度继电器的应用及反接制动控制的实现方法。

（1）能够识读和绘制制动电气控制原理图。

（2）能够结合控制电路器件进行规范、合理的布局并能正确绘制、识读接线图。

（3）能够结合控制对象选择相关控制器件并能正确使用与安装，会使用常用检测工具和仪表。

（4）能够规范地进行制动电路的接线与检测维护，并能将所学典型控制环节运用于实际控制电路中。

（5）培养学生良好的职业道德、安全生产、规范操作、质量及效益意识。

工作任务单（NO.3-4）

一、工作任务

X62W 型万能铣床的进给电动机是一台三相异步电动机。

K_{st}=7，主轴电动机在停车时，为了缩短停车时间，采用制动措施。

试：

（1）确定继电接触电气控制方案。

（2）识读电气控制原理图、安装接线图。

（3）完成电气原理图、电气元件布置图、安装接线图的绘制。

（4）选择电气元件，制定元器件明细表。

（5）按照电气系统图完成电气控制盘的安装、调试及故障排查。

（6）编写电气原理说明书和使用操作说明书。

二、引导文

需要学生查阅相关网站、产品手册、设计手册、电工手册、电工图集等参考资料完成引导文提出的问题。

（1）速度继电器的主要作用是什么？

（2）如果交流电磁铁的衔铁被卡住不能吸合，会造成什么样的后果？

（3）直流电磁铁在吸合过程中，吸力是如何变化的？

（4）什么是制动？制动的方法有哪两种？

（5）什么是机械制动？常用的机械制动有哪两种？

（6）叙述三相电动机双向启动反接制动控制线路反向启动、反接制动的工作原理。

（7）主电路和辅助电路中各供电电路采用了什么保护措施？保护器件是哪个？

（8）试按下列要求绘制出三相鼠笼式异步电动机单向运转的控制线路。

① 既能点动又能连续运转；

② 停止时采用反接制动；

③ 能在两处进行启动和停止。

（9）M1、M2 两台电动机均为三相鼠笼式异步电动机，试根据下列要求，分别绘制出完成相应功能的控制电路。

① 电动机 M1 先启动后，M2 才能启动，M2 能单独停止。

② 电动机 M1 先启动后，M2 才能启动，M2 能点动，且制动时采用能耗制动。

③ 电动机 M1 先启动，经过一定时间后 M2 才能启动，M2 并能点动，且制动时采用能耗制动。

三、本次工作任务的准备工作

1. 工作环境及设施配备

工作环境：特种作业基地。

设施配备：配齐所需设备。

（1）根据所需工具及仪表完成表 2-19。

表 2-19　所需工具仪表

工具	
仪表	

（2）根据所需元器件完成表 2-20。

表 2-20　元件明细表

代号	名称	型号	规　格	数量

（3）多媒体教学设施。
（4）产品手册、设计手册、电工手册、电工图集等参考资料。

2．制订工作计划

各组制订工作计划并完成表 2-21。

表 2-21　工作任务计划表

学习内容					
组号			组员		
工序	工序名称	任务分解	完成所需时间	主要过程记录	责任人

知识链接 1　制动控制电路

三相鼠笼式异步电动机切断电源后，由于惯性，总要经过一段时间才能完全停止。为缩短时间，提高生产效率和加工精度，要求生产机械能迅速准确地停车。采取一定措施使三相鼠笼式异步电动机在切断电源后迅速准确地停车的过程，称为三相鼠笼式异步电动机制动。

三相鼠笼式异步电动机的制动方法分为机械制动和电气制动两大类。

在切断电源后，利用机械装置使三相鼠笼式异步电动机迅速准确地停车的制动方法称为机械制动，应用较普遍的机械制动装置有电磁抱闸和电磁离合器两种。在切断电源后，产生与电动机实际旋转方向相反的电磁力矩（制动力矩），使三相鼠笼式异步电动机迅速准确地停车的制动方法称为电气制动。常用的电气制动方法有反接制动、能耗制动和发电反馈制动等。

知识链接 2　机械制动

机械制动是用电磁铁操纵机械机构进行制动（电磁抱闸制动、电磁离合器制动等）。

电磁抱闸的基本结构如图 2-32 所示，它的主要工作部分是电磁铁和闸瓦制动器。电磁线圈由 380V 交流供电。机械制动控制线路如图 2-33 所示。

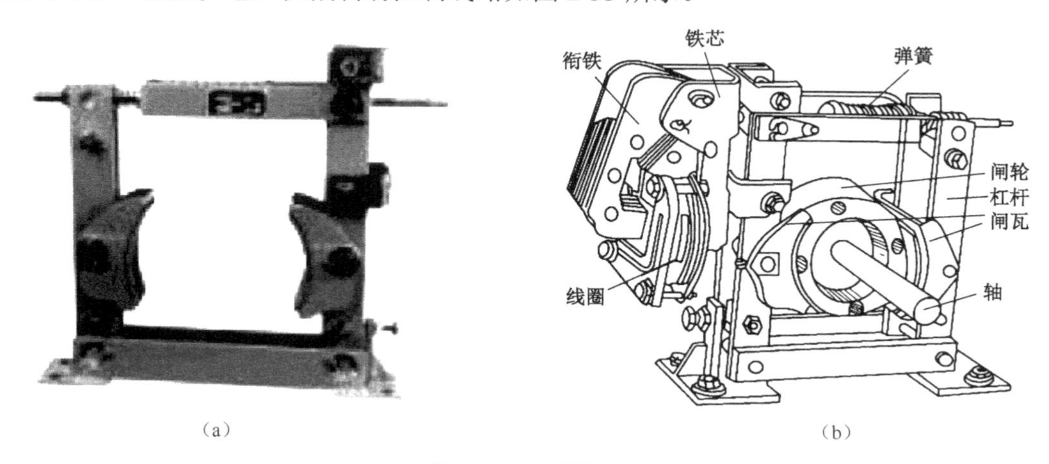

图 2-32　电磁抱闸

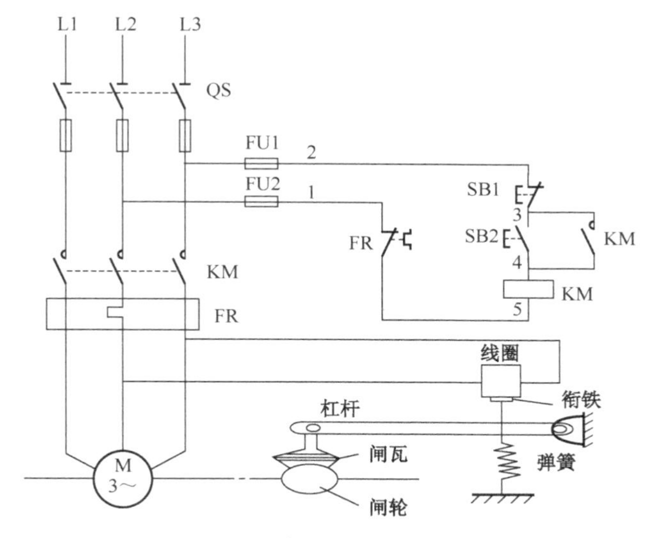

图 2-33　机械制动控制线路

电路工作过程分析如下。

按下启动按钮 SB2，接触器 KM 线圈通电，其自锁触点和主触点闭合，电动机 M 得电。同时，抱闸电磁线圈通电，电磁铁产生磁场力吸合衔铁，带动制动杠杆动作，推动闸瓦松开闸轮，电动机启动运转。

停车时，按下停车按钮 SB1，KM 线圈断电，电动机绕组和电磁抱闸线圈同时断电，电磁铁衔铁释放，弹簧的弹力使闸瓦紧紧抱住闸轮，电动机立即停止转动。

特点：断电时制动闸处于“抱住”状态。

适用场合：升降机械，防止发生电路断电或电气故障时，重物自行下落。

知识链接 3　速度继电器

在自动控制中，有时需要根据电动机转速的高低来接通和分断某些电路，如鼠笼式电动机的反接制动，当电动机的转速降到很低时应立即切断电源，以防止电动机反向启动。这种动作就需要速度继电器来控制完成。

速度继电器也称转速继电器，是在转速达到规定值后，通过触点的动作输出开关信号，即依靠电动机转速的快慢作为输入信号，通过输出开关信号实现对电动机的控制。速度继电器主要用于铣床和镗床等机床的三相异步电动机反接制动的控制电路中，因此又称为反接制动继电器，如图 2-34 所示。

图 2-34　速度继电器

速度继电器的主要结构是由转子、定子及触点 3 部分组成的。其转轴与电动机转轴连在一起。转轴上固定着一个圆柱形的永久磁铁；磁铁的外面套有一个可以按正、反方向偏转一定角度的外环；在外环的圆周上嵌有鼠笼绕组。当电动机转动（动作转速>120r/min）时外环的鼠笼绕组切割永久磁铁的磁力线而产生感应电流，并产生转矩，使外环随着电动机的旋转方向转过一个角度。这时固定在外环支架上的顶块顶着动触点，使其中一组触点动作。若电动机反转，则顶块拨动另一组触点动作。当电动机的转速下降到 100r/min 左右，由于鼠笼绕组的电磁力不足，顶块返回，触点复位（复位转速<100r/min）。因继电器的触点动作与否与电动机的转速有关，因此称为速度继电器，其文字符号为 KS，如图 2-35 所示。

由于继电器工作时是与电动机同轴的，无论电动机正转或反转，电器的两个常开触点，就有一个闭合，准备实行电动机的制动。一旦开始制动时，由控制系统的联锁触点和速度继电器的备用的闭合触点，形成一个电动机相序反接（俗称倒相）电路，使电动机在反接制动下停车。而当电动机的转速接近零时，速度继电器的制动常开触点分断，从而切断电源，使电动机制动状态结束。

常用的速度继电器有 JY1 型和 JFZ0 型两种。其中，JY1 型可在 700～3600r/min 范围内可靠地工作；JFZO-1 型适用于 300～1000r/min；JFZO-2 型适用于 1000～3600r/min。它们具有两个常开触点、两个常闭触点，触点额定电压为 380V，额定电流为 2A。一般速度继电器的转轴在 130r/min 即能动作，在 100r/min 时触点即能恢复到正常位置。可以通过螺钉的调节来改变速度继电器动作的转速，以适应控制电路的要求。

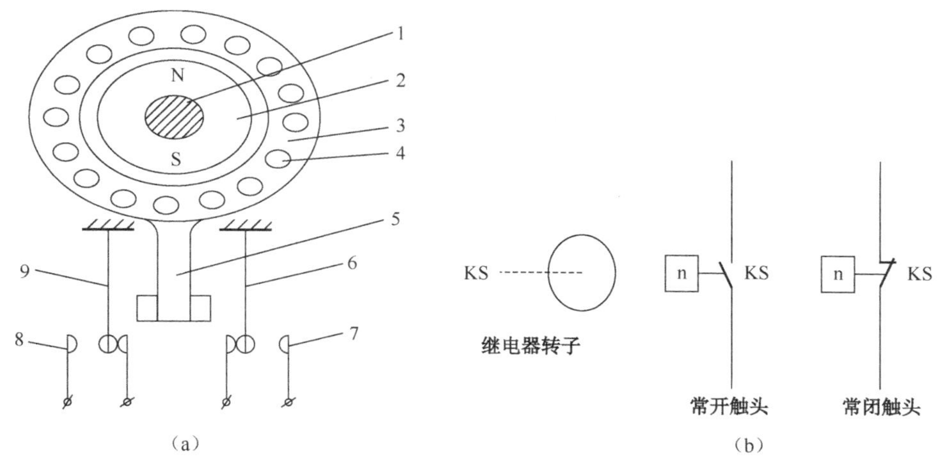

1—转轴；2—转子；3—定子；4—绕阻；5—摆锤；6、9—簧片；7、8—静触点

图 2-35　速度继电器结构及图形符号

JY1 型速度继电器是利用电磁感应原理工作的感应式速度继电器，广泛用于生产机械运动部件的速度控制和反接控制快速停车，如车床主轴、铣床主轴等。JY1 型速度继电器具有结构简单、工作可靠、价格低廉等特点，因此现在众多生产机械都在采用。主要参数如下。

（1）JY-1 速度控制继电器主要用于三相鼠笼式电动机的反接制动电路。

（2）JY-1 速度控制继电器在连续工作制中，可靠地工作在 3000r/min 以下，在反复短时工作制中（频繁启动，制动）每分钟不超过 30 次。

（3）JY-1 速度控制继电器在继电器轴转速为 150r/min 左右时，即能动作。100r/min 以下触点恢复工作位置。

（4）绝缘电阻：在温度 20℃，相对湿度不大于 80%时应不小于 100MΩ。

（5）触点电流小于或等于 2A，电压小于或等于 500V。

（6）触点寿命：在不大于额定负荷之下，不小于 10 万次。

继电器的使用注意事项如下。

（1）核对铭牌数据是否符合要求。

（2）活动部分是否灵活可靠。

（3）清除部件表面污垢。

（4）安装是否牢固、到位。

（5）使用中应定期检查。

知识链接 4　反接制动

反接制动是在制动中将运动中的电动机电源反接（即将任意两根相线接法对调），以改变电动机定子绕组的电源相序，定子绕组产生反向的旋转磁场，从而使转子受到与原旋转方向相反的制动力矩而迅速停转。其特点是制动力矩大，制动迅速，效果好，但冲击效应较大，制动准确性差。通常仅适用于 10kW 以下的小容量电动机。

一、反接制动控制原理图的识读

1. 单方向反接制动控制线路

以 X62W 型万能铣床主轴电动机反接制动控制线路原理图为例，说明电动机反接制动控制过程。

识读电气原理图：电源为三相交流电源 L1、L2、L3；电源开关为刀开关 QS；用电设备为一台三相异步电动机。

控制过程中用到的低压元器件有主回路控制开关 KM1、反接控制开关 KM2；控制回路控制开关 SB1、SB2；FU1、FU2 两组熔断器；FR 热继电器；KS 速度继电器；R 为制动电阻。

在 X62W 型万能铣床主轴电动机反接制动控制线路中，刀开关 QS 作电源隔离开关；熔断器 FU1、FU2 分别作主电路、控制电路的短路保护；启动按钮 SB1 控制接触器 KM1 的线圈得电，停止按钮 SB2 控制 KM1 线圈失电及 KM2 线圈带电；KS 控制 KM2 线圈失电。KM1、KM2 的主触点分别控制电动机 M 的启动与制动。FR 完成电动机运行中的过载保护。其原理图如图 2-36 所示。

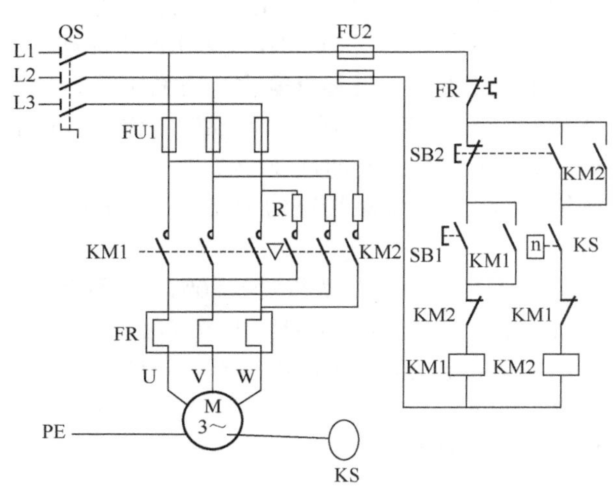

图 2-36　主轴电动机单方向反接制动原理图

2. 分析线路的工作过程

（1）正常工作情况下的控制过程分析。当电动机 M 需要启动时，先合上刀开关 QS，引入电源，此时电动机 M 尚未接通电源。按下启动按钮 SB1，接触器 KM1 的线圈得电，使衔铁吸合，同时带动接触器 KM 的 3 对主触点及辅助常开触点闭合，接通电动机主电路并使线圈自锁，电动机 M 启动运转，电动机启动过程中，KS 常开触点闭合，为接通制动回路做好准备；辅助常闭触点断开，互锁 KM2 线圈。当电动机需要停转时，只要按下停止按钮 SB2，使接触器 KM1 的线圈失电、KM2 线圈带电，KM1 的 3 对主触点分断，KM2 主触点接通，电动机主回路串联电阻 R 反向制动，随着电动机转速的下降，KS 常开触点断开，KM2 线圈失电，电动机 M 失电停转。

① 闭合电源开关 QS。

② 启动过程控制：

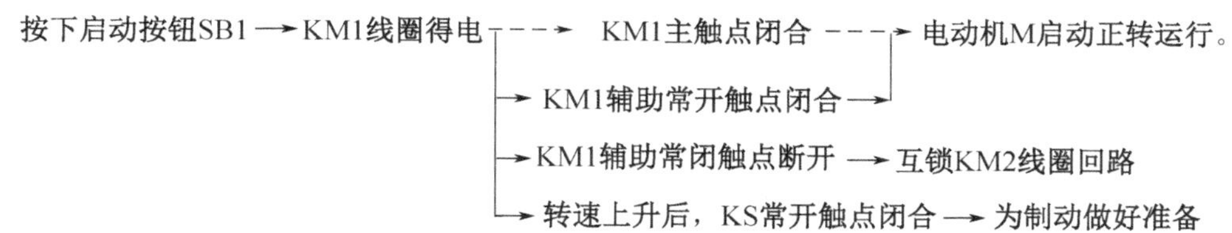

当松开 SB2，因为接触器 KM1 的常开辅助触点自锁，控制电路仍保持接通，所以接触器 KM1 继续得电，电动机 M 实现连续运转。在 M 运转过程中，由于串联在 KM2 线圈回路中的 KM1 常闭触点的互锁作用，KM2 不能接通。

③ 制动过程控制：

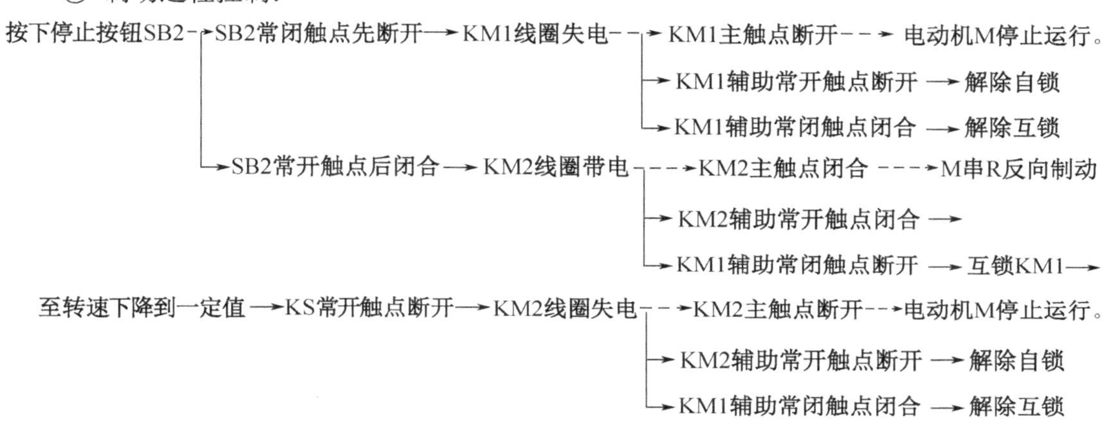

④ 断开电源开关 QS。

（2）故障情况下保护过程分析。

① 短路保护：当主电路中有短路故障发生时，FU1 熔断，同时断开主回路、控制回路，实现保护；当控制电路中有短路故障发生时，FU2 熔断，KM1 或 KM2 线圈失电，KM1 或 KM2 断开主回路，实现保护。

② 失压、欠压保护：接触器互锁正反转控制线路不但能使电动机连续运转，而且运行过程中，用 KM1、KM2 作正反转的控制开关，因此，电路具有失压、欠压保护功能。

③ 过载保护：热继电器的发热元件串联在主回路中检测主回路工作电流是否过载，其常闭触点串联在控制回路中，如果电动机正常工作，热继电器不动作，此触点不影响控制回路的工作，一旦电动机出现过载状态，热继电器动作，其常闭触点断开，使接触器线圈失电，电动机停转，起到过载保护的作用。

反接制动的特点是设备简单，制动力矩较大，但冲击强烈，准确度不高。适用于要求制动迅速，制动不频繁（如各种机床的主轴制动）的场合。容量较大（4.5kW 以上）的电动机采用反接制动时，需在主回路中串联限流电阻。但是，由于反接制动时，振动和冲击力较大，影响机床的精度，因此使用时受到一定限制。

反接制动的关键是电动机电源相序的改变，且当转速下降接近于零时，能自动将反向电源切除。防止反向再启动。

二、X62W 型万能铣床主轴电动机的反接制动控制线路的安装

1．阅读原理图

明确原理图中的各种元器件的名称、符号、作用，理清电路图的工作原理及其控制过程。

2．选择元器件

按元件明细表配齐电气元件，并进行检验。

X62W 型万能铣床主轴电动机的反接制动控制线路的元件明细表，如表 2-22 所示。

表 2-22　反接制动控制线路元件明细表

代号	名称	型号	规　　格	数量
M	三相异步电动机	Y112M-4	4kW、380V、△接法、8.8A、1 440r/min	1
QS	刀开关	HZ10-25/3	三相、额定电流为 100A	1
KM1、KM2	接触器	CJ20-20	20A、线圈电压为 380V	1
FR	热继电器	JR36-20/3D	20A，整定电流为 8.8A、断相保护	1
SB1、SB2、SB3	按钮	LA18-3H	保护式、按钮数 3	1
KS	速度继电器	JY1 型	额定转速（100～3000r/min）、500V、2A、正转及反转触点各一对	1
R	电阻器	ZX2-2/0.7	22.3A、7Ω、每片电阻为 0.7Ω	3
FU1	熔断器	RT1-60/25	380V、60A、熔体为 25A	3
FU2	熔断器	RL1-15/2	380V、15A、熔体为 2A	2
XT1	端子板	TB1512	690V、15A、12 节	1
导线	主电路	BV-1.5	$1.5mm^2$	若干
导线	控制电路	BV-1.0	$1.0mm^2$	若干
导线	按钮线	BVR-0.75	$0.75mm^2$	若干

所有电气控制器件，至少应具有制造厂的名称或商标、型号或索引号、工作电压性质和数值等标志。若工作电压标志在操作线圈上，则应使安装在器件的线圈的标志是显而易见的。

安装接线前应对所使用的电气元件逐个进行检查。

3．配齐工具、仪表，选择导线

按控制电路的要求配齐工具、仪表，按照图纸设计要求选择导线类型、颜色及截面积等。

4．安装电气控制线路

按照 X62W 型万能铣床主轴电动机的反接制动控制线路的电气元件布置图，对所选组件（包括接线端子）进行安装接线，如图 2-37 所示。

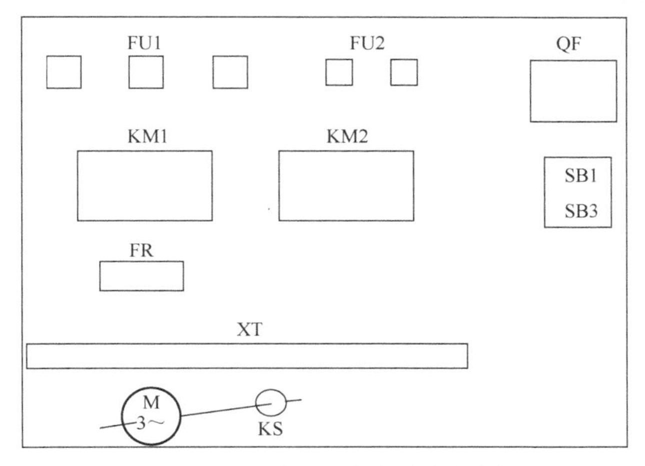

图 2-37　主轴电动机的反接制动控制线路的电气元件布置图

5．按接线图布线

绘制反接制动控制线路的安装接线图并进行布线，如图 2-38 所示。

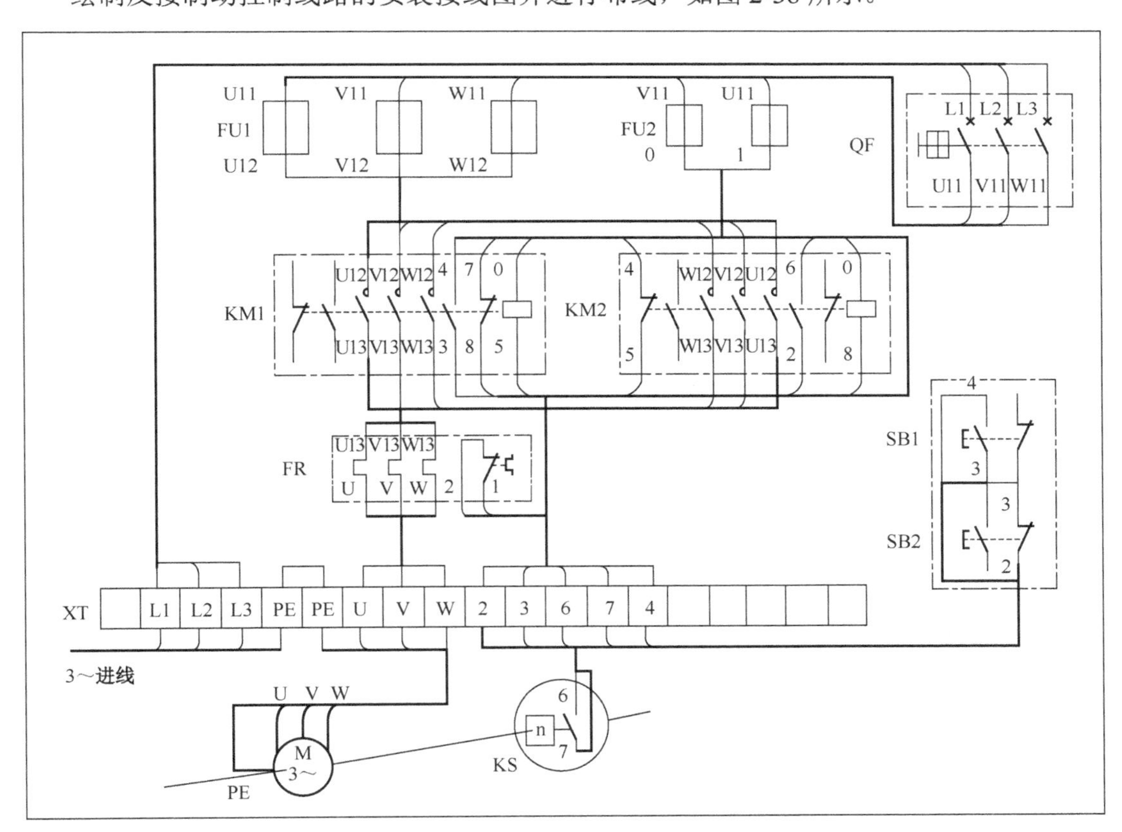

图 2-38　主轴电动机的反接制动控制线路安装接线图

特别提示：

（1）两接触器用于联锁的常闭触点不能接错，否则会导致电路不能正常工作，甚至还会有短路隐患。

（2）速度继电器的安装要求规范，正反向触点安装方向不能接错，在反向制动结束后及时切断反向电源，避免电动机反向旋转。

（3）在主电路中要接入制动电阻来限制制动电流。

6. 检查线路

（1）检查主电路有无开路或短路现象。3 条主回路逐次进行测试检查，可以手动来代替受电线圈励磁吸合时的情况进行检查。按电路图或接线图从电源端开始，逐段核对接线有无漏接、错接之处，检查导线接点是否符合要求，压接是否牢固。注意，主电路电源相序要改变，另外要串联制动电阻。

（2）用万用表检查控制线路的通断情况。控制电路接线检查。用万用表电阻挡（或数字式万用表的蜂鸣器通断挡进行检测）检查控制电路接线情况。注意控制电路的互锁触点和自锁触点不能接错，反向制动的联动复合按钮不能接错，速度继电器的触点不能接错。

控制电路的检查。可将表笔分别搭在 L1、L2 线端上，读数应为“∞”。按下 SB1 时，万用表读数应为接触器线圈的直流电阻值，松开 SB1，万用表读数应为“∞”。

自锁的检查。按下接触器 KM1 或 KM2 触点架时，万用表读数应为接触器线圈的直流电阻值，按下接触器试验按钮的同时按下 SB2，万用表读数应为“∞”。

互锁的检查，同时按下 KM1 和 KM2 触点架，万用表读数为“∞”。

停车控制检查。按下启动按钮 SB1 或 KM1（KM2）触点架，测得接触器线圈的直流电阻值，同时按下停止按钮 SB2，万用表读数由线圈的直流电阻值变为“∞”。

（3）用兆欧表检查线路的绝缘电阻应不小于 0.5MΩ。

7. 通电调试

知识链接 5 正反转降压启动反接制动控制线路

在实际应用中，需要两个相反方向运动的场合很多，如机床工作台的进退、升降，刀库的正向回转与反向回转，主轴的正反转等。正反转降压启动反接制动控制线路如图 2-39 所示。

一、识读电气原理图

电源为三相交流电源 L1、L2、L3；电源开关为刀开关 QS；用电设备为一台三相异步电动机。

控制过程中用到的低压元器件有主回路正转控制开关 KM1、反转控制开关 KM2、电阻 R 短接开关 KM3；控制回路控制开关 SB1、SB2、SB3；FU1、FU2 两组熔断器；中间继电器 KA1、KA2、KA3；FR 热继电器；KS 速度继电器；R 主回路串联电阻。

在正反转降压启动反接制动控制线路中，刀开关 QS 作电源隔离开关；熔断器 FU1、FU2 分别作主电路、控制电路的短路保护；启动按钮 SB2（SB3）控制接触器 KM1（KM2）

的线圈得电，电动机串联电阻正转（反转）降压启动。停止按钮 SB1 控制 KM1（KM2）、KM3 线圈失电及 KM2（KM1）线圈带电，电动机串联电阻正转（反转）反接制动；KS1、KS2 控制 KM2、KM1 线圈失电。KM1、KM2、KM3 的主触点相互配合，控制电动机 M 的正反转降压启动与反接制动。FR 完成电动机运行中的过载保护。正反转降压启动反接制动控制线路如图 2-39 所示。

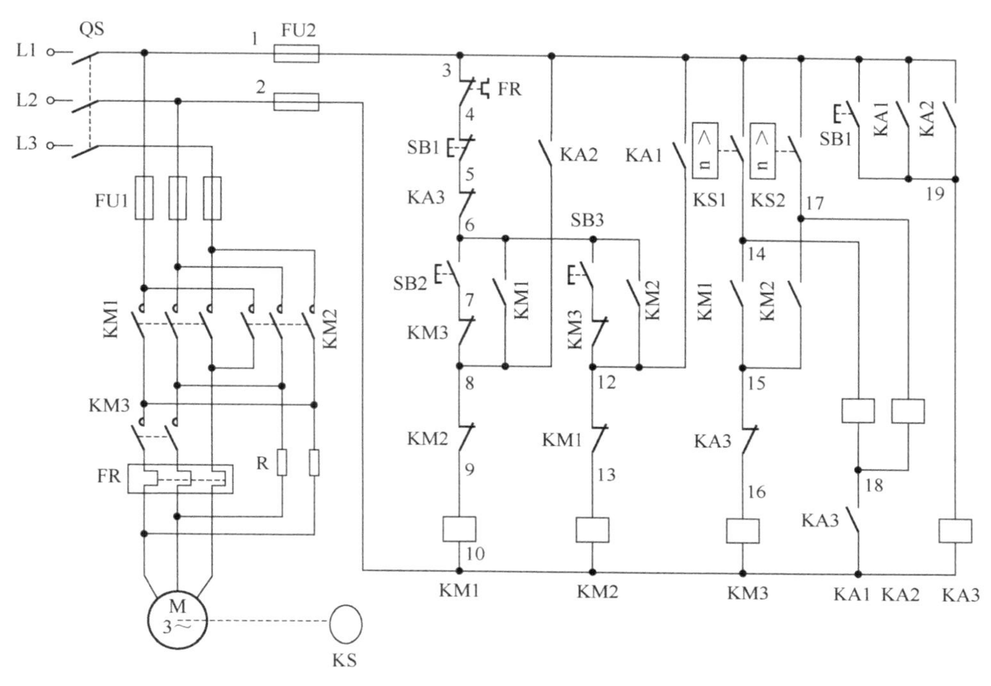

图 2-39　正反转降压启动反接制动控制线路

二、分析线路的工作过程

1．正常工作情况下的控制过程分析

（1）闭合 QS，引入电源。

（2）正转串联电阻降压启动过程：

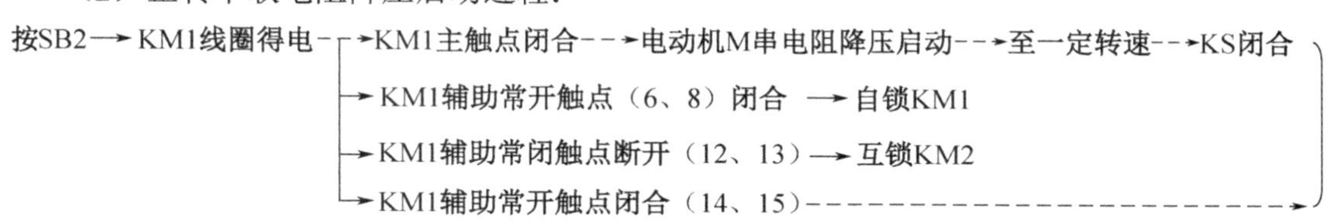

→KM3线圈带电
- →KM3主触点闭合→短接R→电动机M额定电压下正转运行。
- →KM3辅助常闭触点（7、8）断开→互锁KM1
- →KM3辅助常闭触点（11、12）断开→互锁KM2

（3）正转反接制动控制过程：

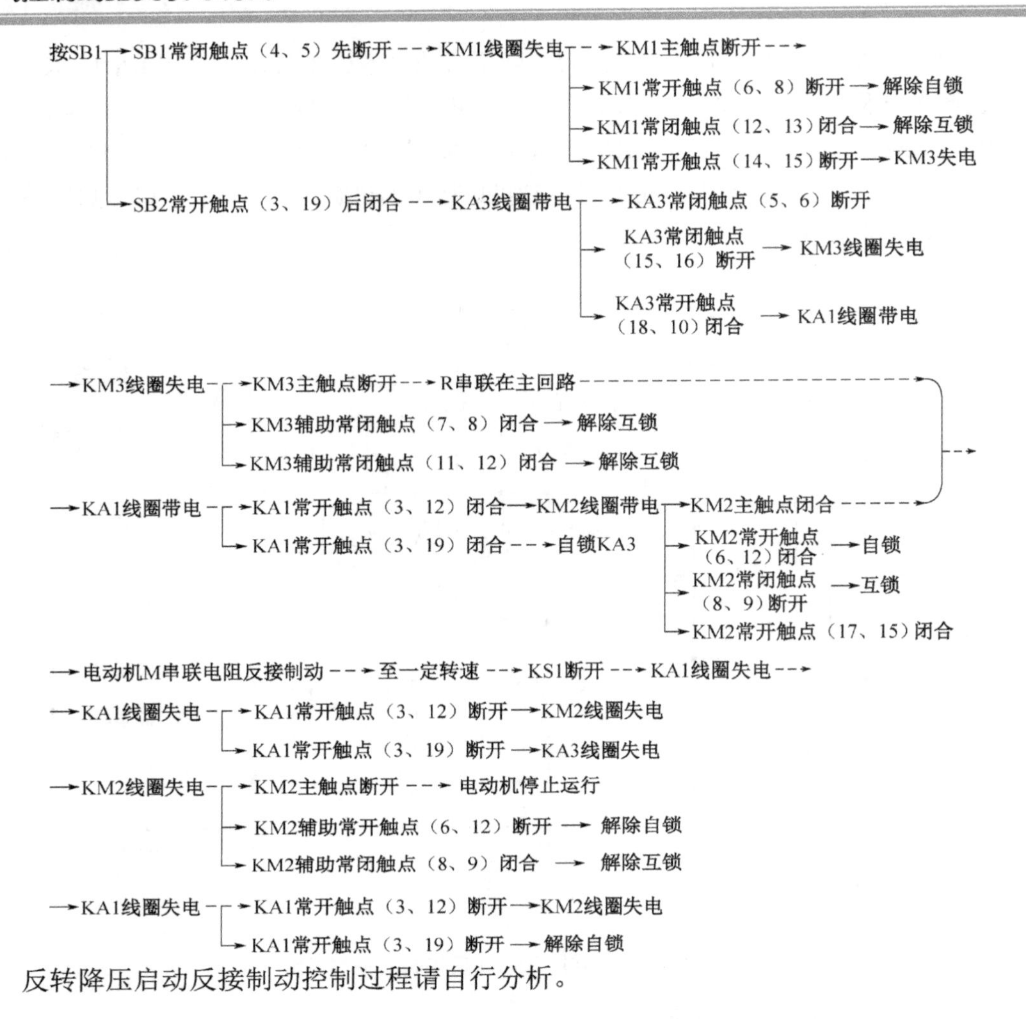

反转降压启动反接制动控制过程请自行分析。

2．故障情况下保护过程分析

（1）短路保护：当主电路中有短路故障发生时，FU1 熔断，同时断开主回路、控制回路，实现保护。当控制电路中有短路故障发生时，FU2 熔断，KM1 或 KM2 线圈失电，KM1 或 KM2 断开主回路，实现保护。

（2）失压、欠压保护：接触器互锁正反转控制线路不但能使电动机连续运转，而且运行过程中，用 KM1、KM2 作正反转的控制开关，因此，电路具有失压、欠压保护功能。

（3）过载保护：热继电器的发热元件串联在主回路中检测主回路工作电流是否过载，其常闭触点串联在控制回路中，如果电动机正常工作，热继电器不动作，此触点不影响控制回路的工作，一旦电动机出现过载状态，热继电器动作，其常闭触点断开，使接触器线圈失电，电动机停转，起到过载保护的作用。

知识链接 6　能耗制动

能耗制动是在三相鼠笼形异步电动机脱离三相交流电源后，在定子绕组上连接一个直流电源，使定子绕组产生一个静止的磁场，当电动机在惯性作用下继续旋转时会产生感应电流，该感应电流与静止磁场相互作用产生一个与电动机旋转方向相反的电磁转矩（制动转矩），使电动机迅速停转。能耗制动的控制形式比较多，下面以全波整流、时间控制原则为例来说明，控制线路如图 2-40 所示。

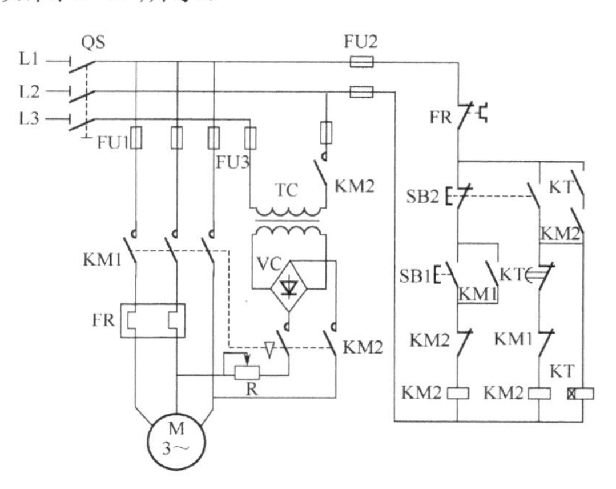

图 2-40　能耗制动控制线路

线路工作过程如下。

（1）先合上电源开关 QS，引入电源。

（2）启动过程控制：

按下启动按钮SB1 → KM1线圈得电 → KM1主触点闭合 → 电动机M启动运行。
→ KM1辅助常开触点闭合 → 自锁KM1
→ KM1辅助常闭触点断开 → 自锁KM2

（3）制动停车过程控制：

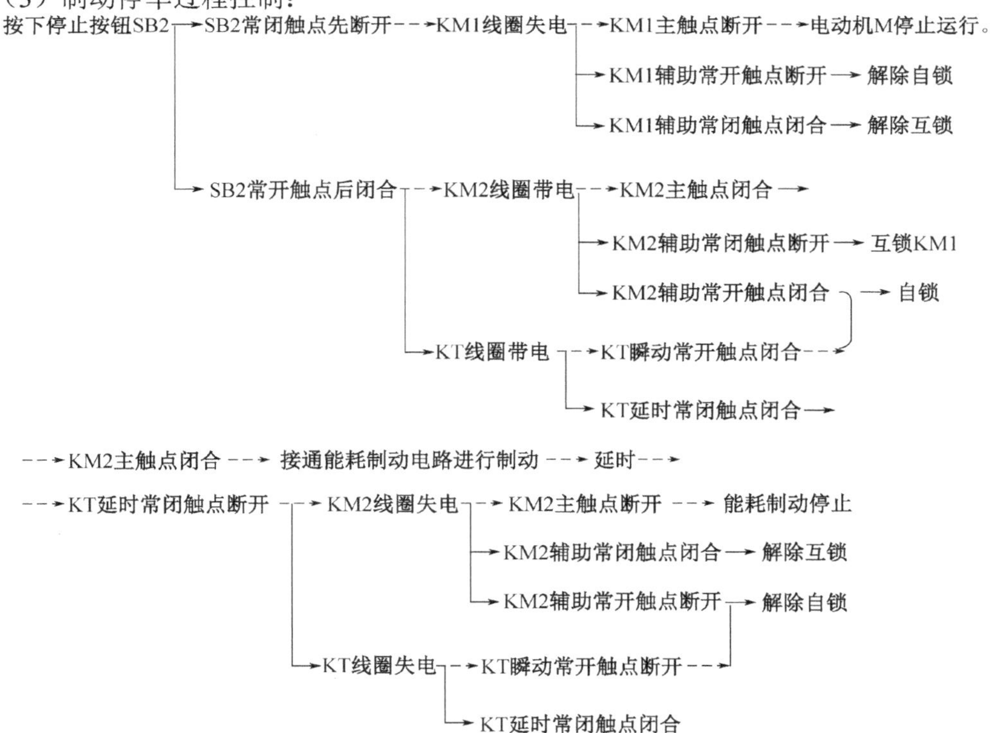

KM2 常开触点上方应串联 KT 瞬动常开触点。防止 KT 出现故障时其通电延时常闭触点无法断开，致使 KM2 不能失电而导致电动机定子绕组长期通入直流电。

能耗制动（与反接制动相比）的优点是能耗小，制动电流小，制动准确度较高，制动转矩平滑；缺点是需要直流电源整流装置，设备费用高，制动力较弱，制动转矩与转速成比例减小。能耗制动适用于电动机能量较大，要求制动平稳、制动频繁及停位准确的场合，是一种应用很广泛的电气制动方法，常用在铣床、龙门刨床及组合机床的主轴定位等。

能耗制动过程中，主电路中的 R 用于调节制动电流的大小，能耗制动结束时，应及时切除直流电源。

技能实训

一、资讯

根据工作任务要求，各工作小组通过工作任务单、引导文及参考文献，查阅资料获取工作任务相关信息，熟悉 X62W 型万能铣床主轴电动机的反接制动控制线路电气原理图及安装过程。

二、制订工作计划

各组讨论完成工作任务所需步骤及任务具体分解。

（1）根据工作任务要求填写所用电工工具及电工仪表。

（2）根据 X62W 型万能铣床主轴电动机的反接制动线路电气原理图完成元件明细表。

（3）填写工作计划表。

三、讨论决策

各小组绘制 X62W 型万能铣床主轴电动机的反接制动控制线路的电气控制系统图并讨论方案可行性。

四、工作任务实施

（1）速度继电器的认识和应用。理解速度继电器在反接制动过程中的作用。

（2）反接制动电气控制原理图的识读。能正确识读电路图、装配图。

（3）反接制动电气控制盘的安装与调试。

① 能够按照工艺要求正确安装反接制动的控制电路。

② 根据故障现象，检修电路出现的问题。

（4）知识扩展与讨论：控制电路如图 2-41 所示，分析电路原理，比较电路异同。

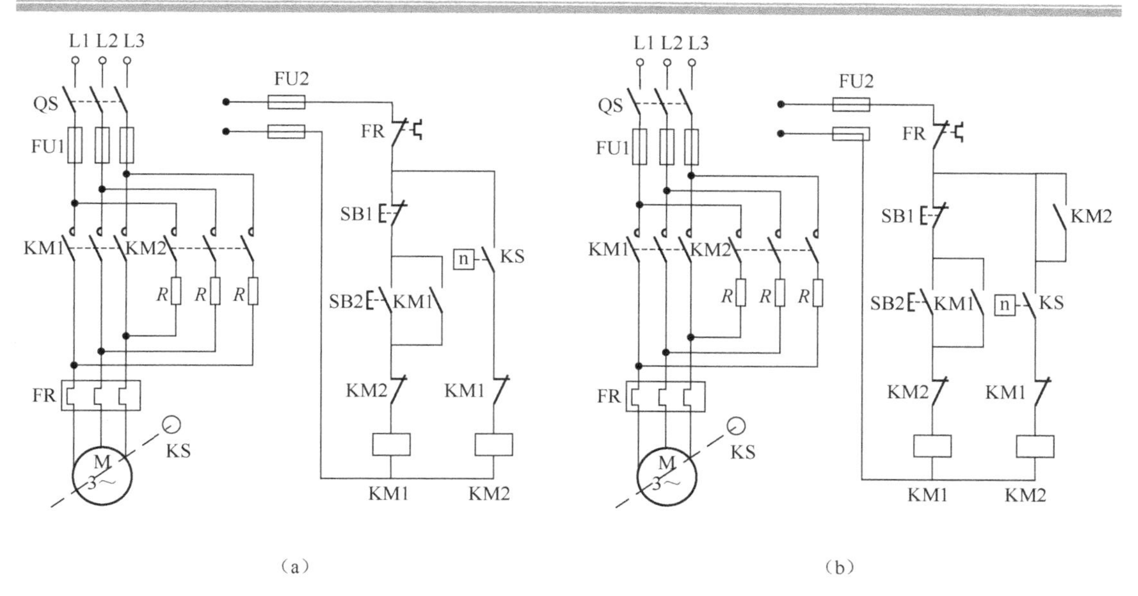

图 2-41　控制电路

五、工作任务完成情况考核

根据工作任务完成情况填写表 2-23。

表 2-23　工作任务考核表

<table>
<tr><th colspan="4" rowspan="3">考核评比项目的内容</th><th colspan="5">项目分值</th></tr>
<tr><th rowspan="2">配分</th><th colspan="4">得分</th></tr>
<tr><th>自查</th><th>互查</th><th>教师评分</th><th>综合得分</th></tr>
<tr><td rowspan="17">专业能力 60%</td><td colspan="2">速度继电器识别</td><td>名称型号</td><td>2 分</td><td></td><td></td><td></td><td></td></tr>
<tr><td colspan="2" rowspan="2">速度继电器性能测试</td><td>仪表使用方法</td><td>2 分</td><td></td><td></td><td></td><td></td></tr>
<tr><td>测量结果</td><td>2 分</td><td></td><td></td><td></td><td></td></tr>
<tr><td colspan="2" rowspan="2">速度继电器使用</td><td>速度继电器在主电路中的使用</td><td>2 分</td><td></td><td></td><td></td><td></td></tr>
<tr><td>速度继电器在控制电路中的使用</td><td>2 分</td><td></td><td></td><td></td><td></td></tr>
<tr><td colspan="2" rowspan="3">安装前准备与检查</td><td>元器件和工具、仪表准备数量是否齐全</td><td>1 分</td><td></td><td></td><td></td><td></td></tr>
<tr><td>电动机质量检查</td><td>1 分</td><td></td><td></td><td></td><td></td></tr>
<tr><td>电气元件漏检或错检</td><td>2 分</td><td></td><td></td><td></td><td></td></tr>
<tr><td rowspan="7">工作过程</td><td rowspan="3">安装元件</td><td>安装的顺序安排是否合理</td><td>2 分</td><td></td><td></td><td></td><td></td></tr>
<tr><td>工具的使用是否正确、安全</td><td>2 分</td><td></td><td></td><td></td><td></td></tr>
<tr><td>电器、线槽的安装是否牢固、平整、规范</td><td>2 分</td><td></td><td></td><td></td><td></td></tr>
<tr><td rowspan="4">布线</td><td>不按电路图接线</td><td>5 分</td><td></td><td></td><td></td><td></td></tr>
<tr><td>布线不符合要求</td><td>2 分</td><td></td><td></td><td></td><td></td></tr>
<tr><td>接点松动、露铜过长、压绝缘层、反圈等</td><td>3 分</td><td></td><td></td><td></td><td></td></tr>
<tr><td>漏套或错套编码套管</td><td>1 分</td><td></td><td></td><td></td><td></td></tr>
</table>

续表

考核评比项目的内容				项目分值				
				配分	得分			
					自查	互查	教师评分	综合得分
专业能力60%	工作过程	布线	漏接接地线	1分				
			导线的连接是否能够安全载流、绝缘是否安全可靠、放置是否合适	3分				
		通电试车	电动机接线是否正常	2分				
			第一次试车不成功	4分				
			第二次试车不成功	2分				
			第三次试车不成功	2分				
	工作成果的检查		线槽是否平直、牢靠，接头、拐弯处是否处理平整美观	3分				
			电器安装位置是否合理、规范	2分				
			环境是否整洁干净	2分				
			整体效果是否美观	2分				
			整定值是否正确，是否满足工艺要求	2分				
			是否在定额时间内完成	2分				
			安全措施是否科学	2分				
综合能力40%	信息收集整理能力		收集和处理信息的能力	4分				
			独立分析和思考问题的能力	3分				
			完成工作报告	3分				
	交流沟通能力		安装、调试总结	3分				
			安装方案论证	3分				
	分析问题能力		线路安装调试基本思路、基本方法研讨	5分				
			工作过程中处理故障和维修设备	5分				
	深入研究能力		培养具体实例抽象为模拟安装调试的能力	3分				
			相关知识的拓展与提升	3分				
			铣床的各种类型和工作原理	2分				
	劳动态度		快乐主动学习	3分				
			协作学习	3分				
强调项目成员注意安全规程及其工业标准 本项目以小组形式完成								

学习情境 2.5　X62W 型万能铣床电气控制电路的安装、调试与检修

一、学习目标

主要任务：通过 X62W 型万能铣床电气控制线路的学习，熟悉继电接触控制系统在实际生产中的应用。了解整体用电系统和典型控制环节之间的关系；熟悉 X62W 型万能铣床电气控制线路的操作和故障排查方法。

1. 能够识读和绘制 X62W 型万能铣床电气控制原理图。
2. 能够结合典型控制电路，按照现场控制需求，正确设计组合机床电气控制系统。
3. 培养学生良好的职业道德、安全生产、规范操作、质量及效益意识。

工作任务单（NO.3-5）

图 2-42 所示为是 X62W 型万能铣床的电气原理图。

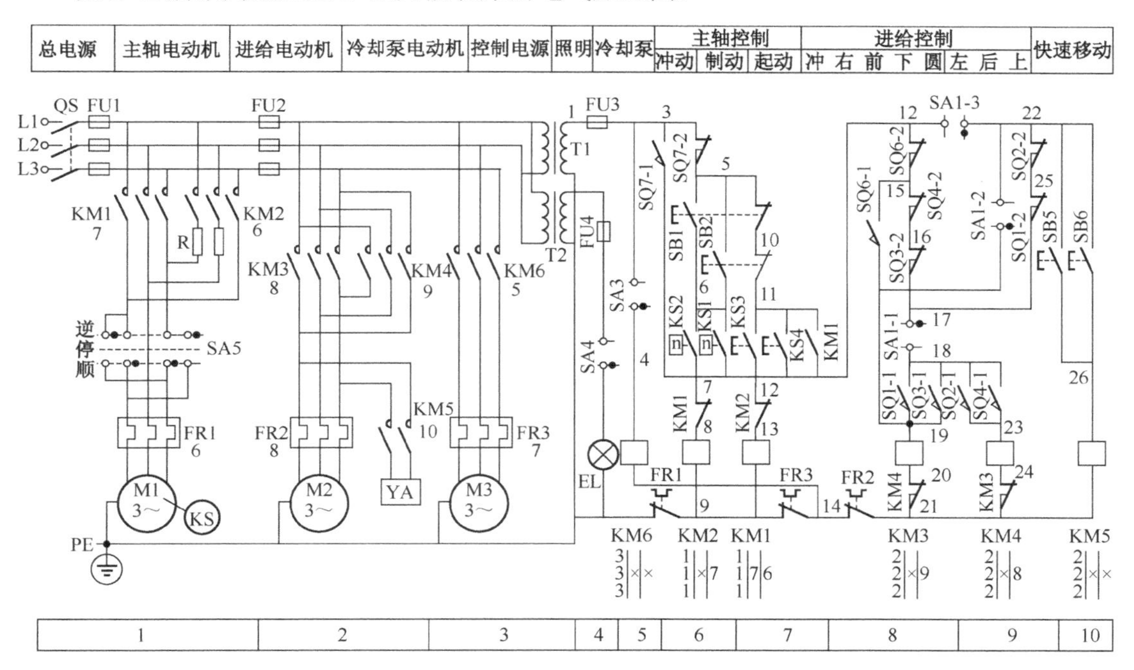

图 2-42　X62W 铣床电气原理图

X62W 型万能铣床电力拖动控制要求如下。

X62W 型万能铣床共有 3 台三相异步电动机，即主轴电动机 M1，工作台进给电动机 M2，冷却泵电动机 M3，快速牵引电磁铁 YA。从加工工艺出发，对铣床的控制要求如下。

（1）主轴电动机正反转运行，以实现顺铣、逆铣。

（2）主轴具有停车反接制动。

（3）主轴变速箱在变速时具有变速冲动，即短时点动。

（4）进给电动机双向运行；配合快速牵引电磁铁 YA 可以实现快速移动。

（5）主轴电动机与进给电动机具有联锁，以防在主轴没有运转时，工作台进给损坏刀具或工件。

（6）圆工作台进给与矩形工作台进给具有互锁，以防损坏刀具或工件。

（7）矩形工作台各进给方向具有互锁，以防损坏工作台进给机构。

（8）工作台进给变速箱在变速时同样具有变速冲动。

（9）主轴制动、工作台的工进和快进由相应的电磁离合器接通对应的机械传动链实现。

（10）具有完善的电气保护。

针对 X62W 型万能铣床的继电接触控制系统，完成控制系统的分析、安装和调试检修工作。

二、引导文

需要学生查阅相关网站、产品手册、设计手册、电工手册、电工图集等参考资料完成引导文提出的问题。

（1）X62W 型万能铣床的结构有哪几部分？

（2）X62W 型万能铣床的运动形式有哪些？主电路使用了哪种电动机？

（3）X62W 型万能铣床的电气控制要求如何？

（4）X62W 型万能铣床的各种运动需要几台电动机拖动？如何控制？

（5）X62W 型万能铣床的主轴启动控制线路的动作原理如何？

（6）X62W 型万能铣床的主轴制动控制线路的动作原理如何？

（7）什么是变速冲动？X62W 型万能铣床主轴控制中为什么要变速冲动？

（8）简述 X62W 型万能铣床主轴变速冲动的控制过程。

（9）X62W 型万能铣床主轴换刀控制中应注意哪些问题？

（10）X62W 型万能铣床主轴换刀采用什么方式制动？

（11）X62W 型万能铣床电气控制线路具有哪些电气联锁？

（12）安装在 X62W 型万能铣床工作台上的工件可以在哪些方向上调整和进给？

（13）圆工作台和长工作台之间如何进行联锁控制？

（14）长工作台 6 个运动方向之间如何进行切换选择？

（15）长工作台向左进给的控制回路如何？

（16）工作台为什么要快速移动？

（17）进给变速冲动控制过程如何完成？

（18）圆工作台有什么作用？

（19）圆工作台控制中需要满足的两个条件是什么？

（20）为什么要设置主轴电动机与进给电动机之间的联锁？怎样实现这个联锁？

（21）为什么要设置进给电动机各运动方向之间的联锁？怎样实现这个联锁？

（22）主电路采用什么样的供电方式，其电压为多少？

（23）控制电路采用什么样的供电方式，其电压为多少？

（24）照明电路和指示电路各采用什么样的供电方式，其电压各为多少？
（25）变压器的作用是什么？
（26）X62W 型万能铣床电气控制板共有几块？
（27）X62W 型万能铣床电气控制板的安装应注意哪些事项？
（28）X62W 型万能铣床的电气控制常见故障有哪些？
（29）X62W 型万能铣床的电气检修的内容有哪些？
（30）通过本次工作任务的完成，你获得了哪些知识？得到了什么启发？

三、本次工作任务的准备工作

1．工作环境及设施配备

工作环境：特种作业基地。
设施配备：配齐所需设备。
（1）根据所需工具及仪表完成表 2-24。

表 2-24　所需工具、仪表

工具	
仪表	

（2）根据所需元器件完成表 2-25。

表 2-25　元器件明细表

代号	名称	型号	规　格	数量

（3）多媒体教学设施。
（4）产品手册、设计手册、电工手册、电工图集等参考资料。

2．制订工作计划

各组制订工作计划并完成表 2-26。

表 2-26 工作任务计划表

学习内容					
组号			组员		
工序	工序名称	任务分解	完成所需时间	主要过程记录	责任人

知识链接 1 X62W 型万能铣床的基本组成

一、X62W 型万能铣床的主要结构和运动形式

X62W 型卧式万能铣床是应用较为广泛的铣床之一。它主要由底座、床身、悬梁、刀杆支架、工作台、溜板和升降台等部分组成。X62W 型卧式万能铣床的运动形式有主运动、进给运动及辅助运动。主轴带动铣刀的转动运动为主运动；加工中工作台带动工件的移动或圆工作台的旋转运动为进给运动；而工作台带动工件在 3 个方向的快速移动为辅助运动。

1. 型号及含义

铣床型号及含义如图 2-42 所示。

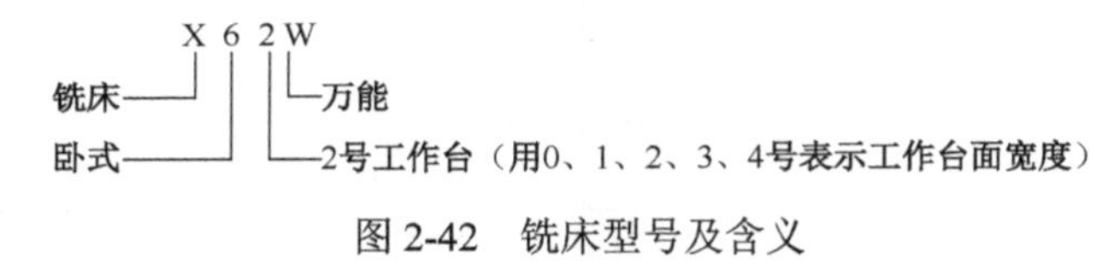

图 2-42 铣床型号及含义

2. 铣床主要结构

铣床主要结构有床身、主轴、底座、工作台、溜板箱、升降台等，如图 2-43 所示。

床身用来固定和支承铣床各部件，顶面上有供横梁移动用的水平导轨。前壁有燕尾形的垂直导轨供升降台上下移动。内部装有主电动机、主轴变速机构、主轴、电气设备及润滑油泵等部件。横梁一端装有吊架，用以支承刀杆，以减少刀杆的弯曲与振动。横梁可沿床身的水平导轨移动，其伸出长度由刀杆长度进行调整。主轴是用来安装刀杆并带动铣刀旋转的，是一空心轴，前端有 7 : 24 的精密锥孔，其作用是安装铣刀刀杆锥柄。

X62W 型万能铣床有 3 个工作台，纵向工作台由纵向丝杠带动在转台的导轨上作纵向移动，以带动台面上的工件作纵向进给，台面上的 T 形槽用以安装夹具或工件。横向工作台位于升降台上面的水平导轨上，可带动纵向工作台一起作横向进给。圆工作台可将纵向工作台在水平面内扳转一定的角度，正、反均为 0° ～45° ，以便铣削螺旋槽等。

升降台可以带动整个工作台沿床身的垂直导轨上下移动，以调整工件与铣刀的距离和

垂直进给。底座用以支承床身和升降台，内盛切削液。

图2-43　X62W万能铣床结构示意图

3．铣床的运动形式

（1）主运动。铣床工作时，铣刀的旋转运动称为主运动。铣刀的旋转运动是由主轴转动来拖动的。主轴转动由主轴电动机通过弹性联轴器来驱动传动机构，当机构中的一个双联滑动齿轮块啮合时，主轴即可旋转。

（2）进给运动。铣床加工工件时，工作台是用来安装夹具和工件的。工作台相对于铣刀的移动称为进给运动。工作台分为长工作台和圆工作台。长工作台可以在左右、上下和前后进给移动；圆工作台可以在一定范围内旋转进给移动。工作台的移动是由进给电动机驱动的，在横向溜板上的水平导轨上，工作台沿导轨左、右移动。在升降台的水平导轨上，使工作台沿导轨前、后移动。升降台依靠下面的丝杠，沿床身前面的导轨同工作台一起上、下移动。

（3）变速冲动。为了使主轴变速、进给变速时变换后的齿轮能顺利地啮合，主轴变速时主轴电动机应能转动一下，进给变速时进给电动机也应能转动一下。这种变速时电动机的稍微转动一下，称为变速冲动。

（4）其他运动。进给几个方向的快速移动运动；工作台上下、前后、左右的手摇移动；回转盘使工作台向左、右转动±45°；悬梁及刀杆支架的水平移动。除进给几个方向的快速移动运动由电动机拖动外，其余均为手动。

二、铣床加工对控制线路要求分析

从运动情况看电气控制要求如下。

（1）机床要求有3台电动机，分别称为主轴电动机、进给电动机和冷却泵电动机。

（2）主轴传动系统在床身内部，进给系统在升降台内，而且主运动和进给运动之间没有速度比例协调的要求。因此采用单独传动，即主轴和工作台分别由主轴电动机、进给电动机拖动，而工作台进给与快速移动由进给电动机拖动，经电磁离合器传动来获得。

（3）主运动——铣刀的旋转运动控制。

① 机械调速：由于铣刀直径、工件材料和加工精度的不同，因此要求主轴的转速也不同。主调速轴采用机械调速，不需要电气控制。

② 正反转控制：主轴电动机处于空载下启动，可以直接启动。为了能进行顺铣和逆铣加工，要求主轴能够实现正、反转但旋转方向不需经常改变，仅在加工前预选主轴转动方向而在加工过程中不变换。

③ 制动控制：铣削加工是多刀多刃不连续切削，负载波动大。为减轻负载波动的影响，往往在主轴传动系统中加入飞轮，使转动惯量加大，但为实现主轴快速停车，主轴电动机应设有停车制动。同时，主轴在上刀时，也应使主轴制动。因此本铣床采用反接制动控制主轴停车制动和主轴上刀制动。

④ 变速冲动：为适应铣削加工需要，主轴转速与进给速度应有较宽的调节范围。X62W型卧式万能铣床采用机械变速，改变变速箱的传动比来实现，为保证变速时齿轮易于啮合，减少齿轮端面的冲击，要求变速时电动机有冲动控制。

（4）进给运动——工件相对于铣刀的移动。进给运动方向通过操作选择运动方向的手柄与行程开关，配合进给电动机的正反转来实现纵向、横向和垂直 6 个方向的运动。工作台的垂直横向和纵向 3 个方向的运动由一台进给电动机拖动，而 3 个方向的选择是由操纵手柄改变传动链来实现的。每个方向又有正反向的运动，这就要求进给电动机能正反转。工作台上、下、前、后、左、右 6 个方向的运动应具有限位保护。

进给速度与快移速度的区别，只不过是进给速度低，快移速度高，通过电磁铁吸合改变传动链来实现。

（5）联锁要求。

① 主轴电动机和进给电动机的联锁：在铣削加工中，为了不使工件和铣刀碰撞发生事故，要求进给拖动一定要在铣刀旋转时才能进行，因此要求主轴电动机和进给电动机之间要有可靠的联锁，即进给运动要在铣刀旋转之后进行，加工结束必须在铣刀停转前停止进给运动。

② 纵向、横向、垂直方向与圆工作台的联锁：为了保证机床、刀具的安全，在铣削加工时，只允许工作台作一个方向的进给运动。在使用圆工作台加工时，不允许工件作纵向、横向和垂直方向的进给运动。为此，各方向进给运动之间应具有联锁环节。

使用圆工作台时，工作台不得移动，即圆工作台的旋转运动与工作台上下、左右、前后 3 个方向的运动之间有联锁控制。

（6）两地控制。为适应铣削加工时操作者的正面与侧面操作位置，机床应对主轴电动机的启动与停止及工作台的快速移动控制具有两地操作。

（7）冷却润滑要求。铣削加工中，根据不同的工件材料，也为了延长刀具的寿命和提高加工质量，需要切削液对工件和刀具进行冷却润滑，为供给铣削加工时的冷却液应有冷却泵电动机拖动冷却泵，供给冷却液，采用转换开关控制冷却泵电动机单向旋转。

（8）应配有安全照明电路。

知识链接 2　X62W 万能铣床的电气控制线路

机床电气原理图如图 2-1 所示。电气原理图是由主电路、控制电路和照明电路 3 部分组成的。

一、主电路分析

1．制动电阻

制动电阻，是波纹电阻的一种，主要用于变频器控制电动机快速停车的机械系统中，帮助电动机将其因快速停车所产生的再生电能转化为热能，如图2-44（a）所示。其结构主要包括：陶瓷管——是合金电阻丝的骨架，同时具有散热器的功效；合金电阻——扁带波浪形状，缠绕在陶瓷管表面上，负责将电动机的再生电能转化为热能；涂层——涂在合金电阻丝的表面上，具有耐高温的特性，功用是阻燃。

2．交流牵引电磁铁

交流牵引电磁铁适用于交流50Hz，电压为380V的控制电路中。作为机械设备及自动化系统的各种操作机构的远距离控制及机械制动的动力元件，如图2-44（b）所示。

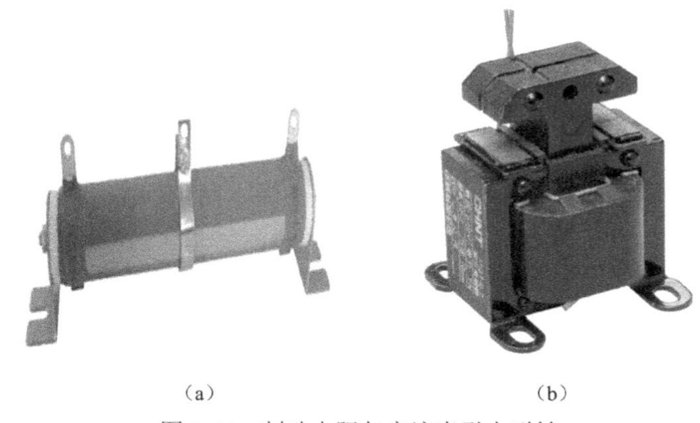

（a）　　　　　　　　（b）

图2-44　制动电阻与交流牵引电磁铁

3．识读电气原理图

电源为三相交流电源L1、L2、L3；电源开关为刀开关QS；用电设备为三台三相异步电动机 M1（主轴电动机）、M2（进给电动机）、M3（冷却泵电动机）和一个交流电磁铁YA。

主回路控制过程中用到的低压元器件及其各自功能如下。

主回路控制开关KM1～KM6：KM1为主轴正反转启动开关；KM2为主轴变速冲动及制动开关；KM3为工作台开关，控制向右、向前、向下的运动；KM4为工作台开关，控制向左、向后、向上的运动；KM5为工作台快速运动开关；KM6为冷却泵电动机控制开关。

主轴电动机正反转通过手动控制开关SA5来控制。

R为主轴电动机反接制动制动电阻。

FU1、FU2两组熔断器：FU1为全电路总保护，主要保护对象为主轴电动机；FU2为进给电动机和冷却泵电动机的短路保护。

FR1、FR2、FR3 3个热继电器分别作3台电动机的过载保护。

YA：交流牵引电磁铁，YA 线圈带电，进给电动机快速移动；YA 线圈失电，进给电动机作进给运动。

KS：速度继电器，KS 转速达到 120r/min 以上，动作；KS 转速降到 120r/min 以下，停止动作。

二、主轴电动机控制线路

主轴电动机控制电路参见图 2-1。

1．主轴的启动过程分析

SB1、SB2 为主轴电动机停止按钮，两地控制；SB3、SB4 为主轴电动机启动按钮；SA5 为旋钮开关，SA5 与 KM1 配合，实现主轴的正反转切换。

SA5 手柄可放在正转、反转、停止 3 个位置，在不同位置，触点通断情况不一样，如表 2-27 所示。

SA5 旋转到所需要的旋转方向（正或反）→启动按钮 SB3 或 SB4→接触器 KM1 线圈通电→常开辅助触点 KM1（11-12）闭合进行自锁，同时常开主触点闭合→主轴电动机 M1 旋转。

表 2-27　SA5 触点通断表

位置触点	正转	反转	停止
SA5—1		X	
SA5—2	X		
SA5—3	X		
SA5—4		X	

注：X 表示在相应的位置触点接通

在主轴启动的控制电路中串联有热继电器 FR1 的常闭触点（9-0）。因此，当电动机 M1 过载，热继电器常闭触点的动作将使电动机停止。

主轴启动的控制回路为：1→3→SQ7-2→5→10→11→12→13→9→0。

主轴启动后，KS1（KS2）闭合，为主轴制动做好准备。

2．主轴的停车制动过程分析

按下停止按钮 SB1 或 SB2→其常闭触点（5-10）或（10-11）断开→接触器 KM1 因断电而释放，但主轴电动机等因惯性仍在旋转。按停止按钮时应按到底→其常开触点（5-6）闭合→主轴制动接触器 KM2 因线圈通电而吸合→使主轴制动，迅速停止旋转。

主轴启动的控制回路为：1→3→SQ7-1→7→8→9→0。

3．主轴的变速冲动过程分析

为了使主轴变速后的齿轮能顺利地啮合，主轴变速时主轴电动机应能转动一下，称为变速冲动。

X6132 型万能铣床主轴变速时主轴电动机的冲动控制，先把主轴瞬时冲动手柄向下压，向外拉，转动主轴调速盘，选择所需的转速，选好速度后再将变速操作手柄推回。当把变速手柄推回原位的过程中，通过机械装置使冲动开关 SQ7-1 闭合一次，SQ7-2 断开。元件动作顺序为：SQ7 动作→KM2 动合触点闭合接通→电动机 M1 转动→SQ7 复位→KM2 失电→电动机 M1 停止，冲动结束。

主轴变速冲动的控制回路为：1→3→SQ7-1→7→8→9→0。

二、进给电动机控制线路分析

1．操作手柄

X62W 铣床上的操作手柄包括纵向操作手柄和前后上下操作手柄。

纵向操作手柄是一字形手柄，有 3 个位置，可以控制长工作台左右运动。各位置接通的开关如表 2-28 所示。

表 2-28　纵向操作手柄控制开关

左	中	右
SQ2、KM4	停止	SQ1、KM3

操纵工作台横向联合向进给运动和垂直进给运动的手柄为十字手柄。它有两个，分别装在工作台左侧的前方、后方。它们之间有机构连接，只需操纵其中的任意一个即可。手柄有上、下、前、后和零位共 5 个位置。当操作手柄分别扳到各位置时，便相应压下后面的微动开关，其动合触点闭合而接通所需的电路。操作手柄每次只能扳在一个位置上，其余仍处于断开状态。当手柄处于中间位置时，4 个开关全部处于断开状态。铣床上的操作手柄如图 2-45 所示，各位置接通的开关如表 2-29 所示。

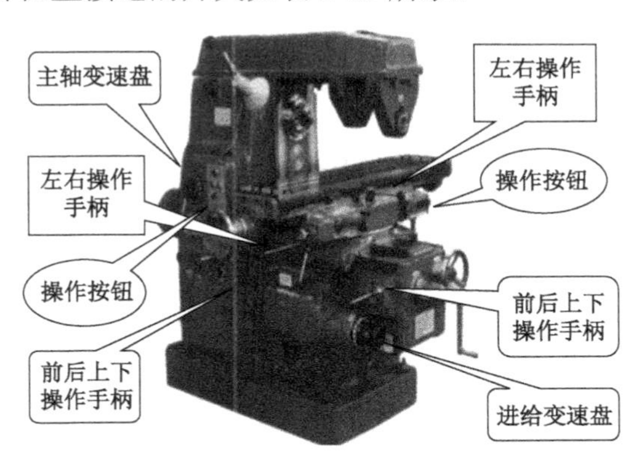

图 2-45　铣床上的操作手柄

表 2-29　十字操作手柄控制开关

上	后	中间	下	前
SQ4、KM4 垂直进给离合器	SQ4、KM4 横向进给离合器	停止	SQ3、KM3 垂直进给离合器	SQ3、KM4 横向进给离合器

2．进给电动机控制线路分析

进给电动机工作条件：将电源开关 QS 合上，启动主轴电动机 M1，接触器 KM1 吸合自锁，进给控制电路有电压，就可以启动进给电动机 M2。

在进给电动机控制中，SB5、SB6 是快进控制按钮，两地控制；SA1 为圆工作台旋钮开关，SQ1～SQ4 为控制方向的 4 个行程开关，SQ1 控制进给电动机右行，SQ2 控制左行，SQ3 控制向下和向前，SQ4 控制向上和向后。SQ6 是配合进给变速手柄实现进给变速冲动。

进给电动机拖动长工作台可以实现6个方向的运动。即工作台面借助升降台做垂直(上、下)移动。工作台借助横溜板做横向(前、后)移动；工作台面能直接在溜板上部可转动部分的导轨上做纵向(左、右)移动，如图 2-46 所示。

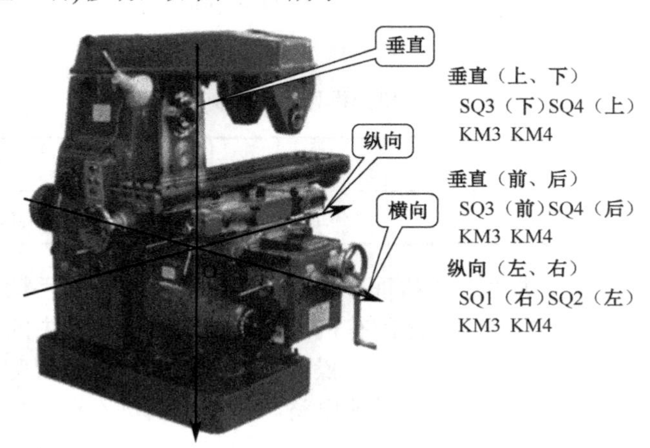

图 2-46　铣床进给工作台 6 个方向示意图

（1）工作台纵向（左、右）进给运动的控制分析。先将圆工作台的转换开关 SA1 扳在“断开”位置，这时转换开关 SA1 上的各触点的通断情况如表 2-30 所示。

表 2-30　圆工作台转换开关

位置触点	接通	断开
SA1—1（17、18）		X
SA1—2（19、22）	X	
SA1—3（12、22）		X

工作台的左右运动（纵向）由纵向操纵手柄来控制。手柄所指的方向即是运动的方向。操作手柄有 3 个位置：向左、向右、零位（停止）。其联动机构控制行程开关是 SQ1 和 SQ2，它们分别控制工作台向右及向左运动。工作台操作手柄在左时，SQ2 行程开关动作，M2 电动机反转，工作台向左运动。操作手柄在右时，SQ1 行程开关动作，M2 电动机正转，工作台向右运动。

进给电动机的左右控制回路为：

1→3→5→10→11→12→15→16→17→18→19→20（向上运动）→21→14→9→0。
　　　　　　　　　　　　　　　　└→23→24（向下运动）→┘

当将纵向进给手柄扳回到中间位置（或称零位）时，一方面纵向运动的机械机构脱开，另一方面微动开关SQ1和SQ2都复位，其常开触点断开，接触器KM2和KM3释放，进给电动机M2停止，工作台也停止。

终端限位保护的实现：在工作台的两端各有一块挡铁，当工作台移动到挡铁碰动纵向进给手柄位置时，会使纵向进给手柄回到中间位置，实现自动停车，这就是终端限位保护。调整挡铁在工作台上的位置，可以改变停车的终端位置。

（2）工作台横向（前、后）和垂直（上、下）进给运动的控制分析。

条件：圆工作台转换开关SA1扳到“断开”位置。

工作台垂直和横向运动控制是通过十字操作手柄和进给离合器、行程开关相互配合来实现的。十字手柄扳向上或下，接通垂直进给离合器，工作台可以上下运动。十字操作手柄扳向前或后，接通横向进给离合器，工作台可以前后运动。十字手柄在中间位置时，进给离合器均不接通，工作台不运动。

十字操作手柄扳向上或向后，压下SQ4，接通KM4，工作台向上、向后运行。十字操作手柄扳向下或向前，压下SQ3，接通KM3，工作台向下、向前运行。5个位置相互连锁。

向下或向前控制步骤：

条件：KM1得电，即主轴电动机启动，同时SA1在“断开”位置。

进给电动机的上下控制回路为：

1→3→5→10→11→12→15→16→17→18–┬→19→20（向上运动）–┬→21→14→9→0。
　　　　　　　　　　　　　　　　　└→23→24（向下运动）→┘

进给电动机的前后控制回路为：

1→3→5→10→11→12→15→16→17→18–┬→19→20（向后运动）–┬→21→14→9→0。
　　　　　　　　　　　　　　　　　└→23→24（向前运动）→┘

当手柄回到中间位置时，机械机构都已脱开，各开关也都已复位，接触器KM3和KM4都已释放，所以进给电动机M2停止，工作台也停止。

（3）工作台的快速移动。为了缩短对刀时间，工作台需要快速移动。主轴启动以后，将操纵工作台进给的手柄扳到所需的运动方向，工作台就按操纵手柄指定的方向做进给运动。这时如按下快速移动按钮SB5或SB6→接触器KM5线圈通电→KA线圈带电→交流牵引电磁铁吸合，工作台按原操作手柄指定的方向快速移动。当松开快速移动按钮SB3或SB4→接触器KM5线圈断电→ YA断电，电磁铁失电，工作台就以原进给的速度和方向继续移动。

（4）圆工作台的控制。圆工作台可以铣削圆弧和凸轮等曲线。圆工作台由进给电动机M3经纵向传动机构拖动。启动圆工作台时，先将圆工作台的转换开关SA1扳在“接通”位置。SA1的触点SA1-2（19-22）接通，SA1-1（17-18）、SA1-3（12-22）均断开。然后将工作台的进给操作手柄都扳到中间位置。

按下主轴启动按钮SB3或SB4→接触器KM1吸合并自锁→KM1的常开辅助触点（11-12）也同时闭合→接触器KM3也吸合→进给电动机M2转动，拖动圆工作台转动。因为接触器KM3吸合，KM4不能吸合，所以圆工作台只能沿一个方向转动。

圆工作台的控制回路为：

1→3→5→10→11→12→15→16→17→25→22→19→20→21→14→9→0。

（5）进给变速冲动的控制。先启动主轴电动机M1，使接触器KM1吸合，它在进给变速冲动控制电路中的常开触点（11-12）闭合。

变速时将变速盘往外拉到极限位置，再把它转到所需的速度，最后将变速盘往里推。在推的过程中挡块压一下微动开关 SQ6，其常闭触点 SQ6-2（12～15）断开一下，同时，其常开触点 SQ6-1（15-19）闭合一下，接触器 KM3 短时吸合，进给电动机 M2 就转动一下。当变速盘推到原位时，变速后的齿轮已顺利啮合。

变速冲动的控制回路为：

1→3→5→10→11→12→22→17→16→15→19→20→21→14→9→0。

3．X62W 铣床电气控制线路的联锁

（1）主轴电动机与进给电动机之间的联锁。

设置联锁的原因：防止在主轴不转时，工件与铣刀相撞而损坏机床。

联锁的实现方法：在接触器 KM3 或 KM4 线圈回路中串联 KM1 常开辅助触点(11-12)。

（2）工作台不能几个方向同时移动。

设置联锁的原因：工作台两个以上方向同进给容易造成事故。

联锁的实现方法：由于工作台的左右移动是由一个纵向进给手柄控制的，同一时间内不会既向左又向右进给。工作台的上、下、前、后是由同一个十字手柄控制的，同一时间内这 4 个方向也只能有一个方向进给。因此只要保证两个操纵手柄都不在零位时，工作台不会沿两个方向同时进给即可。

将纵向进给手柄可能压下的微动开关 SQ1 和 SQ2 的常闭触点 SQ1-2（17-25）和 SQ2-2（22-25）串联在一起，再将垂直进给和横向进给的十字手柄可能压下的微动开关 SQ3 和 SQ4 的常闭触点 SQ3-2（16～17）和 SQ4-2（15～16）串联在一起，并将这两个串联电路再并联起来，以控制接触器 KM3 和 KM4 的线圈通路。如果两个操作手柄都不在零位，则有不同支路的两个微动开关被压下，其常闭触点的断开使两条并联的支路都断开，进给电动机 M2 因接触器 KM3 和 KM4 的线圈都不能通电而不能转动。

（3）进给变速时两个进给操纵手柄都必须在零位。

设置联锁的原因：为了安全，进给变速冲动时不能有进给移动。

联锁的实现方法：SQ1 或 SQ2、SQ3 或 SQ4 的 4 个常闭触点 SQ1-2、SQ2-2、SQ3-2 和 SQ4-2 串联在 KM2 线圈回路中。当进给变速冲动时，短时间压下微动开关 SQ6，其常闭触点 SQ6-2（12-15）断开，其常开触点 SQ6-1（15-19）闭合，如果有一个进给操纵手柄不在零位，则因微动开关常闭触点的断开而接触器 KM3 不能吸合，进给电动机 M2 也就不能转动，防止进给变速冲动时工作台的移动。

（4）圆工作台的转动与工作台的进给运动不能同时进行。

联锁的实现方法：SQ1 或 SQ2、SQ3 或 SQ4 的 4 个常闭触点 SQ1-2、SQ2-2、SQ3-2 或 SQ4-2 是串联在 KM3 线圈的回路中。当圆工作台的转换开关 SA1 转到“接通”位置时，两个进给手柄可能压下微动开关 SQ1 或 SQ2、SQ3 或 SQ4 的 4 个常闭触点 SQ1-2、SQ2-2、SQ3-2 或 SQ4-2。如果有一个进给操纵手柄不在零位，则因开关常闭触点的断开而接触器 KM3 不能吸合，进给电动机 M2 不能转动，圆工作台也就不能转动。只有两个操纵手柄恢复到零位，进给电动机 M2 才能旋转，圆工作台才能转动。

4．冷却泵电动机的控制

冷却泵电动机 M3 的控制开关为 SA3，是一个旋钮开关，扳动 SA3，可以控制 KM6 线圈带电，KM6 主触点接通，控制冷却泵启动运行。

5．照明电路

照明变压器 T 将 380V 的交流电压降到 36V 的安全电压，供照明用。照明电路由开关 SA4 控制灯泡 EL。熔断器 FU4 用作照明电路的短路保护。

知识链接 3　X62W 型万能铣床的安装与调试

一、电气控制板的制作

1．准备工作

在电气控制板制作之前，必须做好充分的准备。操作过程和方法如下。

（1）阅读原理图。明确原理图中的各种元器件的名称、符号、作用，理清电路图的工作原理及其控制过程。

（2）选择元器件：按元件明细表配齐电气元件，并进行检验。其中包括接触器、控制按钮、限位开关、热继电器、接线端子及连接导线等。X62W 型万能铣床元件明细表如表 2-31 所示。

表 2-31　X62W 型万能铣床元件明细表

代号	名称	型号	规　格	数量
M1	主轴电动机	JD02-51-4	7.5kW，380V，1450r/min	1
M2	进给电动机	J02-22-4	1.5kW，380V，1400r/min	1
M3	冷却泵电动机	JCB-22	0.125kW，380V，2790r/min	1
QS	刀开关	HZ10-60/3	三相、额定电流为 60A	1
KM1-KM4	接触器	CJ10-10	10A、线圈电压为 110V	4
KA1-KA3	中间继电器	JZ7-44	10A	
FR	热继电器	JR36-20/3D	20A，整定电流为 8.8A、断相保护	1
SB1、SB2	按钮	LA2	绿色	2
SB3、SB4	按钮	LA2	黑色	2
SB5、SB6	按钮	LA2	红色	2
SA1	转换开关	HZ10-10	10A、380V	1
SA2	转换开关	HZ10-10	10A、380V	1
SA2	转换开关	HZ10-10	10A、380V	1
SA3	转换开关	HZ10-10	10A、380V	1
SQ1	限位开关	LX1-11K	380V、5A，单轮，自动复位	1
SQ2	限位开关	LX1-11K	380V、5A，单轮，自动复位	1

续表

代号	名称	型号	规　　格	数量
SQ3	限位开关	LX1-11K	380V、5A，单轮，自动复位	1
SQ4	限位开关	LX1-11K	380V、5A，单轮，自动复位	1
SQ6	限位开关	LX1-11K	380V、5A，单轮，自动复位	1
SQ7	限位开关	LX1-11K	380V、5A，单轮，自动复位	1
FR1	热继电器	JR10-20/3	20A、11A、3 极	1
FR2	热继电器	JR10-20/3	20A、3A、3 极	1
FR3	热继电器	JR10-20/3	20A、0.3A、3 极	1
FU1	熔断器	RL1-60/35	60A、配熔体 35A	3
FU2	熔断器	RL1-60/25	60A、配熔体 25A	3
FU3	熔断器	RL1-15/5	15A、配熔体 5A	2
FU4、FU5	熔断器	RL1-10/2	10A、配熔体 2A	2
TC1	变压器	BK-150	380/110	1
TC2	变压器	BK-50	380/36V　6.3V	1
YC1	电磁离合器	B1DL-III		1
EL	照明灯	JC6-Z - 1		
KS	速度继电器	JY1 型	额定转速（100～3000r/min）、500V、2A、正转及反转触点各一对	1
R	电阻器	ZX2-2 / 0.7	22.3A、7Ω、每片电阻 0.7Ω	3
XT1	端子板	TB1512	690V、15A、12 节	1
导线	主电路	BV-1.5	4 mm^2、1.5 mm^2	若干
导线	控制电路	BV-1.0	1.0mm^2	若干
导线	按钮线	BVR-0.75	0.75mm^2	若干

所有电气控制器件，至少应具有制造厂的名称或商标、型号或索引号、工作电压性质和数值等标志。若工作电压标志在操作线圈上，则应使安装在器件的线圈的标志是显而易见的。

安装接线前应对所使用的电气元件逐个进行检查。

（3）核对所有元器件型号、规格及数量，检测是否良好。

检测电动机三相电阻是否平衡，绝缘是否良好，若绝缘电阻低于 0.5MΩ，则必须进行烘干处理，或进一步检查故障原因并予以处理；检测控制变压器一、二次测绝缘电阻，检测试验状态下两侧电压是否正常；检查开关元件的开关性能是否良好，外形是否良好。

（4）准备电工工具一套，钻孔工具一套(包括手枪钻、钻头及丝锥)。

2. 制作电气控制板

安装电气控制线路。按照 X62W 型万能铣床控制线路的电气元件布置图，对所选组件（包括接线端子）进行安装接线，如图 2-47 所示。

X62W 型万能铣床电气控制板共 8 块，分别为：左、右侧配电箱控制板；左、右侧配电箱门控制板；左侧按钮站、前按钮站、升降台和升降台上的控制按钮盒。

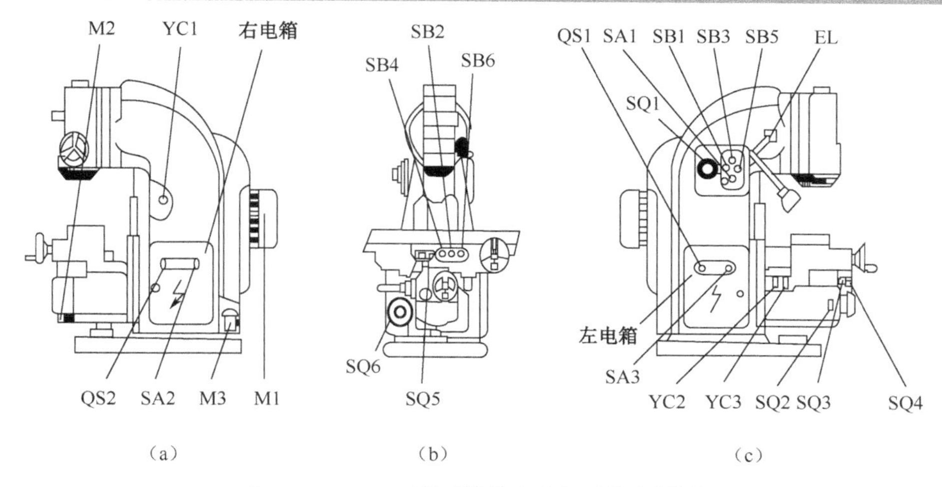

图 2-47　X62W 型万能铣床电气元件布置图

左、右侧配电箱控制板和其他 6 个控制板的制作过程大致相同，具体制作工艺如下：首先用厚 2.5 mm 的钢板按要求裁剪出不同规格的控制板，再根据按钮、开关、信号灯、离合器、端子等在各个板的位置，将它们摆放在板或门上，定出合理位置，画上标记。要求元件之间、元件与箱壁之间的距离在各个方向上保持均匀。同时保证门开关时，元件之间、元件与箱体之间不会发生碰撞。画上安装标记后进行钻孔、攻螺纹、去毛刺、修磨，将板两面刷防锈漆，并在正面喷涂白漆。待漆干后，将与电气元器件相对应的电气标牌固定在图样标示的位置上。

左、右侧配电箱控制板，制作时要注意控制板的尺寸，使它们装上元件后能自由进出箱体。油漆干后，固定好接触器、热继电器、熔断器、变压器、整流电源和端子等。元件布置要美观、流畅、均匀，并留出配线空间，固定电气标牌。

3．电气控制板敷线

线的敷设方法有走线槽敷设法和沿板面敷设法两种。前者采用塑料绝缘软铜线，后者采用塑料绝缘单芯硬铜线。采用硬导线时的敷设操作方法如下。

（1）确定敷设位置时要按照原理图上的走线连接方向，在控制板上量出元件间实际要连接导线的长度(包括连接长度及弯曲余度)，切割导线，进行敷设。敷设时，在平行于板面方向上的导线应平直；在垂直于板面方向上的导线，高度应相同，以保证工整、美观。尽量减少线路交叉。

（2）敷设完毕，进行修整，然后固定绑扎导线。最后，用小木槌将线轻轻敲打平整，使其整齐美观。

（3）导线与端子的连接，当导线根数不多且位置宽松时，采用单层分列；如果导线较多，位置狭窄，不能很好地布置成束，则采用多层分列，即在端子排附近分层之后，再接入端子。导线接入接线端子，首先根据实际需要剥切出连接长度，除锈和清除杂物，然后，套上标号套管，再与接线端子可靠地连接。

4.电气控制板接线检查

根据 X62W 型铣床相关电气图纸，详细检查各部分接线、电气编号等有无遗漏或错误，如有应予以纠正。一切就绪后即可进行安装。

二、机床的电气安装

1．电动机的安装

一般采用起吊装置，先将电动机水平吊起至中心高度并与安装孔对正，装好电动机与齿轮箱的连接件并相互对准。再将电动机与齿轮连接件啮合，对准电动机安装孔，旋紧螺栓，最后撤去起吊装置。

2．限位开关的安装

安装前检查限位开关是否完好，即手按压或松开触点，检查开关动作和复位声音是否正常。检查限位开关支架和撞块是否完好。

3．电气控制板的安装

（1）左、右配电箱门的安装。这两块控制板上均装有转换开关，操纵手柄均安装在箱盖外面，安装时要保证手柄中心与箱盖上的安装通孔中心重合，并能自由操纵。否则要通过修正板上的固定孔来校准。将控制板装好后，再装上转换开关的操纵手柄。

（2）其他电气控制板的安装。其他控制板安装时，在控制板和控制箱壁之间垫上螺母或垫片，以不压迫连接线为宜。同时将连接线从端子一侧引出。

三、机床的电气连接

机床电气连接而形成一个整体系统，总体要求是安全、可靠、美观、整齐。X62W 型铣床的安装接线图如图 2-48 所示。

（1）测量距离。

（2）套保护套管。机床床身立柱上各电气部件间的连接导线用塑料套管保护。立柱上电气部件与升降台电气部件之间的连接导线用金属软管保护，而且其两端按有关规定用卡子固定好。

（3）敷连接线。将连接导线从床身或穿线孔穿到相应位置，在两端临时把套管固定。然后，用万用表校对连接线，套上号码管。确认某一根导线作为公共线，剥出所有导线芯，将一端与公共线搭接，用 R×1Ω 挡测量另一端。测完全部导线，并在两端套上号码套管。

安装完毕后，对照原理图和接线图认真检查，有无错接、漏接现象。若正确无误，则将按钮盒安装就位，关上控制箱门，即可准备试车。

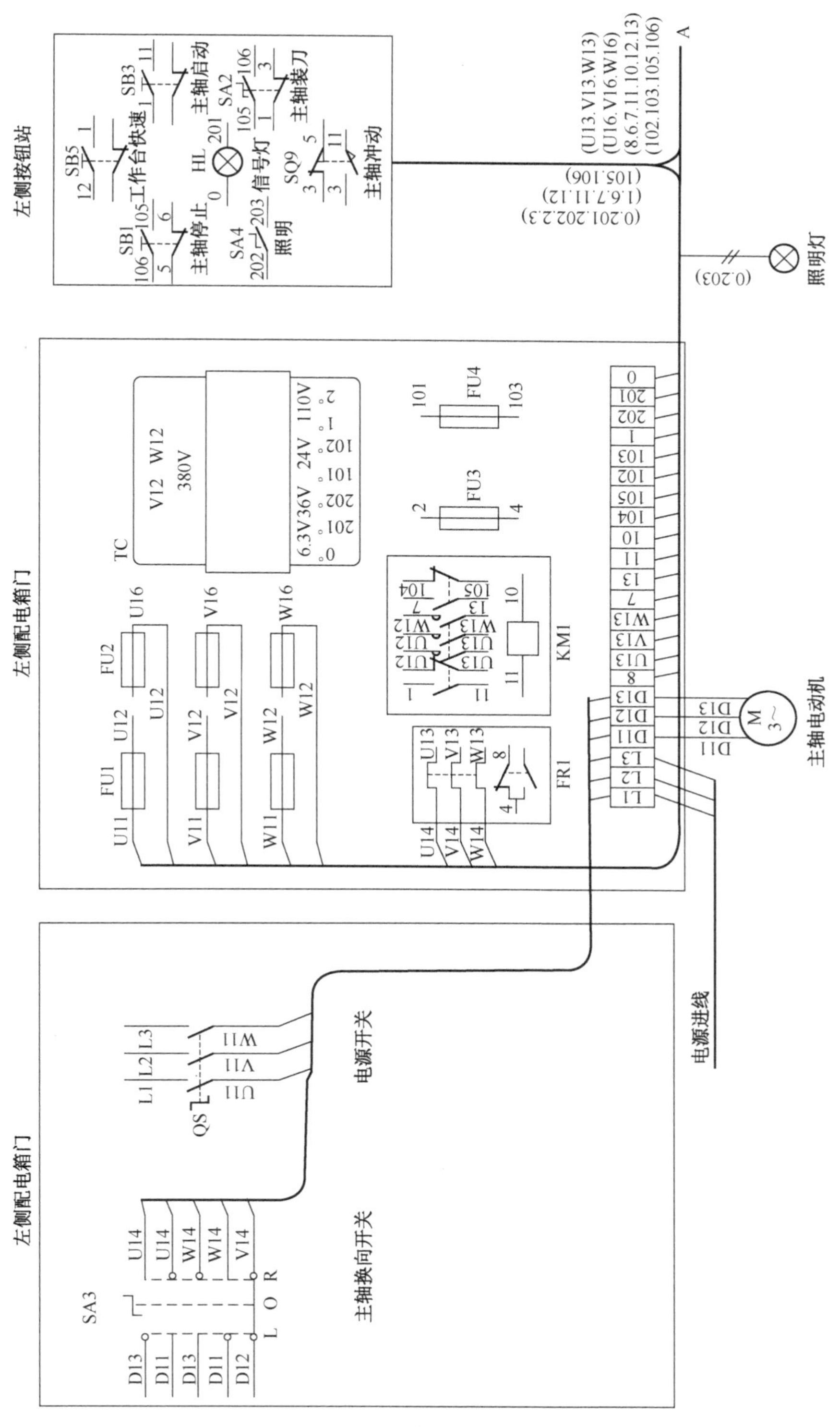

图 2-48　X62W 型铣床的安装接线图

四、机床的电气线路调试

1. 准备工作

（1）查看各电气元件上的接线是否紧固，各熔断器是否安装良好。

（2）独立安装好接地线，设备下方垫好绝缘垫，将各开关置分断位置。

（3）插上三相电源。

（4）主电路检查。主电路有三台电动机，M1 是主轴电动机，与它同轴有一台速度继电器 KS；M2 是进给电动机，M3 是冷却泵电动机。

断开熔断器 FU2，合上电源开关 QS，将转换开关 SA4 旋转到正转或反转位置上，用手按下主轴电动机启动接触器 KM1 的触点架，用万用表的电阻挡分别检测电源开关 QS 3 个进线端的通断情况，判断电路是否正常，松开 KM1 的触点架，按下接触器 KM2 的触点架，检查电路通断情况。同理检查 M2 和 M3 的主电路。

（5）控制电路检查。断开控制电路，保护熔断器 FU3，将转换开关 SA3、SA4 扳到断开的位置，用万用表的电阻挡，检测控制电路的两端，指针显示的电阻值应为∞，按下主轴电动机启动按钮 SB1 或 SB2，指针显示的电阻值应与接触器线圈相一致。如果指针显示不正确，说明控制回路有短接或断点存在，逐点检查线路，找出故障原因。

2. 操作试运行

插上电源后，各开关均应置于分断位置。参看电路原理图，按下列步骤进行机床电气操作运行。

（1）先按下主控电源板的启动按钮，合上刀开关 QS。

（2）SA5 置左位（或右位），电动机 M1“正转”或“反转”指示灯亮，说明主轴电动机可能运转的转向。

（3）旋转 SA4 开关，照明灯亮。转动 SA1 开关，冷却泵电动机工作，指示灯亮。

（4）按下 SB3 按钮（或 SB1 按钮），电机 M1 启动（或反接制动）；按下 SB4 按钮（或 SB2 按钮），M1 启动（或反接制动）。注意，不要频繁操作“启动”与“停止”，以免电器过热而损坏。

（5）主轴电动机 M1 变速冲动操作。实际机床的变速是通过变速手柄的操作，瞬间压动 SQ7 行程开关，使电动机产生微转，从而能使齿轮较好实现换挡啮合。

（6）主轴电动机 M1 停转后，可转动 SA5 转换开关，按启动按钮 SB3 或 SB4，使电动机换向。

（7）进给电动机控制操作（SA3 开关状态为 SA3-1、SA3-3 闭合，SA3-2 断开）。

实际机床中的进给电动机 M2 用于驱动工作台横向（前、后）、升降和纵向（左、右）移动的动力源，均通过机械离合器来实现控制“状态”的选择，电动机只作正、反转控制，机械“状态”手柄与电气开关的动作对应关系如下。

工作台横向、升降控制（机床由“十字”复式操作手柄控制，既控制离合器又控制相应开关）。

工作台向后、向上运动→电动机 M2 反转→SQ4 压下。

工作台向前、向下运动→电动机 M2 正转→SQ3 压下。

模板操作：按动 SQ4，M2 反转；按动 SQ3，M2 正转。

（8）工作台纵向（左、右）进给运动控制（SA3 开关状态同上）。实际机床专用纵向操作手柄，既控制相应离合器，又压动对应的开关 SQ1 和 SQ2，使工作台实现了纵向的左和右运动。

模板操作：将十字开关 SA3 扳到左边，M2 正转；将十字开关 SA3 扳到右边，M2 反转。

（9）工作台快速移动操作。在实际机床中，按动 SB5 或 SB6 按钮，电磁铁 YA 动作，改变机械传动链中间传动装置，实现各方向的快速移动。

模板操作：在按动 SB5 或 SB6 按钮，KM5 吸合，相应指示灯亮。

（10）进给变速冲动（功能与主轴冲动相同，便于换挡时齿轮的啮合）。实际机床中变速冲动的实现：在变速手柄操作中，通过联动机构瞬时带动“冲动行程开关 SQ6”，使电动机产生瞬动。

模拟“冲动”操作，按 SQ6，电动机 M2 转动，操作此开关时应迅速压与放，以模仿瞬动压下效果。

（11）圆工作台回转运动控制：将圆工作台转换开关 SA3 扳到所需位置，此时，SA3-1、SA3-3 触点分断，SA3-2 触点接通。在启动主轴电动机后，M2 电动机正转，实际中即为圆工作台转动（此时工作台全部操作手柄扳在零位，即 SQ1～SQ4 均不压下）。

知识链接 4　X62W 型万能铣床的常见电气故障分析

铣床电气控制线路与机械系统的配合十分密切，其电气线路的正常工作往往与机械系统的正常工作是分不开的，这就是铣床电气控制线路的特点。正确判断是电气还是机械故障和熟悉机电部分配合情况，是迅速排除电气故障的关键。这就要求维修电工不仅要熟悉电气控制线路的工作原理，而且还要熟悉有关机械系统的工作原理及机床操作方法。下面通过几个实例来叙述 X62W 型万能铣床的常见故障及其排除方法。

（1）故障现象：主轴电动机 M1 不能启动，分析原因。

原因分析：如果转换开关 SA2 在断开位置。则故障原因如下。

① SQ6、SB1、SB2、SB5、SB6、KT 延时触点任一个接触不良或者回路断路。

② 热继电器 FR1、FR2 动作后没有复位导致它们的常闭触点不能导通。

③ 接触器 KM1 线圈断路。

（2）故障现象：主轴电动机不能变速冲动或冲动时间过长，分析原因。

原因分析：

① SQ6-1 触点或者时间继电器 KT 的触点接触不良。

② 冲动时间过长的原因是时间继电器 KT 的延时太长。

（3）故障现象：工作台各个方向都不能进给。

原因分析：

① KM1 的辅助触点 KM1（6～9）接触不良。

② 热继电器 FR3 动作后没有复位。

（4）故障现象：进给不能变速冲动。

原因分析：如果工作台各个方向能正常进给，那么故障可能的原因是 SQ5-1 常开触点损坏。

（5）故障现象：工作台能够左、右和前、下运动而不能后、上运动。

原因分析：由于工作台能左右运动，因此SQ1、SQ2没有故障；由于工作台能够向前、向下运动，因此SQ7、SQ8、SQ3没有故障，因此故障的可能原因是SQ4行程开关的常开触点SQ4-1接触不良。

（6）故障现象：工作台能够左、右和前、后运动而不能上、下运动。

原因分析：由于工作台能左右运动，因此SQ1、SQ2没有故障；由于工作台能前后运动，因此SQ3、SQ4、SQ7、YC4没有故障，因此故障可能的原因是SQ8常开触点接触不良或YC5线圈坏。

（7）故障现象：工作台不能快速移动。

原因分析：如果工作台能够正常进给，那么故障可能的原因是SB3或SB4、KM4常开触点，YC3线圈损坏。

（8）故障现象：主轴停车时无制动。

原因分析：主轴无制动时首先要检查按下停止按钮SB1或SB2后，反接制动接触器KM2是否吸合，KM2不吸合，则故障原因一定在控制电路部分，检查时可先操作主轴变速冲动手柄，若有冲动，故障范围就缩小到速度继电器和按钮支路上。若KM2吸合，则故障原因就较复杂一些，其故障原因，其一是主电路的KM2、R制动支路中，至少有缺一相的故障存在；其二是，速度继电器的常开触点过早断开，但在检查时，只要仔细观察故障现象，这两种故障原因是能够区别的，前者的故障现象是完全没有制动作用，而后者则是制动效果不明显。

由以上分析可知，主轴停车时无制动的故障原因，较多是由于速度继电器KS发生故障引起的。如KS常开触点不能正常闭合，其原因有推动触点的胶木摆杆断裂；KS轴伸端圆销扭弯、磨损或弹性连接元件损坏；螺丝销钉松动或打滑等。若KS常开触点过早断开，其原因有KS动触点的反力弹簧调节过紧；KS的永久磁铁转子的磁性衰减等。

（9）故障现象：主轴停车后产生短时反向旋转。

原因分析：这一故障一般是由于速度继电器KS动触点弹簧调整得过松，使触点分断过迟引起的，只要重新调整反力弹簧便可消除。

（10）故障现象：按下停止按钮后主轴电动机不停转。

原因分析：接触器KM1主触点熔焊；反接制动时两相运行；SB3或SB4在启动M1后绝缘被击穿。这三种故障原因，在故障现象上是能够加以区别的，如按下停止按钮后，KM1不释放，则故障可断定是由熔焊引起的；如按下停止按钮后，接触器的动作顺序正确，即KM1能释放，KM2能吸合，同时伴有嗡嗡声或转速过低，则可断定是制动时主电路有缺相故障存在；若制动时接触器动作顺序正确，电动机也能进行反接制动，但放开停止按钮后，电动机又再次自启动，则可断定故障是由启动按钮绝缘击穿引起的。

（11）故障现象：工作台不能作向上进给运动。

原因分析：由于铣床电气线路与机械系统的配合密切和工作台向上进给运动的控制是处于多回路线路之中，因此，不宜采用按部就班地逐步检查的方法。在检查时，可先依次进行快速进给、进给变速冲动或圆工作台向前进给，向左进给及向后进给的控制，来逐步缩小故障的范围（一般可从中间环节的控制开始），然后再逐个检查故障范围内的元器件、触点、导线及接点，来查出故障点。在实际检查时，还必须考虑到由于机械磨损或移位使操纵失灵等因素，若发现此类故障原因，应与机修钳工互相配合进行修理。

（12）故障现象：工作台不能作纵向进给运动。

原因分析：应先检查横向或垂直进给是否正常，如果正常，说明进给电动机 M2、主电路、接触器 KM3、KM4 及纵向进给相关的公共支路都正常，此时应重点检查 17 图区上的行程开关 SQ6（11～15）、SQ4-2 及 SQ3-2，即线号为 11－15－16－17 支路，因为只要三对常闭触点中有一对不能闭合，有一根线头脱落就会使纵向不能进给。然后再检查进给变速冲动是否正常，如果也正常，则故障的范围已缩小到在 SQ6（11－15）及 SQ1-1、SQ2-1 上，但一般 SQ1-1、SQ2-1 两对常开触点同时发生故障的可能性很小，而 SQ6（11－15）由于进给变速时，常因用力过猛而容易损坏，因此可先检查 SQ6（11－15）触点，直至找到故障原因并予以排除。

（13）故障现象：工作台各个方面都不能进给。

原因分析：可先进行进给变速冲动或圆工作台控制，如果正常，则故障可能在开关 SA3-1 及引接线 17、18 号上，若进给变速也不能工作，要注意接触器 KM3 是否吸合，如果 KM3 不能吸合，则故障可能发生在控制电路的电源部分，即 11－15－16－18－20 号线路及 0 号线上，若 KM3 能吸合，则应着重检查主电路，包括电动机的接线及绕组是否存在故障。

（14）故障现象：工作台不能快速进给。

原因分析：常见的故障原因是牵引电磁铁电路不通，多数是由线头脱落、线圈损坏或机械卡阻引起的。如果按下 SB5 或 SB6 后接触器 KM5 不吸合，则故障在控制电路部分，若 KM5 能吸合，且牵引电磁铁 YA 也吸合正常，则故障大多是由于杠杆卡阻或离合器摩擦片间隙调整不当引起的，应与机修钳工配合进行修理。需强调的是在检查 11－15－16－17 支路和 11－21－22－17 支路时，一定要把 SA3 开关扳到中间空挡位置，否则，由于这两条支路是并联的，将检查不出故障原因。

技能实训

一、资讯

根据工作任务要求，各工作小组通过工作任务单、引导文及参考文献，查阅资料获取工作任务相关信息，熟悉 X62W 型万能铣床电气控制线路电气原理图及安装过程。

二、制订工作计划

各组讨论完成工作任务所需步骤及任务具体分解。

（1）根据工作任务要求填写所用电工工具及电工仪表。

（2）根据 X62W 型万能铣床电气原理图完成元件明细表。

（3）填写工作计划表。

三、讨论决策

各小组绘制 X62W 型万能铣床的电气控制系统图并讨论方案可行性。

四、工作任务实施

（1）识读 XA62 型万能铣床的电气控制线路原理图。

（2）熟悉 XA62 型万能铣床电气控制线路的安装与调试过程。

（3）分析 XA62 型万能铣床常见电气故障，会排除故障。

故障排除步骤如下。

① 先熟悉原理，再进行正确的通电试车操作。

② 熟悉电气元件的安装位置，明确各电气元件的作用。

③ 教师示范故障分析检修过程（故障可人为设置）。

④ 教师设置让学生知道的故障原因，指导学生如何从故障现象着手进行分析，逐步引导到采用正确的检查步骤和检修方法。

⑤ 教师设置人为的自然故障原因，由学生检修。

五、工作任务完成情况考核

根据工作完成情况填写表 2-32。

表 2-32　工作任务考核表

<table>
<tr><th colspan="4" rowspan="3">考核评比项目的内容</th><th colspan="5">项目分值</th></tr>
<tr><th rowspan="2">配分</th><th colspan="4">得分</th></tr>
<tr><th>自查</th><th>互查</th><th>教师评分</th><th>综合得分</th></tr>
<tr><td rowspan="14">专业能力60%</td><td rowspan="6">识读电路图</td><td rowspan="2">主电路</td><td>各电动机的作用</td><td>4 分</td><td></td><td></td><td></td><td></td></tr>
<tr><td>各元器件在主电路中的作用</td><td>6 分</td><td></td><td></td><td></td><td></td></tr>
<tr><td rowspan="4">控制回路</td><td>各元件在控制回路中的作用</td><td>4 分</td><td></td><td></td><td></td><td></td></tr>
<tr><td>各控制功能的实现</td><td>10 分</td><td></td><td></td><td></td><td></td></tr>
<tr><td>保护分析</td><td>4 分</td><td></td><td></td><td></td><td></td></tr>
<tr><td>联锁分析</td><td>2 分</td><td></td><td></td><td></td><td></td></tr>
<tr><td rowspan="7">故障排除</td><td rowspan="3">故障分析</td><td>在原理图上标出故障回路</td><td>5 分</td><td></td><td></td><td></td><td></td></tr>
<tr><td>标出最小故障范围</td><td>5 分</td><td></td><td></td><td></td><td></td></tr>
<tr><td>故障分析思路</td><td>10 分</td><td></td><td></td><td></td><td></td></tr>
<tr><td rowspan="4">排除故障</td><td>排除故障原因</td><td>5 分</td><td></td><td></td><td></td><td></td></tr>
<tr><td>排除故障过程中不扩大故障范围或产生新故障</td><td>2 分</td><td></td><td></td><td></td><td></td></tr>
<tr><td>不损坏电动机</td><td>1 分</td><td></td><td></td><td></td><td></td></tr>
<tr><td>排除故障方法的正确性</td><td>2 分</td><td></td><td></td><td></td><td></td></tr>
<tr><td colspan="2">工作成果的检查</td><td>电路图识读是否清晰、正确、全面</td><td>3 分</td><td></td><td></td><td></td><td></td></tr>
</table>

续表

考核评比项目的内容			项目分值				
			配分	得分			
				自查	互查	教师评分	综合得分
专业能力 60%	工作成果的检查	对铣床电气控制线路的安装是否了解	2 分				
		环境是否整洁干净	1 分				
		其他物品是否在工作中遭到损坏	1 分				
		能否按照要求完成故障的排除	2 分				
		是否在定额时间内完成	2 分				
		安全措施是否科学	2 分				
综合能力 40%	信息收集整理能力	收集和处理信息的能力	4 分				
		独立分析和思考问题的能力	3 分				
		完成工作报告	3 分				
	交流沟通能力	安装、调试总结	3 分				
		安装方案论证	3 分				
	分析问题能力	线路安装调试基本思路、基本方法研讨	5 分				
		工作过程中处理故障和维修设备	5 分				
	深入研究能力	培养具体实例抽象为模拟安装调试的能力	3 分				
		相关知识的拓展与提升	3 分				
		车床的各种类型和工作原理	2 分				
	劳动态度	快乐主动学习	3 分				
		协作学习	3 分				
强调项目成员注意安全规程及其工业标准 本项目以小组形式完成							

参考文献

[1] 方承远．工厂电气控制技术[M]．北京：机械工业出版社，2002.
[2] 阮友德，电气控制与 PLC 实训教程．北京：人民邮电出版社，2006.
[3] 赵秉衡．工厂电气控制设备．北京：冶金工业出版社，2001.
[4] 陈正岳．电工基础．北京：水利电力出版社，1990.
[5] 李敬梅．电力拖动控制线路与技能训练．北京：中国劳动社会保障出版社，2001.
[6] 史国生．电气控制与可编程控制技术．北京：化学工业出版社，2004.
[7] 许廖，王淑英．电器控制与 PLC 控制技术．北京：机械工业出版社，2005.
[8] 常晓玲．电气控制系统与可编程控制器．北京：机械工业出版社，2007.
[9] 王俭．建筑电气控制技术．北京：中国建筑工业出版社，1998.
[10] 王建平．电气控制与 PLC．北京：机械工业出版社，2012.
[11] 唐惠龙，牟宏钧．电机与电气控制技术项目式教程．北京：机械工业出版社，2012.
[12] 殷建国，侯秉涛．电机与电气控制项目教程．北京：电子工业出版社，2011.
[13] 冯志坚．电气控制线路安装与检修．北京：中国劳动社会保障出版社，2011.
[14] 李山兵，刘海燕．机床电气控制技术项目教程．北京：电子工业出版社，2012.
[15] 华满香，刘晓春．电气控制与 PLC 应用．北京：人民邮电出版社，2012.
[16] 赵宏家．建筑电气控制．重庆：重庆大学出版社，2009.
[17] 吴浩烈．电机及拖动基础．重庆：重庆大学出版社，2011.
[18] 王炳实．机床电气控制．北京：机械工业出版社，2006.